FB·IG 互動濾鏡超級玩家

Spark AR擴增實境玩創意

前言

大家對於 AR 擴增實境的第一印象為「結合虛擬與現實」的互動關係。近年業界也越來越多的商業活動會將 AR 融入實體活動中，為消費者創造出一個帶有故事的體驗情境，仿若在其中實際感受，在此情境中強調一連串的互動表現與科技的互動，而不再只是為了領取某獎品而無意識的參與活動。

根據研究顯示，75% 的智慧型手機擁有者，使用社群媒體的頻率達到一週七天，再加上限時動態的使用門檻超低又新穎有趣，完全抓住年輕世代使用者的心。無論是在 Facebook 還是 Instagram 平台上，藉由相機鏡頭搭配主題就可創造各種有趣的畫面，各個年齡層的人都可以輕鬆使用。

如今，在這個以內容為主的行銷世代，Facebook 與 Instagram 濾鏡絕對是行銷首選，濾鏡最開始的應用，僅是簡單的修圖、調色，並透過 FB/IG App 的便利性，簡單滑個幾下就可以拍出美照上傳，這樣方便又好用的特點，逐漸融入你我的日常。

因此，使用 Facebook 與 Instagram 濾鏡進行行銷的案例越來越多，無庸置疑替社群行銷與內容行銷的市場帶來一場轉型的浪潮，眾多知名的品牌如麥當勞、黑人牙膏、可口可樂等或宣傳活動，其目的均為讓消費者主動對品牌產生分享的方式，經常由品牌發起互動式的行銷活動，並提供誘因（如獎品、折扣碼等），促成消費者分享，並替品牌達成宣傳任務。在與品牌產生互動並分享在限時動態中，可於社群的傳播世界中可引領風騷、建立品牌信譽。

至 2019 時，Facebook 開放濾鏡製作平台「Spark AR Studio」，AR 濾鏡製作正式成為兵家必爭的技術需求。無論是運用 Facebook 濾鏡還是 Instagram 濾鏡，都能夠達到高度的體驗互動，並延伸成為社群傳播鏈，如何藉由範例的引導而學會製作 Facebook 與 Instagram 濾鏡，即為本書的主軸。

非常感謝模特兒 蘇柔嫣 小姐參與本書籍的濾鏡互動體驗。

目錄

06 少女的夢幻

07 愛的告白

08 人臉分割

09 吸血鬼

10 動物口罩

11 花冠

本書範例素材與專案檔請至 http://books.gotop.com.tw/download/ACV044000 下載，檔案為 ZIP 格式，請讀者自行解壓縮即可。其內容僅供合法持有本書的讀者使用，未經授權不得抄襲、轉載或任意散佈。

CHAPTER 01

Spark AR 介紹與軟體安裝

1.1 何謂 Spark AR Studio

多數人聽到製作濾鏡的第一直覺，不免都會想到這類的互動科技都需要寫程式才可以完成。在如今的世代，這已經不是絕對答案，陸續很多軟體公司都會推出以視覺化操作為主的軟體，方便開發者入門，開發過程中不需寫程式就可輕鬆做出具備一定水準的 AR 與 VR 內容，因此在現今這個世代，學習門檻越來越低，更強調的是創意，而 Spark AR Studio 就是一套這樣的軟體。

雖然 AR 擴增實境這個名詞常聽到，但在生活中我們卻不太容易感受到它的存在，但您知道嗎？ 2021 年已有超過 10 億的人有過 Spark AR Studio 的體驗。除此之外，Facebook 計畫把 AR 濾鏡結合電子商務放置在未來的藍圖上，提供前所未有的虛擬體驗商品功能（Virtual try-on feature）。

Spark AR Studio 是一款由 Facebook 推出的 AR 擴增實境製作工具，讓創作者可自由創造 AR 濾鏡並且分享在 Facebook 與 Instagram 平台上。由於降低了開發 AR 濾鏡的門檻，讓不會寫程式的創作者都可以讓創意跳脫到其他的媒體上，使輕易透過 Spark AR Studio 實現各種有趣的 AR 濾鏡。在用戶多達 24 億的 Facebook 社群，只要有創意，就能得到全球網友青睞，擴大自己的影響力。此軟體主要特色如下幾點：

1. 完全免費且常更新，教學資源多。
2. 開發時間短且不須寫程式，上手容易。
3. 具有臉部辨識、圖像辨識、平面辨識與手部辨識等功能。
4. 可將濾鏡作品發佈到 Facebook 與 Instagram 兩社交平台，並分享給朋友玩。
5. 具有後台介面，可查閱數據。

Spark AR Studio 在操作上，只要「拖」、「拉」、「放」，就可以在 Facebook 與 Instagram 上面製作一款 AR 濾鏡，為提升創作效率、互動性、和控制性等目的使在軟體操作上具備如下條件：

1. **使用 Blocks(模塊)更有效率地創建 AR 濾鏡效果：**創作者可以將專案分解成小型可重複使用的「Blocks」，使用 Blocks 來更容易地組織專案，也可以使用 Blocks 來快速啟動您的下一個專案。
2. **新的編輯器可創作更複雜的互動：**透過 Patch Editor，可以輕鬆地為 AR 效果添加複雜的互動，使創作者能使用 Blocks 和控制音效效果等更強大的功能。

3. **輕鬆地測試 Facebook 或 Instagram 上的效果**：除了直接在特定的 Spark AR Player App 中進行內部測試外，還可發佈到 Facebook App 與 Instagram App 進行測試，使濾鏡的測試結果更能貼近 Facebook App 與 Instagram App。
4. **使用強大的新音效控制器**：在 Patch Editor 中可以通過多種方式來控制音效。

相較於 Unity、Unreal、TouchDesigner 這類功能龐大的軟體，Spark AR Studio 只針對擴增實境需要的功能設計，而且「不需要 coding 程式」，如此大大降低了製作 AR 的門檻，一般大眾也能夠創作 AR 作品，適合學習的對象如下：

1. AR 初學者：想學習 AR 技術卻不知道如何開始。
2. 平面 / 插畫設計師：想增加 AR 創作技能與思維。
3. 行銷人員：想提升內容的創意與互動性。
4. 產品設計師：想開發具 AR 技術的創意產品。
5. 所有創作者：有想法卻不會寫程式的所有創作者。

1.2 軟體下載與登入

因 Spark AR Studio 主要登入帳號是連結您的 Facebook，若想同時於 Facebook 與 Instagram 兩個平台進行測試時，請檢查您的 Facebook 帳號是否連動到正確的 IG 帳號。

STEP01 前往 Spark AR 官方網站。

- 網址：https://sparkar.facebook.com/ar-studio/

STEP02 點擊「立即開始」按鈕。

STEP 03 輸入您的 Facebook 帳號進行登入。

STEP 04 進入 Spark AR Hub 後台後，點擊「下載 Spark AR Studio」按鈕進行軟體下載。

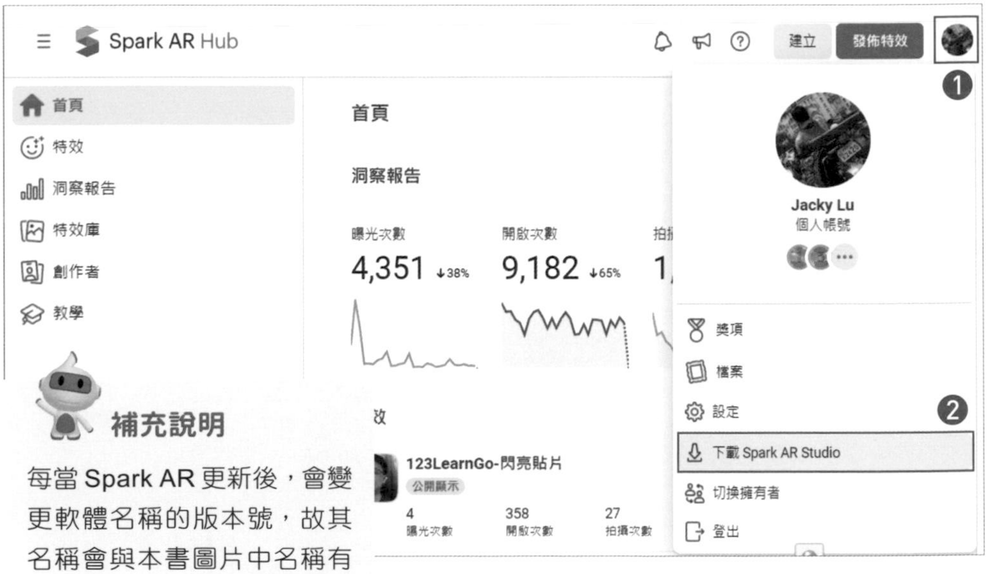

補充說明

每當 Spark AR 更新後，會變更軟體名稱的版本號，故其名稱會與本書圖片中名稱有所不同。

STEP 05 下載之前請先閱讀《Spark AR Studio 使用條款》後，點擊「繼續」按鈕繼續下載動作。

STEP 06 下載完畢後，點擊 SparkARStudio 檔案進行安裝。

STEP 07 點擊「執行」按鈕。

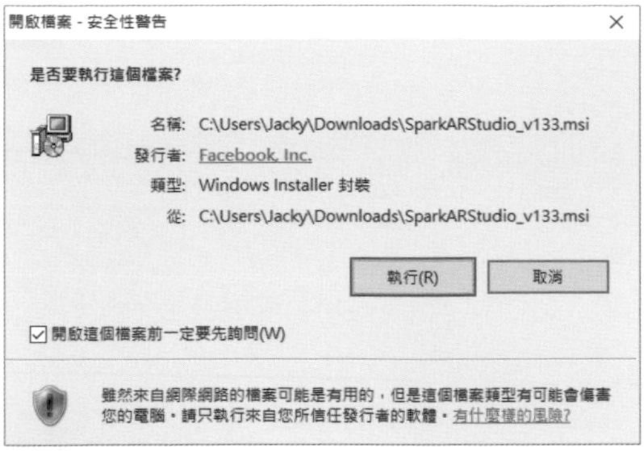

STEP 08 點擊「Next」按鈕。

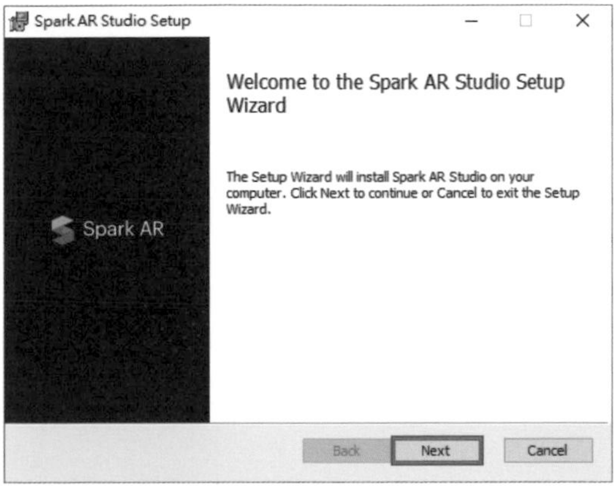

STEP 09 查閱協議後，「勾選」I accept the terms in the License Agreement，並點擊「Next」按鈕。

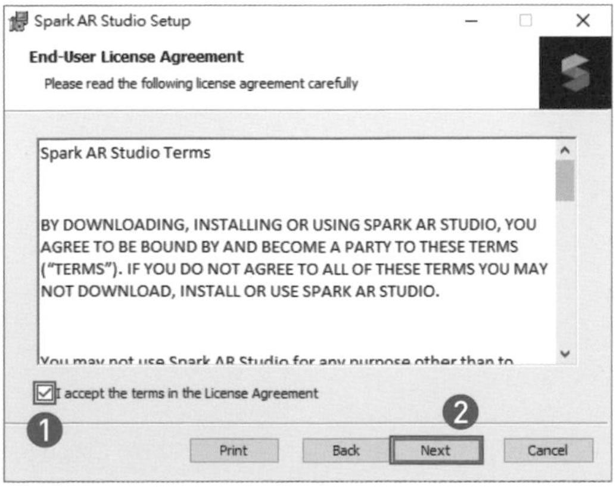

STEP 10　點擊「Next」按鈕。

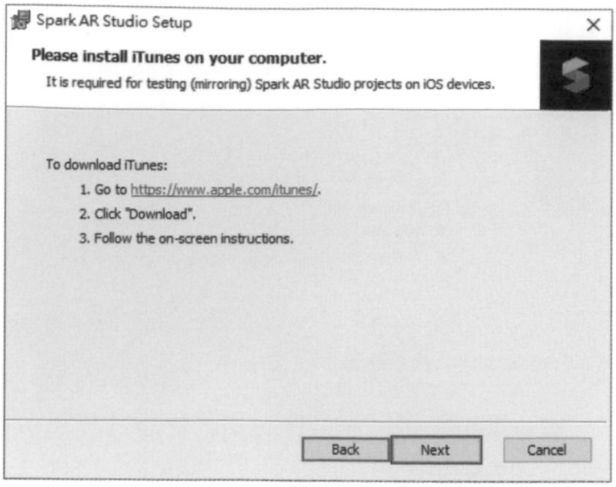

STEP 11　可指定安裝路徑或保留預設，點擊「Next」按鈕。

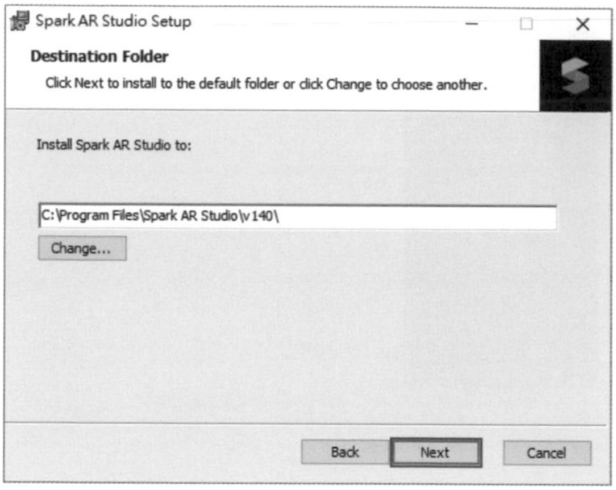

STEP 12　點擊「Install」按鈕。

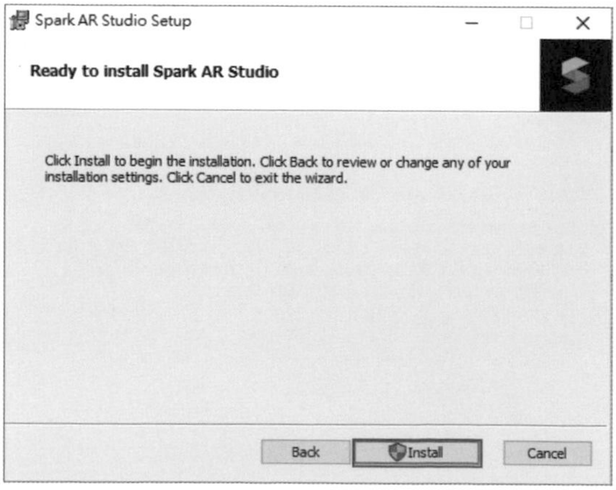

STEP 13 安裝過程畫面。

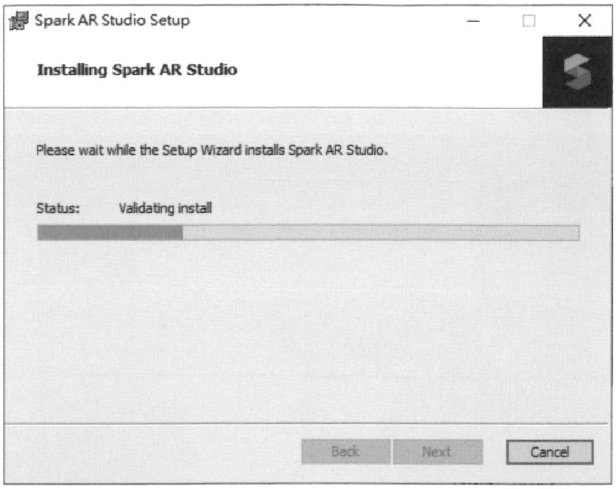

STEP 14 點擊「Finish」按鈕使完成安裝動作。

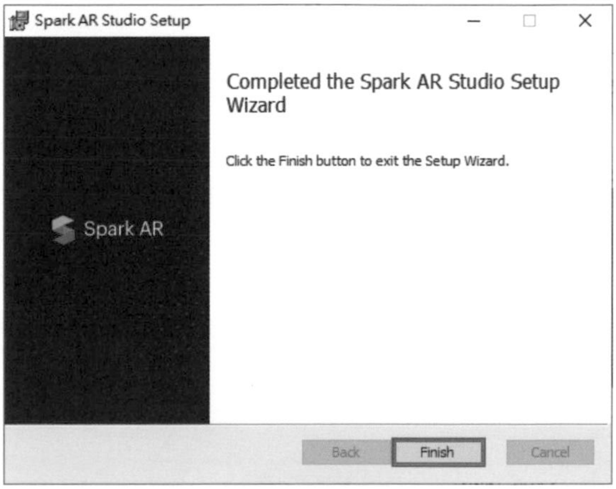

STEP 15 點擊「Spark AR Studio」圖示來開啟軟體。

STEP16 必須以 Facebook 帳號進行登入才可執行 Spark AR Studio 軟體。若您的網頁已處於登入 Facebook 狀態則可選擇第一個選項，並於所跳出頁面證明是本人即可；或者可採用第二個方式輸入 Facebook 的帳號與密碼進行登入。

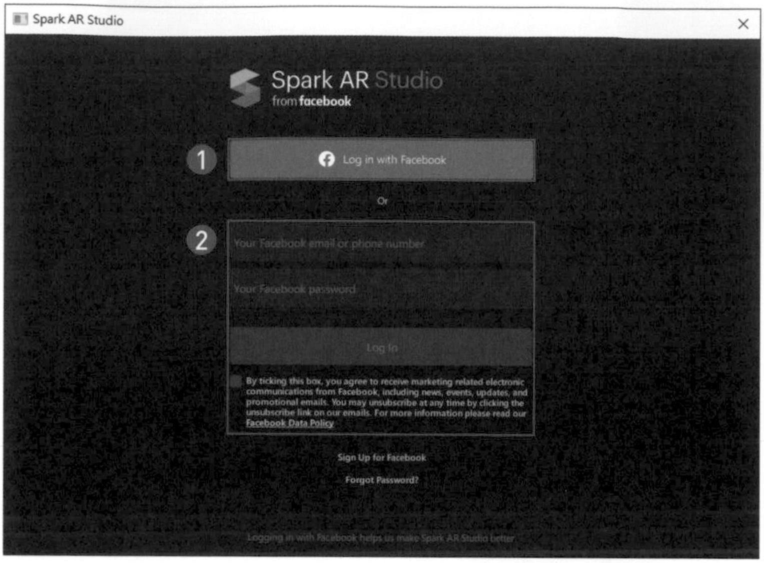

STEP17 成功登入「Spark AR Studio」畫面。只有第一次才需進行登入，爾後除非軟體更新或手動登出，不然開啟軟體時均為此建立專案視窗。

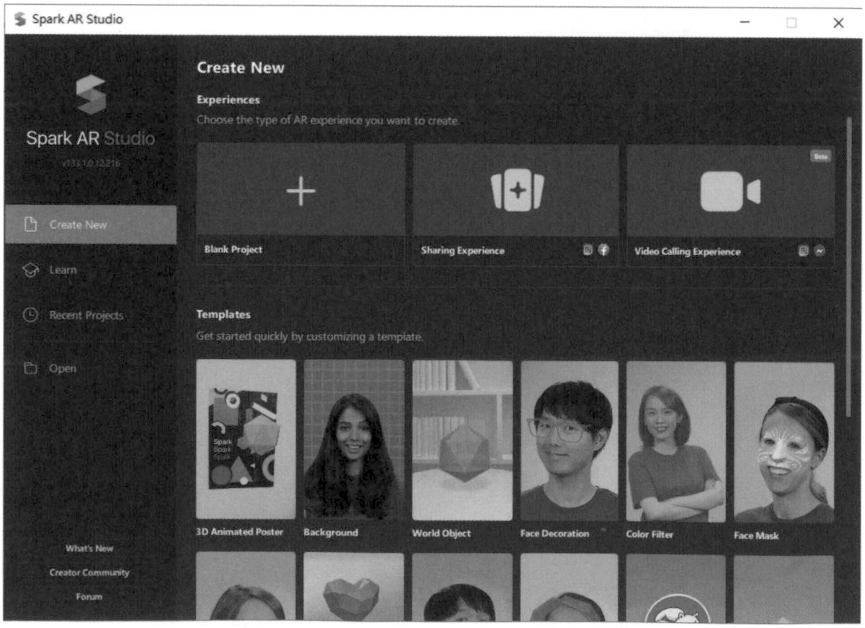

1.3 Spark AR Studio 介面

1.3.1 啟動視窗

Spark AR Studio 開啟後，會先看到啟動視窗，此視窗分為幾個區塊，說明如下：

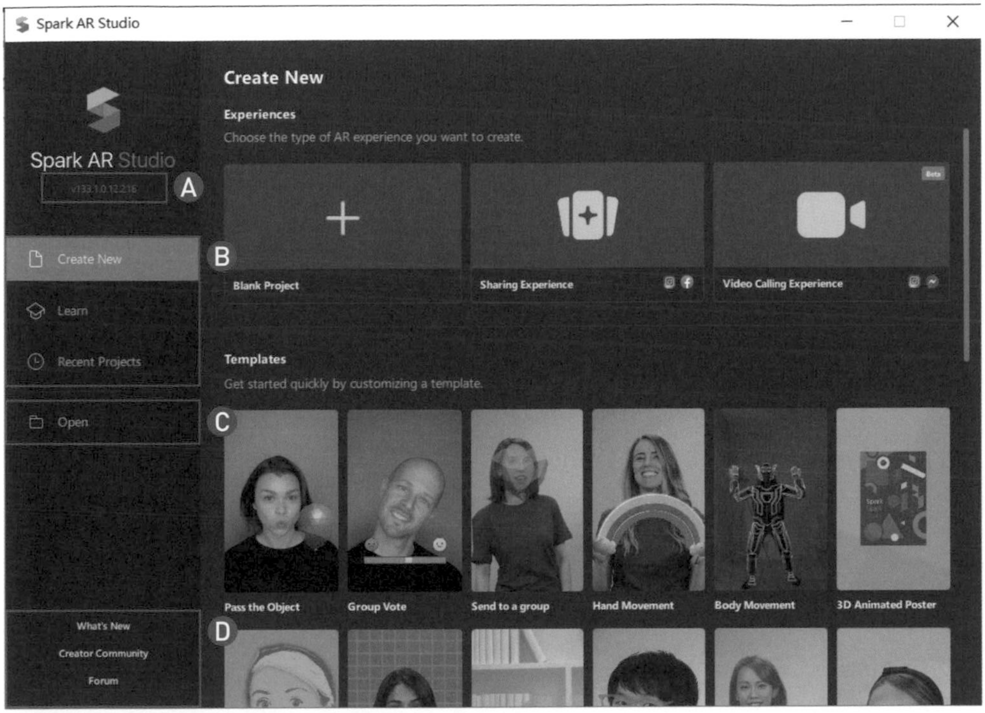

Ⓐ Spark AR Studio 軟體目前的版本號。

Ⓑ 此區塊的三項按鈕說明如下：

(1) Create New：建立新專案，並可於右側視窗中依需求挑選 Spark AR 所提供的各種應用範例來進行開發，或者建立一個空專案。

(2) Learn：於此頁面中可獲得 Spark AR 提供的學習文章，若想獲得更多學習資源可點擊「Open Website」前往特定頁面查看。

(3) Recent Projects：近期開啟過的專案列表。

Ⓒ Open：瀏覽並開啟指定位置的專案。

Ⓓ 可了解關於軟體的訊息，如下：

(1) What's New：軟體更新日誌，使了解更新的內容。

(2) Creator Community：開啟 Spark AR 的 Facebook 頁面，除了可獲得官方訊息外，還可看到其他創作者的創作內容。

(3) Forum：Spark AR 的專屬論壇，若有問題可於此頁面中查詢或者發問。

1.3.2 專案選擇

在 Create New 區塊中具有三種空白專案可選擇。

1. Blank Project：空白專案，需自行添加所需的屬性與設定。
2. Sharing Experience：分享經驗，已設定好分享於 Facebook 與 Instagram 的屬性。
3. Video Calling Experience：視訊通話體驗，已設定好關於 Messenger 與 Instagram，目前屬於測試階段，需於 Spark AR 平台進行申請測試人員後才可開發此種專案並上架。

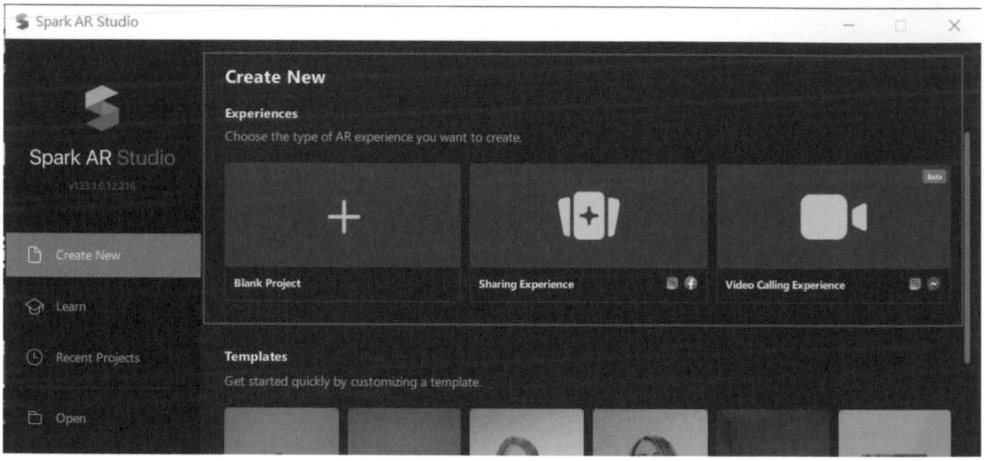

1.3.3 軟體介面

Spark AR Studio 的介面可說淺顯易懂，每個視窗均有特定的作用，且只能調整寬度與高度，無法隨意變更位置，每個視窗說明如下：

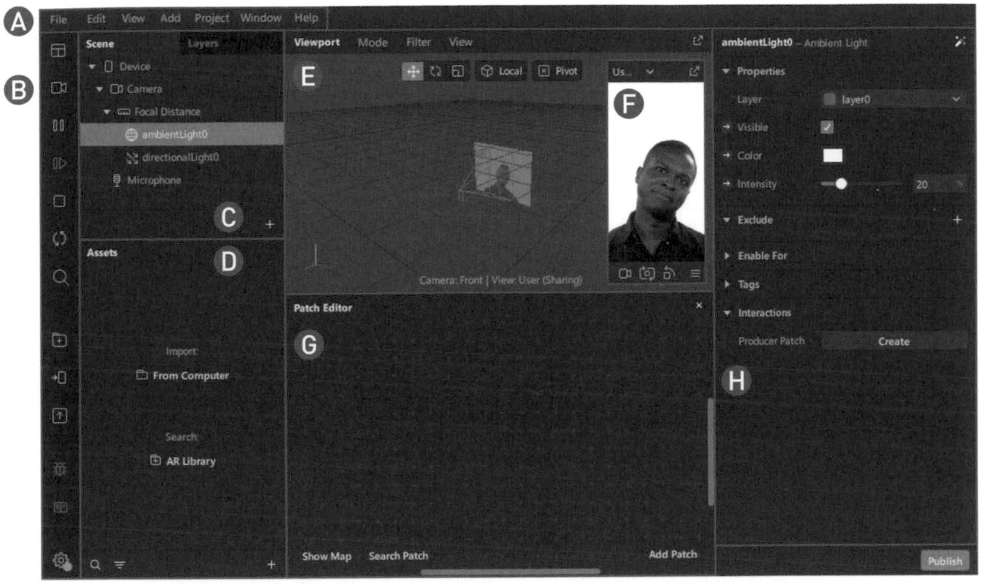

Ⓐ 導航列：

- File：針對專案相關功能，如建立或開啟專案、開啟各種應用的範例專案、開啟近期專案、匯入、存檔與登出等。
- Edit：提供在編輯上的一些行為，如上一步、下一步、複製與貼上等功能。
- View：針對工作區進行顯示與隱藏等動作，如網格、2D 或 3D 模式等。
- Add：可於專案中增加相關物件，如燈光、粒子、3D 物件或材質等。
- Project：可進階編輯關於此專案的相關設定。
- Window：可調整此軟體的大小。
- Help：提供關於 Spark AR 的相關說明與教學等資源。

Ⓑ 工具欄：

- ：快速配置工作區，如顯示或隱藏 Patch Editor 視窗。
- ：變更效果模擬器中所播放的人物影片，共有 7 個不同人物影片與 1 個空白場景。
-  與 ：播放與暫停效果模擬器中的人物影片。

- ：可逐格控制效果模擬器中的人物影片。
- ：停止效果模擬器中的人物影片，同時會將效果重置為其初始狀態，當按下播放鍵後，在效果停止時所做的任何更改都將被應用。
- ：若增加的效果未正常顯示時，點擊此按鈕可重新整理專案。
- ：輸入指定名稱或關鍵名稱之詞彙後，僅會出現符合關鍵字的物件，其餘物件均不顯示，直到關閉搜尋框為止。
- ：Spark AR 所提供的資源庫，可從中載入相關資源，如 3D 物件、音樂或材質等。
- ：將效果發佈到載具或 FB/IG App 上測試專案的效果。
- ：專案發佈。
- ：若在軟體操作過程中發現錯誤，可於此提供官方相關錯誤內容。
- ：可輸入關鍵字而開啟官方的文章。

Ⓒ Scene 場景面板：專案中所使用到的各種物件均需擺放於此面板中，如攝影機、粒子、燈光或聲音等。在「Scene」面板中可建立物件之間的關係，若要建立父子關係時，需將要成為子對象的物件拖到要成為父對象的物件中。

Ⓓ Assets 資產面板：在專案中運用到的各種媒體素材，如圖片、3D 模型或聲音等內容，均會放置於此面板中。

Ⓔ Viewport 面板：可在此面板中查看或編輯所建置的各種效果內容。當點擊左側 Scene 場景中任何物件時，此區中的物件會以藍色線表示。

在此面板的頂部具有 Position(位置)、Scale(縮放)、Rotate(旋轉)三種按鈕，使能直接對所選取的物件進行直覺式的調整。上方功能列的說明如下：

(1) Mode：可將此面板切換為 2D 或 3D 模式。

(2) Filter：顯示與隱藏面板中的同類型物件。

(3) View：針對攝影機的各種視角進行接換使方便查看物件中的位置等關係。

Ⓕ 效果模擬器：模擬器代表一個設備尺寸。例如，手機或平板電腦，以使用它來預覽效果，當中提供數種主流行動載具的尺寸供選擇。

Ⓖ Patch Editor 補丁編輯面板：Patch Editor 面板主要負責建立具有邏輯、動畫和互動性的效果，且無需撰寫任何程式語言腳本。

Ⓗ Inspector 檢查面板：當點擊 Scene 面板或 Assets 面板中的任何物件後，在此面板中均會列出相關屬性供進行調整或新增。

1.4 Spark AR Hub 介紹

Spark AR Hub 是濾鏡的管理後台，像是特效發佈、濾鏡使用數據以及他人濾鏡等，都可藉由後台的各頁面得知，各頁面說明如下：

(1) 首頁

當發佈的濾鏡累積數天後，會開始產生相關數據，此時首頁的內容會擷取洞察報告與特效兩頁面的內容，方便創作者得知目前數據。

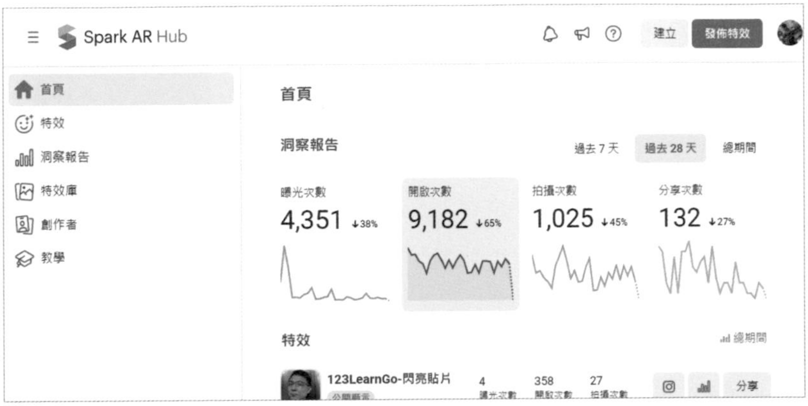

(2) 特效

可得知每款濾鏡的審查狀態、曝光次數、開啟次數、拍攝次數分享次數、發佈平台、上傳者、建立日期、上次更新日期，以及其他編輯動作。

點擊其中一款濾鏡後，可查看該濾鏡的詳細數據，以及對該濾鏡進行分享與更新等動作。

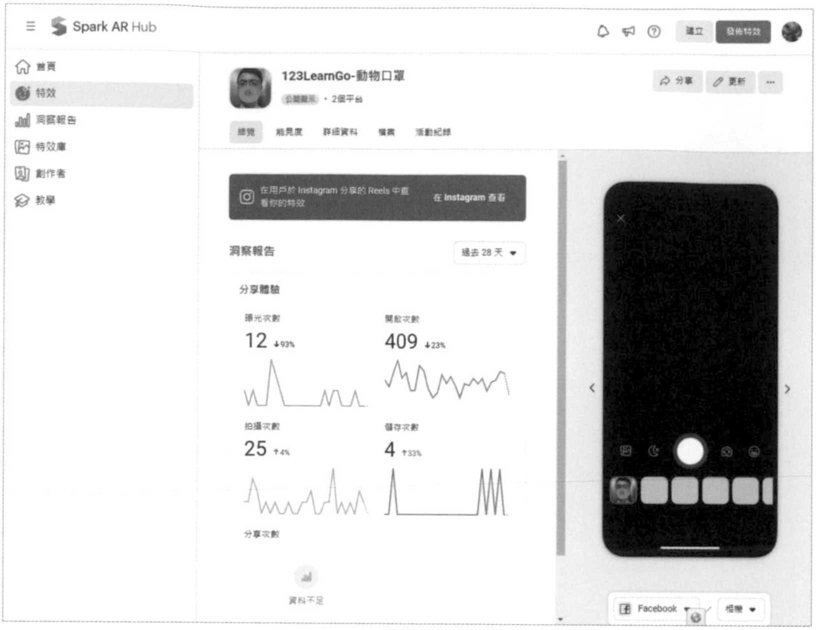

(3) 洞察報告

可得知該帳號所有濾鏡之曝光次數、開啟次數、拍攝次數、儲存次數及分享次數之總和，點擊某項統計結果時還可進階得知劃分依據的詳細資料。

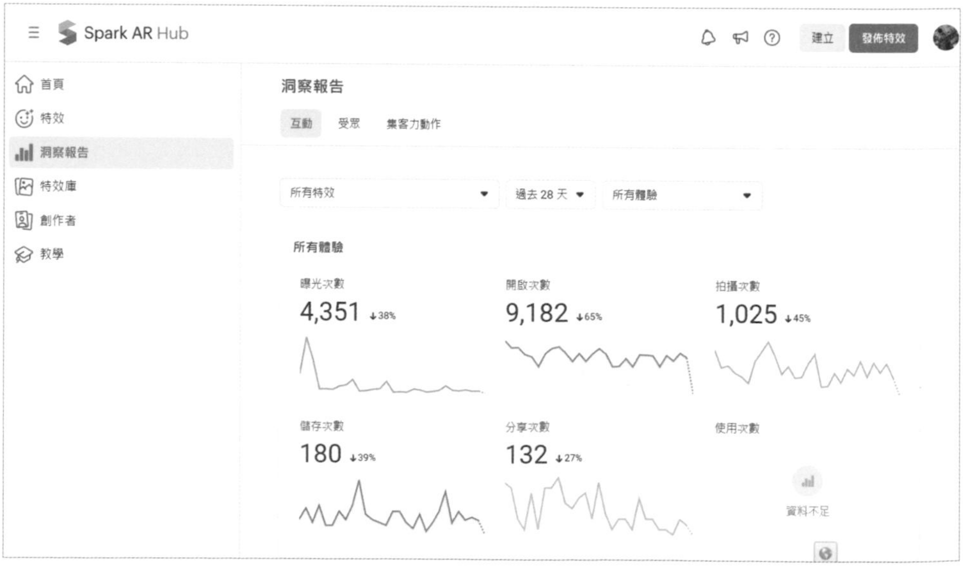

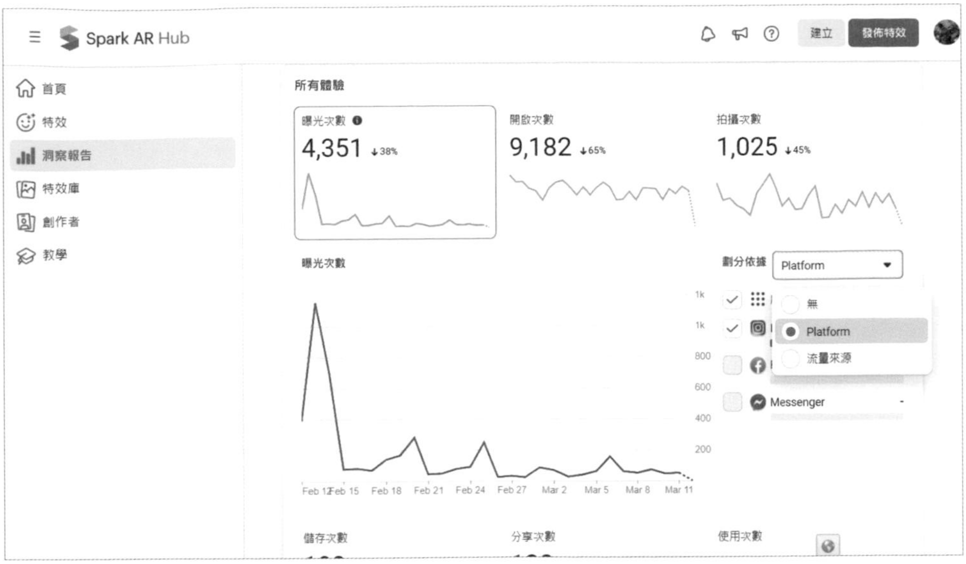

在受眾頁面中，可得知性別、年齡、國家 / 地區排名等數據結果，且可個別查看 Facebook 與 Instagram 兩個平台的各自結果。

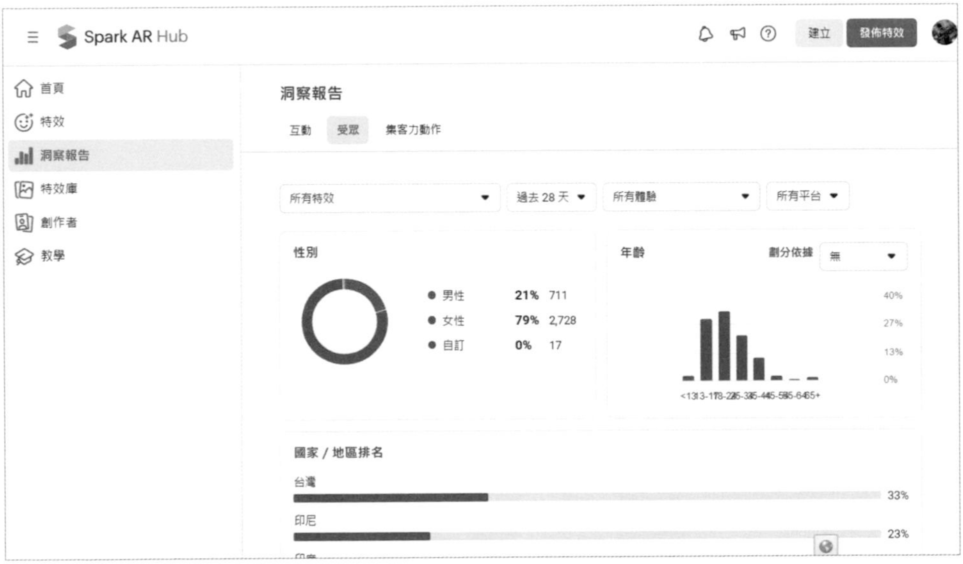

(4) 特效庫

可以更輕鬆地找到能夠激發靈感的特效和創作者，也可以在 Spark AR Hub 對喜愛的特效按讚，藉此表達您的支持。

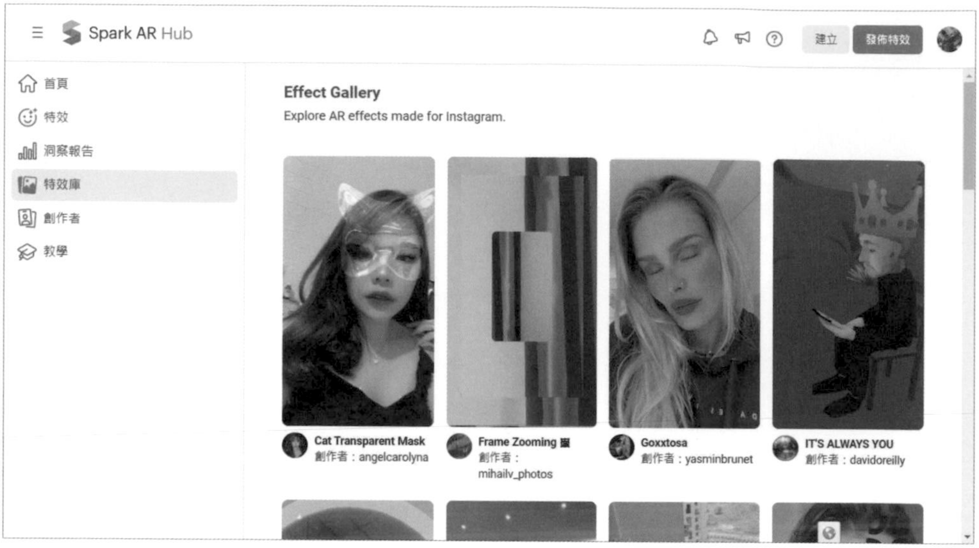

(5) 創作者

集結了所有創作者的濾鏡特效，除了可藉由既有的分類去篩選外，也可透過關鍵字來搜尋特效。

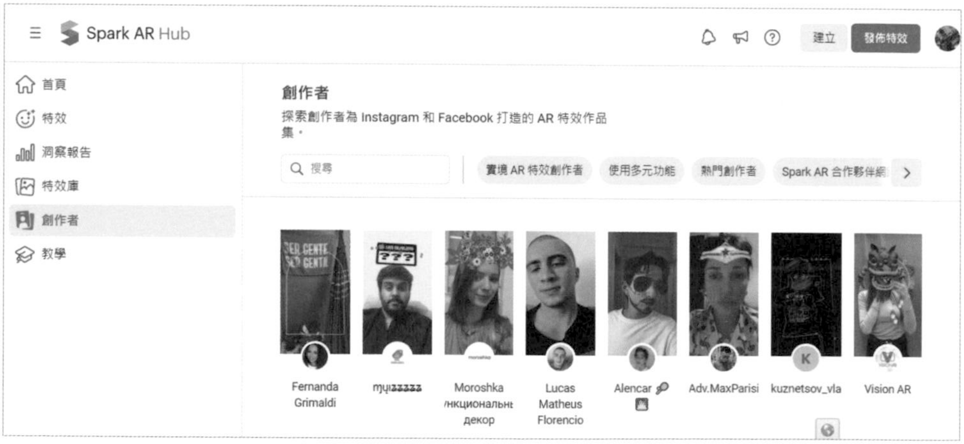

當點擊某個喜好的濾鏡特效後，可得知該濾鏡特效的創作者資訊以及所創作的所有濾鏡特效內容，也可將該濾鏡特效傳送到自己的 Facebook 或 Instagram。

(6) 教學

官方提供了各種教學文件，使創作者了解如何創作與發佈特效等。

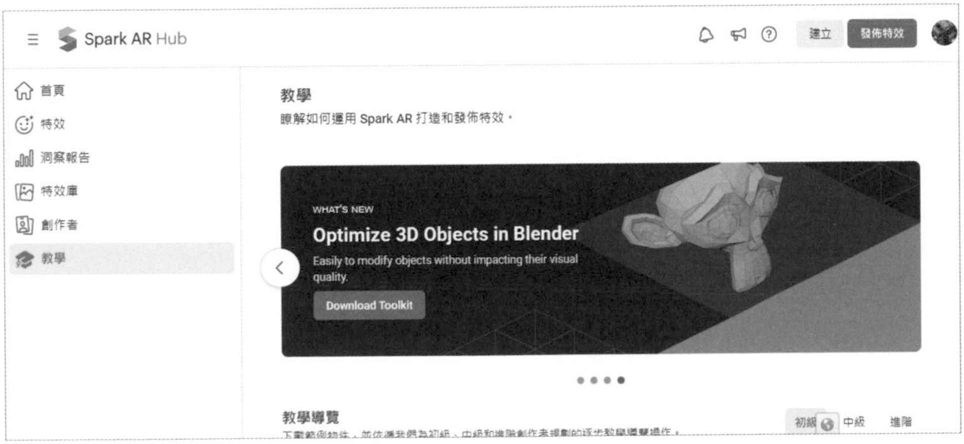

(7) 獎項

身為創作者，每當達到一個里程碑時，該獎項的圖片會改以彩色方式呈現。

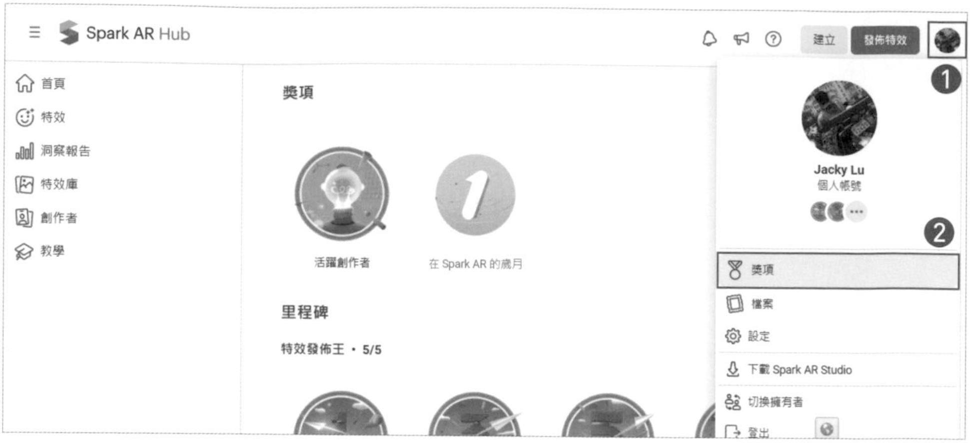

(8) 檔案

可編輯自己的基本資料，使他人在使用該濾鏡特效時可看到自己的資訊，進而得知更多自身所創作的濾鏡特效。

(9) 切換擁有者

Spark AR 雖然必須以個人的名義登入與創作，但是在發佈濾鏡的時候可選擇是要以何種身分發佈，此時若您具有粉絲專頁的權限時，可以該身分進行濾鏡的發佈，該作法可有效將個人與粉絲專業的濾鏡數據進行分割，當他人在使用該濾鏡時所看到的創作者也會以該粉絲專頁的名稱為主。

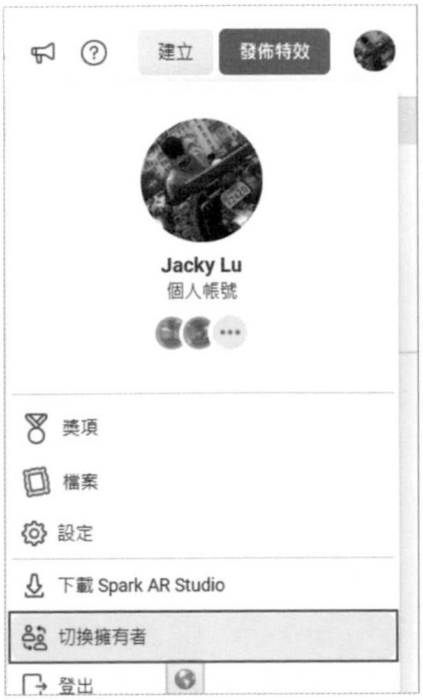

(10) 其他

依序為通知、公告及快速說明，可幫助創作者得知 Spark AR 更新的項目或者官方公告的資訊，以及其他相關設定與學習資源都可從中點擊連結後獲得。

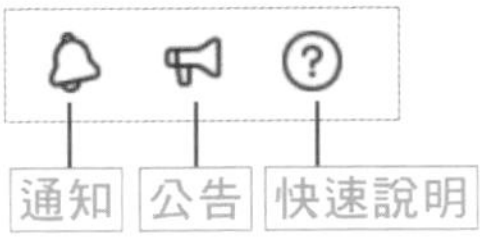

1.5 濾鏡測試

1.5.1 發佈到 FB App 或 IG App 進行測試

在 Spark AR 軟體中，點擊「Sharing Experience」以建立新專案。於專案中點擊左側工具欄中的「Test on device」按鈕，於該面板中點擊 Facebook 的「Send」按鈕進行測試，待發佈成功後會於該社群名稱下面顯示綠色文字以及連結，此時 Facebook App 也會自動收到通知，並於 Facebook App 中進行濾鏡特效測試。發佈於 Instagram App 的步驟也相同。

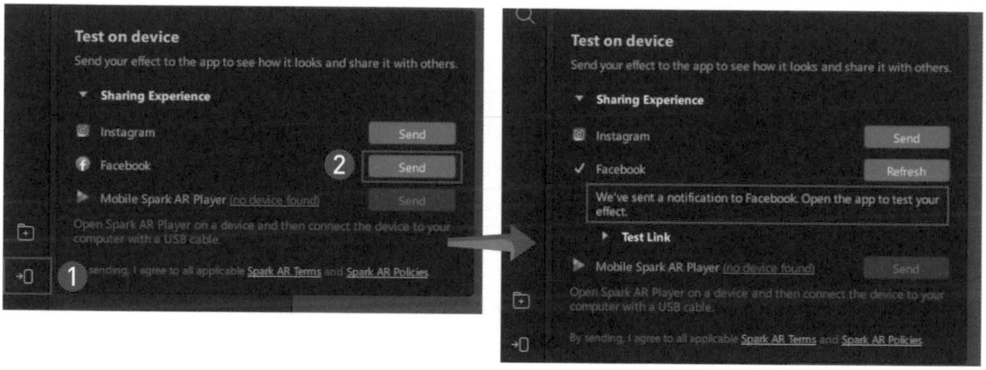

成功發佈於 Facebook App 後，在「通知」頁面中點擊「preview.arexport 特效已可供測試」選項，即立即開啟攝影機進行測試體驗。

若使用 Instagram App 進行測試時，則在「動態」頁面中點擊「試用 << 自己 ig id>> 的 preview.arexport」，即可開啟攝影機進行測試體驗，若該特效為第一次執行，須於測試此特效視窗中點擊「繼續」選項才可順利進行測試。

1.5.2 發佈到手機進行內部測試

Apple 品牌之手機或平板

STEP 01 無論您電腦是 Mac 系統或 Windows 系統，需先在電腦中安裝 iTunes 軟體。

- 網址：https://www.apple.com/tw/itunes/

STEP 02 於 App Store 中搜尋 Spark AR Player App 並下載。

STEP 03 開啟 Spark AR Player App 並使用 Facebook 帳號登入。

補充說明

Spark AR Player 與 Spark AR Studio 兩者所登入的 Facebook 帳號須為同一組。

STEP 04 將手機 / 平板與電腦透過 USB 進行連接。

STEP 05 於手機 / 平板中開起 Spark AR Player App。

STEP 06 在 Spark AR Studio 軟體中點擊「test on device」按鈕，若於 Preview in Spark AR Player 選項中看到您的裝置與「Send」按鈕，表示已連線成功。

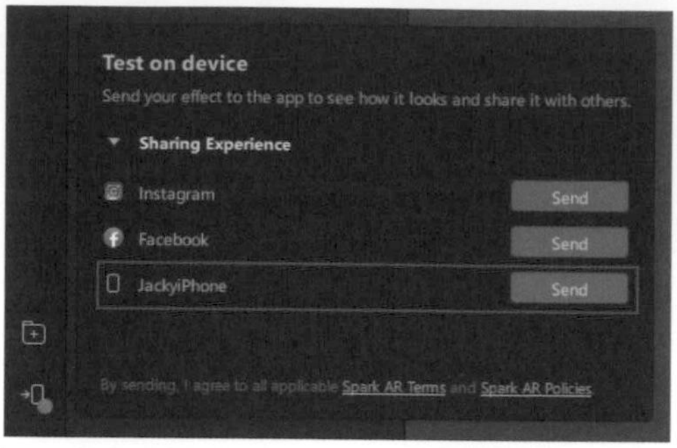

Android 品牌之手機或平板

STEP 01 於 Google Play 中搜尋 Spark AR Player App 並下載。

STEP 02 開啟 Spark AR Player App 並使用 Facebook 帳號登入。

STEP 03 點擊畫面中「GO TO SETTINGS」按鈕，自動前往手機的設定畫面。

STEP 04 在「版本號碼」欄位中「連續點擊 7 下」。

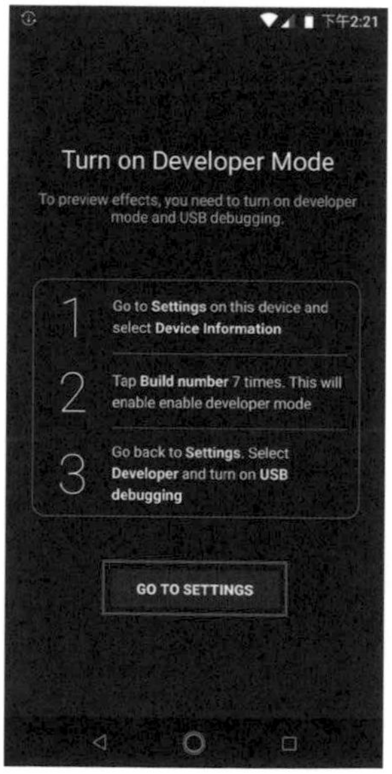

STEP 05 「勾選」並點擊「確定」按鈕。此目的為讓系統開啟「開發者人員」之選項，而可針對 USB 選項進行設定。

STEP 06 前往「系統 > 開發人員選項」畫面，「開啟」USB 偵錯選項。

STEP 07 點擊「確定」按鈕，即可完成。

STEP 08 當成功啟動 USB 偵錯選項後，Spark AR Player 畫面如圖所示。

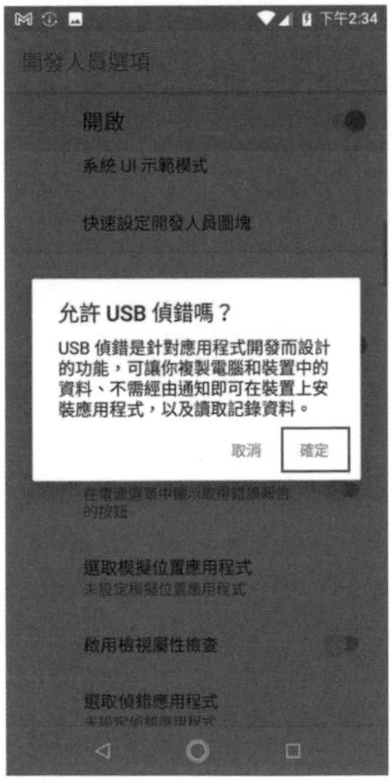

STEP09 將手機 / 平板與電腦透過 USB 進行連接。

STEP10 於手機 / 平板中開起 Spark AR Player App。

STEP11 在 Spark AR Studio 軟體中點擊「test on device」按鈕，若於 Preview in Spark AR Player 選項中看到您的裝置與「Send」按鈕，表示已連線成功。

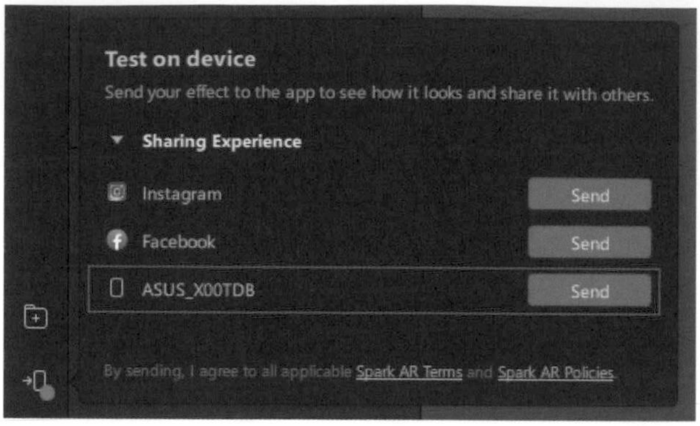

補充說明

由於各家 Android 系統的手機其設定介面均不相同，上述之設定方式僅供參考，請依照您手機所提供的選項設定為主。

1.6 聲音轉檔

Spark AR Studio 中所支援的聲音格式僅為「.m4a」，而通常通用的聲音格式為「.mp4」或「.wav」兩種，故須對此檔案進行轉檔才可於 Spark AR 中使用，聲音轉檔方式如下：

STEP01 於瀏覽器中搜尋「123APPS」並前往網站。

- 網址：https://123apps.com/tw/

STEP02 點擊「轉換器 > 音頻轉換器」。

STEP03 點擊「開啟檔案」按鈕，載入要轉檔之聲音檔案。

STEP04 選擇「m4a」標籤。

STEP05 點擊「進階設定」按鈕後，將通道屬性值修改為「1」，使聲音變為單聲道。

STEP06 點擊「轉換」按鈕。

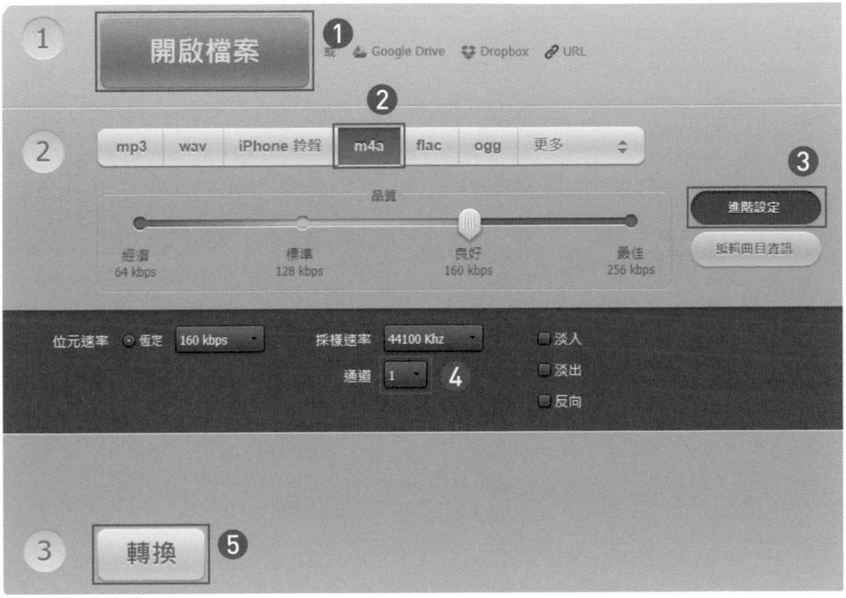

STEP07 待轉檔完畢後，點擊「下載」按鈕即可。

1.7 注意事項

Spark AR 為了使濾鏡可提供良好的使用者體驗，故在 3D 模型面數、支援格式、檔案尺寸等均有其規則，創作過程中該注意的事項分別介紹如下。

1.7.1 3D 模型與紋理材質

在專案中對於 3D 模型的數量、紋理分辨率和三角形計數有最大限制，使在質量和性能之間取得平衡，設定如下：

1. 場景中不得超過 50 個 3D 模型。
2. 紋理的最大分辨率為 1024 px x 1024 px，增加到專案中的任何超過既定尺寸的紋理都將自動調整大小。

另外在，匯入 3D 模型時該注意如下：

1. 每個模型的最大頂點數應少於 20,000。
2. 效果中每個模型的三角形總數應低於 50,000。
3. 效果中所有模型的三角形總數保持在 150,000 以下。
4. 模型高度應介於 1 厘米（最小）和 5 米（最大）之間。

1.7.2 減少功能和特性的影響

專案中增加的功能越多，對性能的影響就越大。建議在發佈專案之前，請確保已刪除效果中所有未使用的功能，且須注意若是使用舊款手機時，其支援程度未必達到最佳狀態。

1.7.3 Spark AR Studio 效果的文件大小限制

從 Spark AR Studio 發佈到 Spark AR Hub 的檔案大小限制可確保您的效果在不同設備上的表現情況。

點擊工具欄中的「」圖示即可檢查 iOS、Android 與舊版 Andriod 三種類型，若您看到檔案的大小符合要求，則您的濾鏡是所有設備類型的正確大小，便可將其上傳到 Spark AR Hub。在此視窗中，您還可看到：

1. File Sizes 的列表。這是「.arfx」檔案的大小，其中包含用戶在其設備上播放效果所需的一切。
2. Facebook 和 Instagram 列中的「V」號或「X」號，表示它是否適合任一平台的大小。若您在要在其上使用濾鏡的平台旁邊看到一個「X」號，則需要將檔案變小。有很多方法可以縮減檔案大小，如刪除未使用的 Assets 資源到優化場景中的物件等。

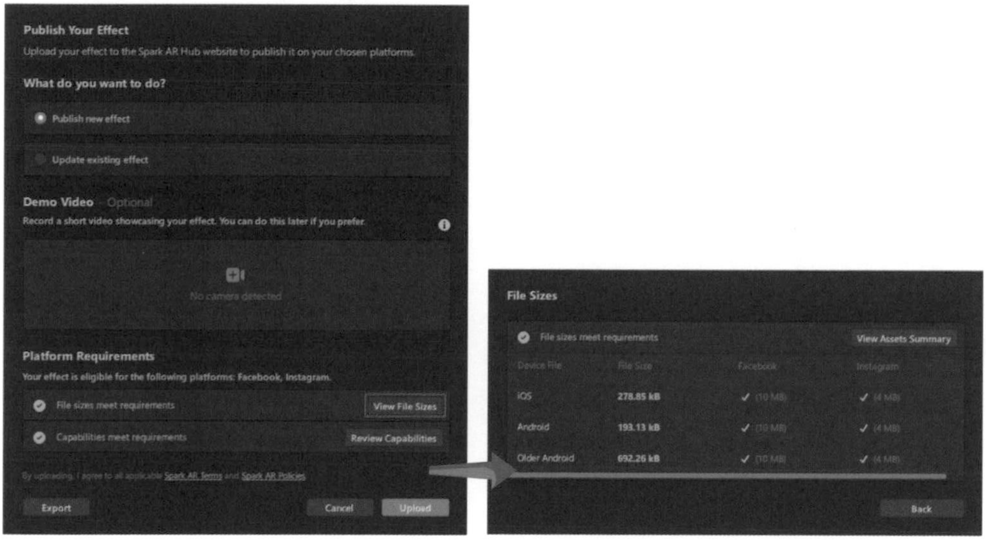

另外，點擊「Export」按鈕後會產生「.arexport」檔案，此檔案用於發佈到 Spark AR Hub 的檔案格式。無論所要發佈的平台為何，該檔案都必須小於 40MB。

1.7.4 支持的文件格式

- 圖片格式：PNG、JPEG、SVG。
- 3D 模型：
  (1) FBX 2014/2015（二進制和 ASCII 版本）。
  (2) glTF 2（二進制和文本版本）。
  (3) COLLADA / DAE。
  (4) OBJ。
  (5) DAE。
- 3D 模型支援下列功能：
  (1) 3D 場景。
  (2) 材質。
  (3) 紋理。
  (4) 針對模型位置、旋轉和縮放的動畫。
- 聲音：Mono M4A，AAC 編解碼器，採樣頻率為 44.1KHz。
- 字型：TrueType/OpenType。

補充說明

更多說明請參考此網址：https://sparkar.facebook.com/ar-studio/learn/articles/fundamentals/technical-guidelines

CHAPTER 02

圖卡辨識

AR 圖卡辨識是坊間常使用的一種呈現方式，透過 Spark AR 即可輕易做出該效果。製作上只需準備好辨識圖片以及成功辨識後的內容 (如 3D 模型或圖片等)，便可在短短幾分鐘就完成 AR 圖卡辨識的製作。

學習重點

(1) AR 圖卡辨識。

(2) 3D 模型與自身動畫。

互動方式

辨識指定圖片。

SPARK AR 範例效果下載

2.1 建立專案

STEP01 開啟 Spark AR Studio 軟體。

STEP02 於 Spark AR Studio 中點擊「Sharing Experience」以建立新專案。

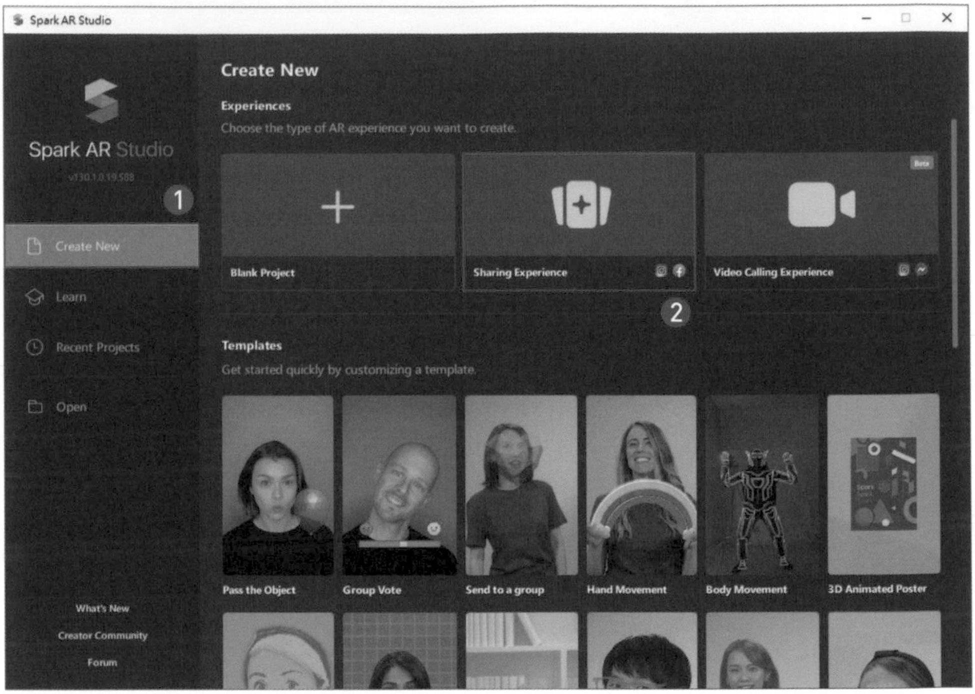

STEP03 點擊「File > Save」或快速鍵 (Ctrl + S) 以儲存專案。

STEP04 儲存名稱為「圖卡辨識」 。

2.2 內容建立

STEP01 於 Scene 面板中，點選「Focal Distance」物件，並點擊「滑鼠右鍵 > Add Object > Target Tracker」以增加目標追蹤器。

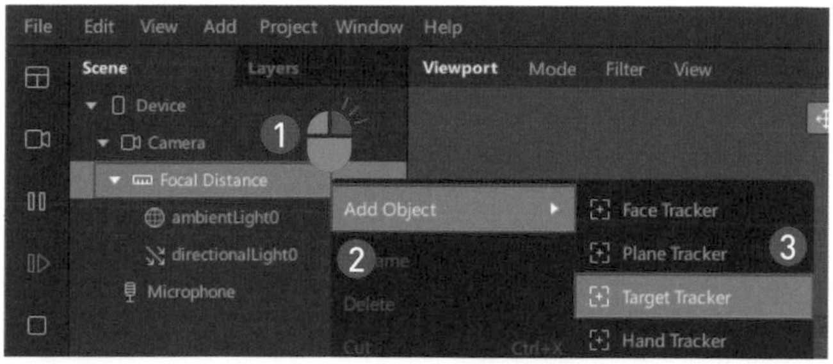

補充說明

Spark AR 根據互動的行為而在 Scene 面板中，自動建立相關的物件結構，讓創作者了解。在互動行為與物件結構上為「Device(設備) > Camera (攝影機) > Focal Distance (焦距)」。

一般情況下，若物件內容要顯示在 Camera 時，物件都要新增在「Focal Distance」中，如此物件的位置或尺寸等才可於 Focal Distance 進行有規範的呈現，若將物件建立在 Camera 與 Focal Distance 之間時，會因缺少了 Focal Distance 的控制，物件的尺寸或位置會變為在沒有標準的情況下呈現。反之 Microphone 因為不需要顯示於 Focal Distance 中，故與 Camera 同階層。

STEP02 點選「targetTracker0」物件，並點擊「滑鼠右鍵 > Rename」，重新命名為「辨識圖」。

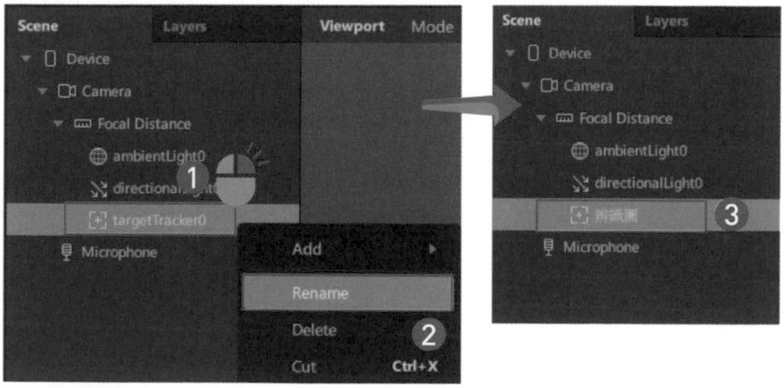

STEP 03 點選「辨識圖」物件的狀態下，於右側 Inspector 面板中，點擊「Texture 屬性 > New Texture」以開啟載入檔案視窗。

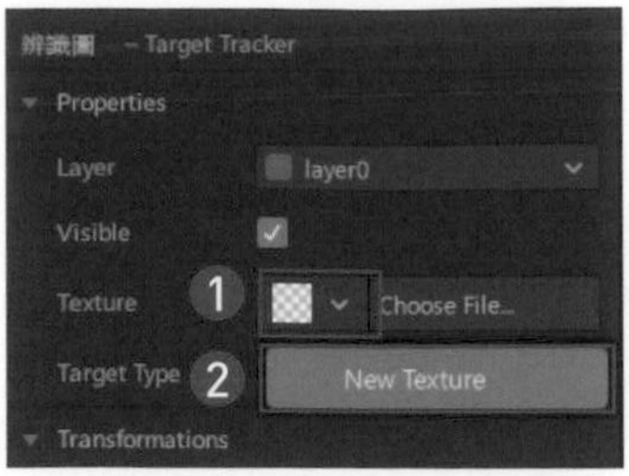

STEP 04 載入「Card.jpg」檔案。

➢ 檔案路徑：ch2 圖卡辨識 > 素材

補充說明

根據 Spark AR 政策，圖示不可含有主題標籤、網址、QR 碼或其他掃描式代碼等標籤或連結。

STEP 05 成功載入後，Texture 屬性中會顯示該圖片。

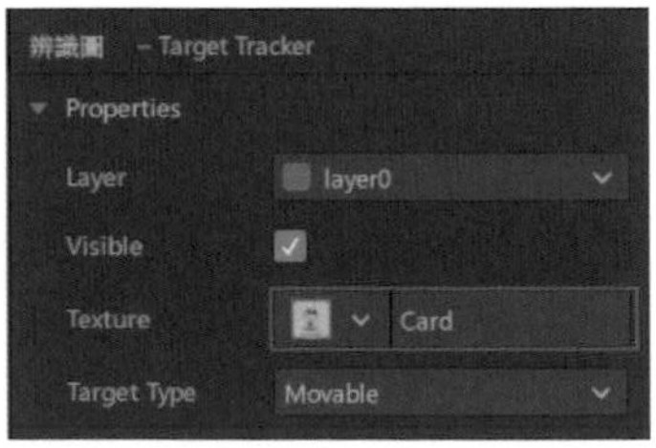

STEP06 點選「辨識圖」物件，並點擊「滑鼠右鍵 > Add Object > 3D Object」，並載入 3D 模型，作為當辨識成功後所要呈現的內容。

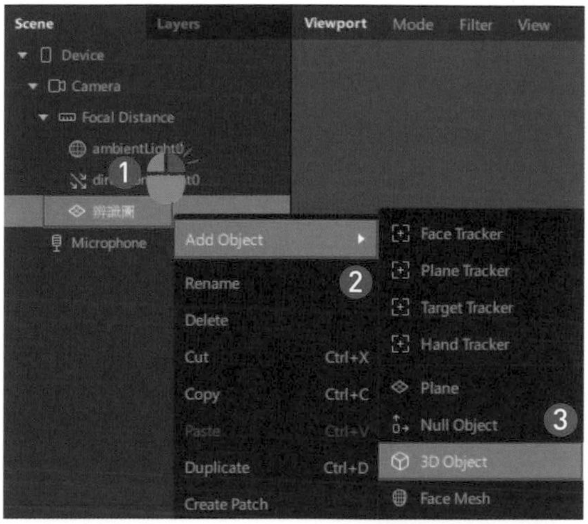

STEP07 載入「LearnGo_wave.FBX」檔案。

➢ 檔案路徑：ch2 圖卡辨識 > 素材 > LearnGo_wave

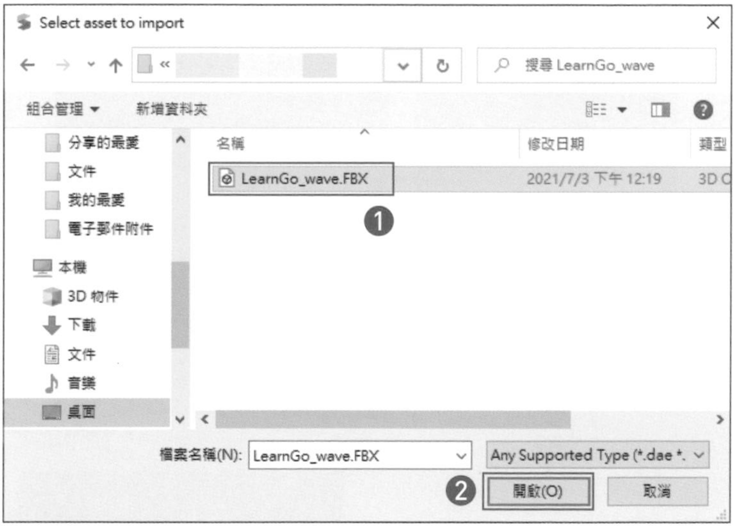

STEP08 載入成功後，可於 Viewport 面板中看見其 3D 模型與整體效果。

STEP09 點選辨識圖物件中的「LearnGo_wave」子物件，於右側 Inspector 面板中，調整 Transformations 標籤中之相關屬性，調整屬性如下：

- Position：0、-0.13、0。
- Scale：0.2、0.2、0.2。

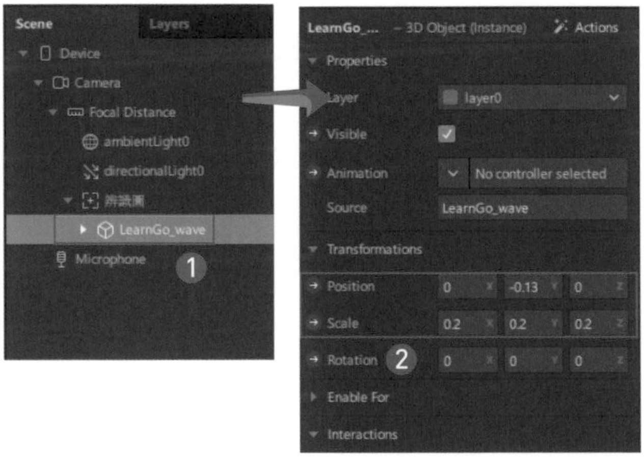

STEP10 調整後，該 3D 模型的位置與尺寸較適合辨識圖尺寸。

STEP 11 接續，於「LearnGo_wave」物件的 Inspector 面板中，點擊「Animation > Create New Animation Controller」，使新增該 3D 模型的動畫控制器。

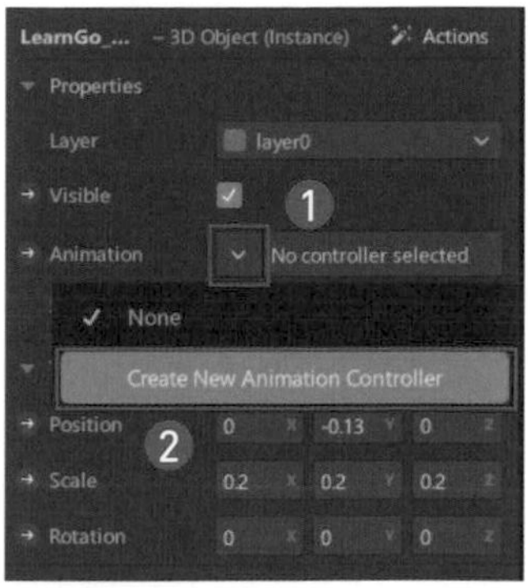

補充說明

該 3D 模型本身已具有動畫，待新增動畫控制器後會與其動畫產生連接，雖模型本身具有動畫，但可依專案需求決定是否新增動畫控制器；若 3D 模型本身未具備動畫時，新增控制器後也無對應之動畫呈現。

STEP 12 於 Assets 面板中，點選「animationPlaybackController0」，並點擊「滑鼠右鍵 > Rename」，重新命名為「AnimationPlay」。

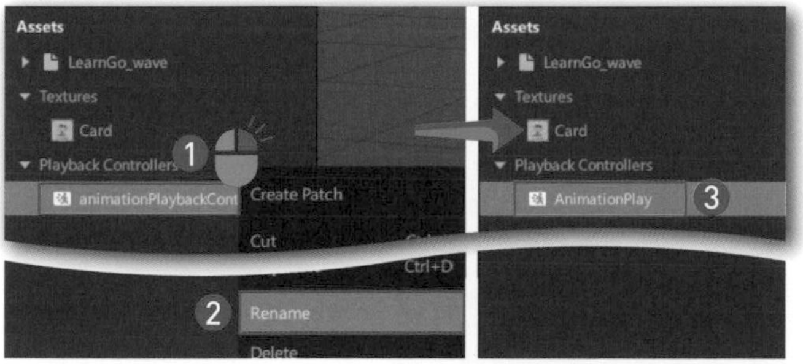

STEP 13 點選「AnimationPlay」控制器狀態下，於右側 Inspector 面板中可得知模型動畫的名稱、是否播放、是否循環播放、秒速等屬性。

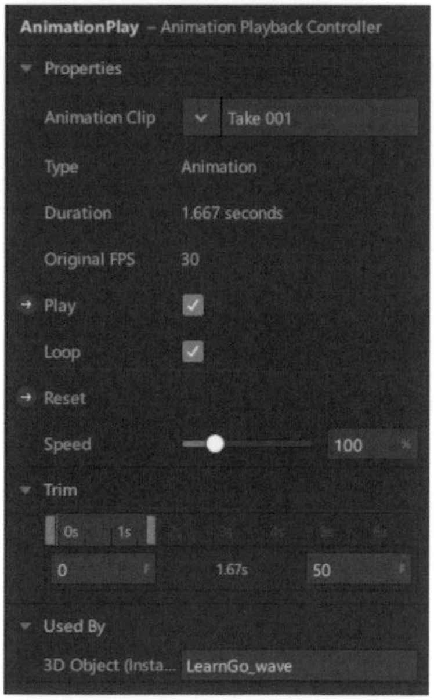

STEP 14 於 Viewport 面板與模擬器中可看揮手的動畫。

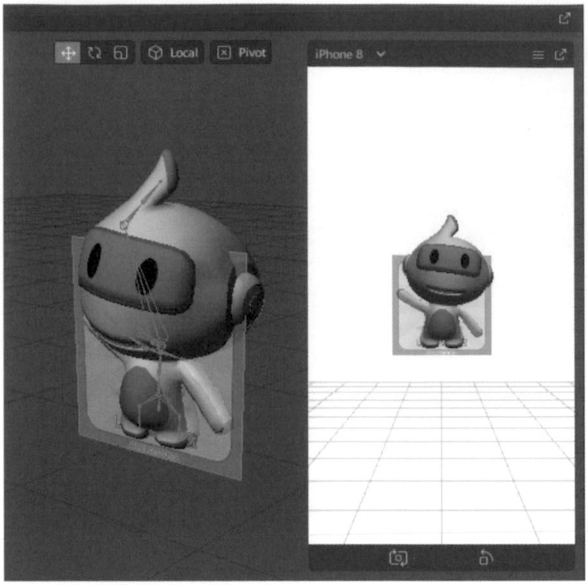

2.3 濾鏡測試

STEP 01 點擊「File > Save」或快速鍵 (Ctrl + S) 來儲存專案。

STEP 02 點擊「Test on device」按鈕後，於 Test on device 面板中選擇要測試的平台或方式。本節以點擊 Facebook 的「Send」按鈕進行測試為例。

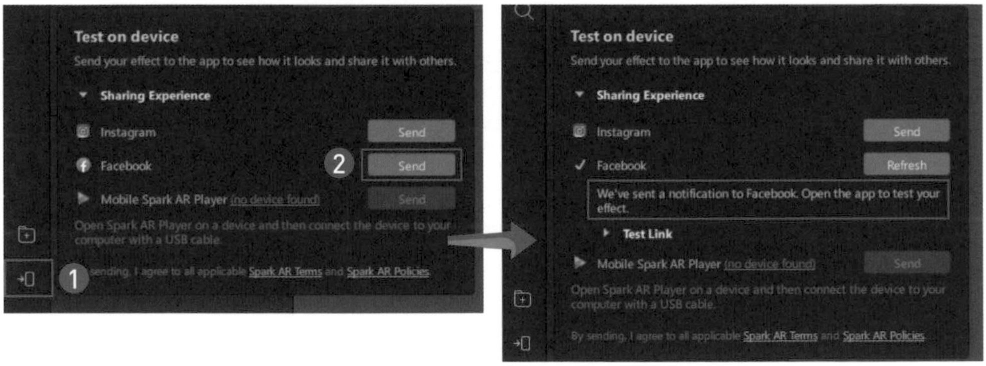

STEP 03 待發佈成功後可於 Facebook App 中開啟本範例濾鏡，並透過相機辨識本章節的辨識圖進行測試。

STEP 04 專案製作完畢，發佈上架流程請參考第 19 章。

CHAPTER 03

模型控制

★★★★★

在多數行銷宣傳中，藉由辨識後出現該產品的 3D 模型 (吉祥物)，使用者可與之進行拍照。在此互動模式中，該 3D 模型可依據使用者所站之位置、拍照角度與相對距離而對 3D 模型進行調整，拍出最佳的照片。

學習重點

(1) 平面 (地板) 追蹤。
(2) 利用指定的手勢行為控制 3D 模型縮放與旋轉。
(3) 父、子物件在動畫編輯上的差異。

互動方式

辨識平面後模型會出現，此時可用手指控制模型的角度與大小。

SPARK AR 範例效果下載

3.1 建立專案

STEP01 開啟 Spark AR Studio 軟體。

STEP02 於 Spark AR Studio 中點擊「Sharing Experience」以建立新專案。

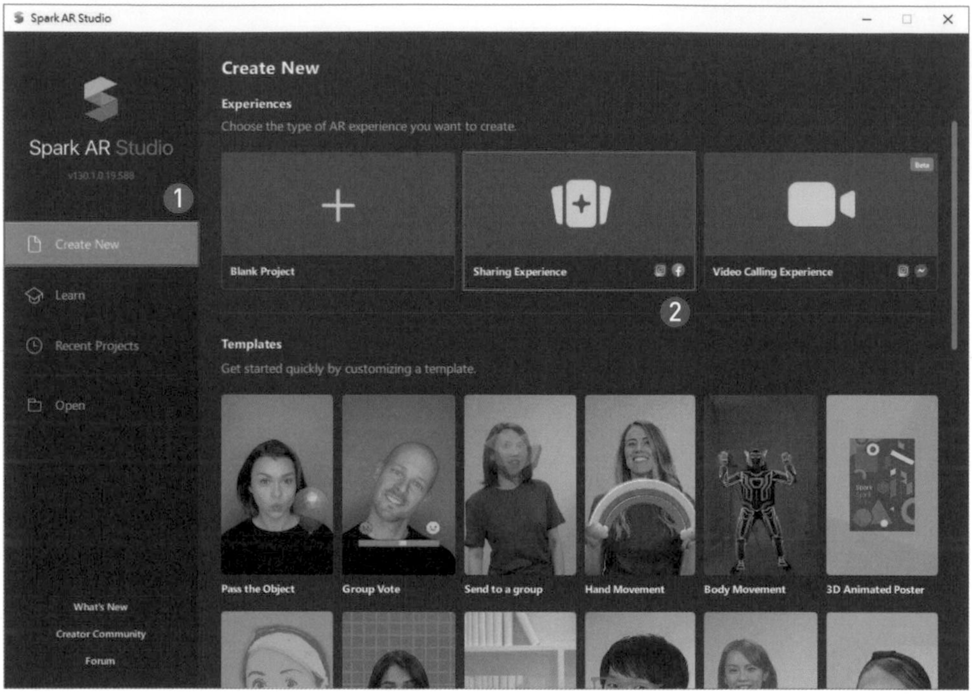

STEP03 點擊「File > Save」或快速鍵 (Ctrl + S) 以儲存專案。

STEP04 儲存名稱為「模型手勢控制」。

3.2 內容建立

STEP 01 於 Scene 面板中，點選「Focal Distance」物件，並點擊「滑鼠右鍵 > Add Object > Plane Tracker」以增加平面追蹤器。

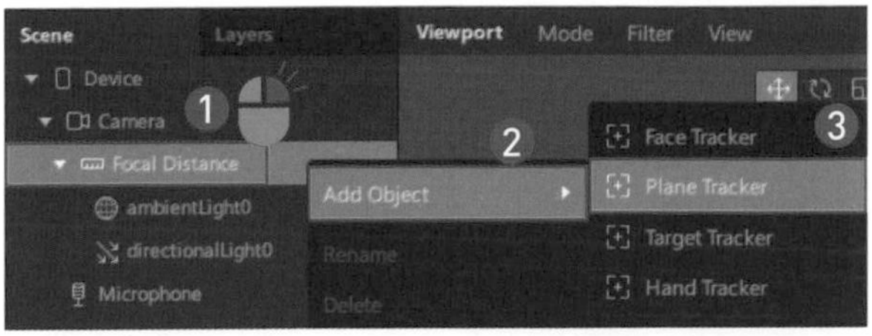

STEP 02 點選「planeTargetTracker0」物件，並點擊「滑鼠右鍵 > Add Object > Null Object」以增加空物件。

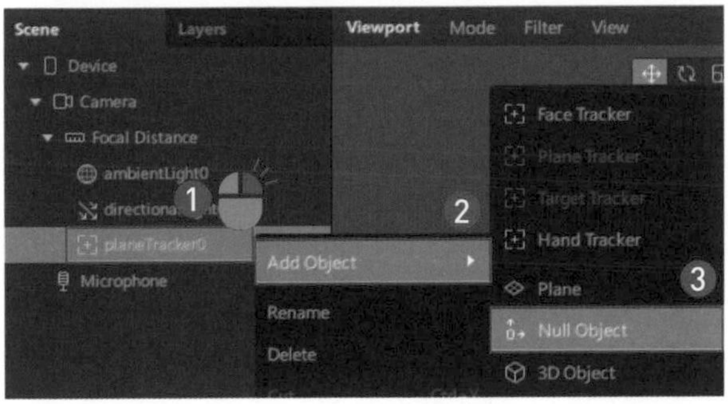

補充說明

依本範例的呈現需求，3D 模型本身帶有縮放與旋轉的手勢動作，若再加入自動縮放動畫則會與手勢控制模型產生衝突，為解決此問題須於 3D 模型外層加個 NullObject(空物件)，而縮放動畫的邏輯指令則加到 NullObject 上。

Null Object 可作為群組 (父子關係) 概念，將類似的物件放入其中以方便歸類管理，也可藉由修改 Null Object 的 Scale、Rotation、Position 等屬性，調整位於 Null Object 內的所有物件。

STEP03 點選「nullObject0」物件，並點擊「滑鼠右鍵 > Add Object > 3D Object」以載入 3D 模型，作為當辨識成功後所要呈現的內容。

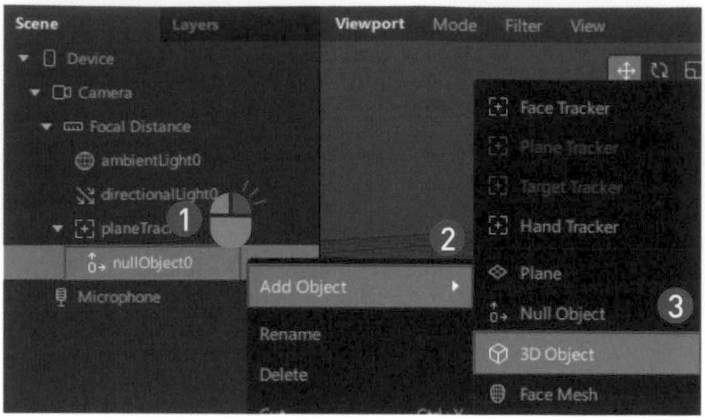

STEP04 載入「LearnGo_wave.FBX」檔案。

➢ 檔案路徑：ch3 模型控制 > 素材 > LearnGo_wave

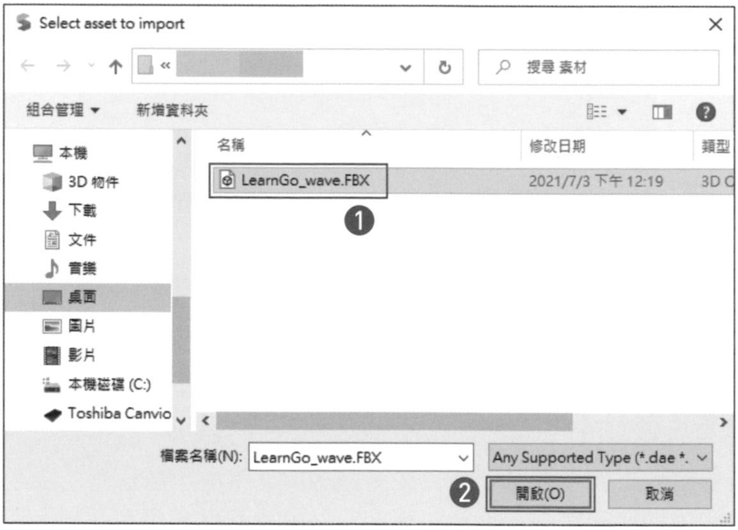

STEP 05 點選「nullObject0」物件，於右側 Inspector 面板中，將 Transformations 標籤中之 Scale 屬性調整為 0.3、0.3、0.3。

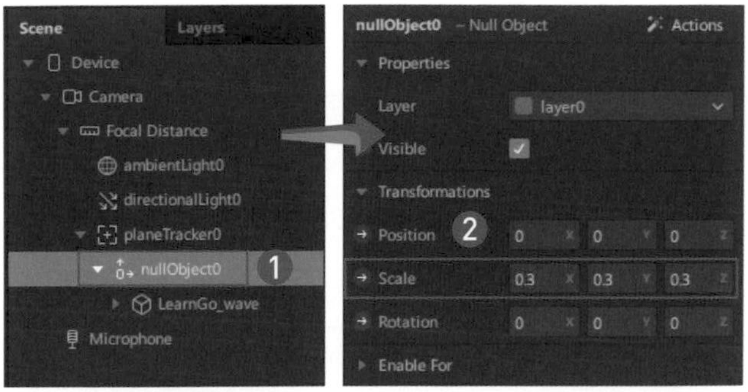

STEP 06 於 Viewport 面板與模擬器中可看到模型貼於地板。

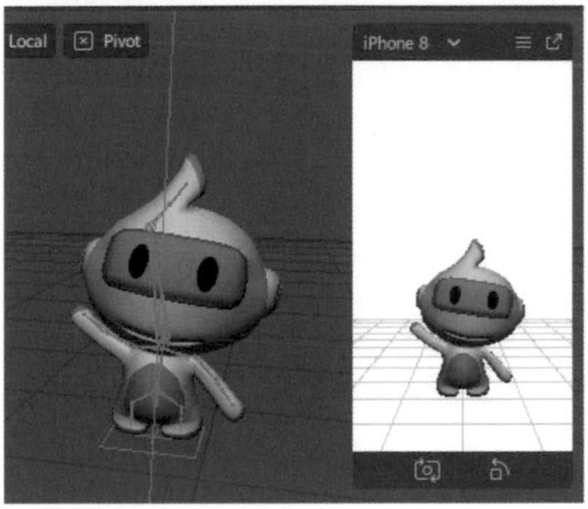

3.3 邏輯設計

3.3.1 自動放大

此小節在邏輯編排的主要需求為，濾鏡開啟後，「NullObject」物件會依所設定的尺寸比例，播放從 0 到 0.3 之放大動畫，使效果上有個過渡效果而非直接出現的感覺，且此動畫只播放一次。

STEP 01 點擊「View > Show Patch Editor」以開啟 Patch Editor 面板。

STEP 02 於 Patch Editor 面板中，點擊滑鼠左鍵兩下新增模塊，需新增模塊與數量如下：

- Runtime：1 個。
- Greater Then：1 個。
- Pulse：1 個。
- Animation：1 個。
- Transition：1 個。

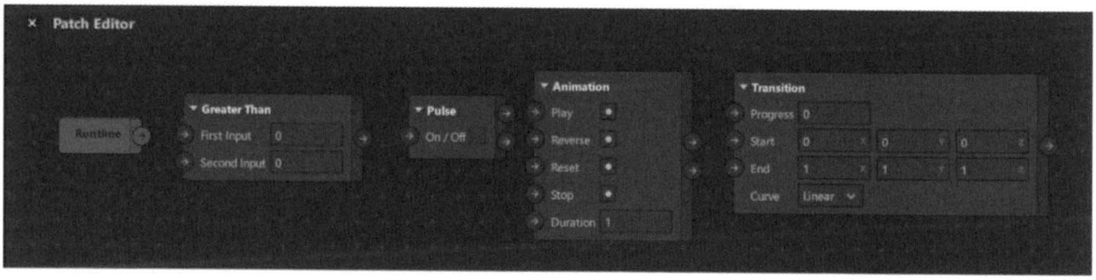

STEP 03 將 Transition 中的 End 屬性值修改為 0.3、0.3、0.3，使其模型在效果呈現上為從 0 放大至 0.3。

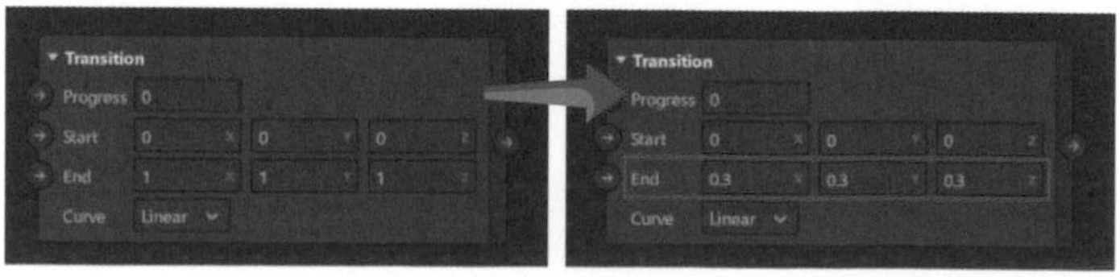

STEP 04 於 Scene 面板中，點選「nullObject0」物件，且於右側 Inspector 面板中，點擊 Scale 屬性旁的 ➔ 按鈕，將該屬性改由模塊進行控制。

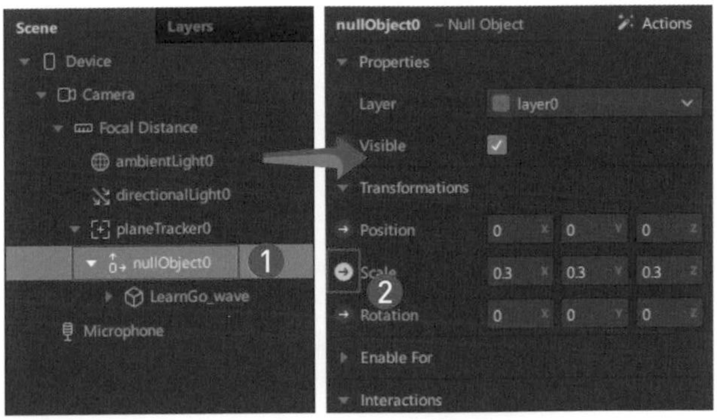

STEP 05 調整 Patch Editor 面板中各模塊的位置，並將彼此間進行連線以完成運算邏輯的編排，結果如圖所示。

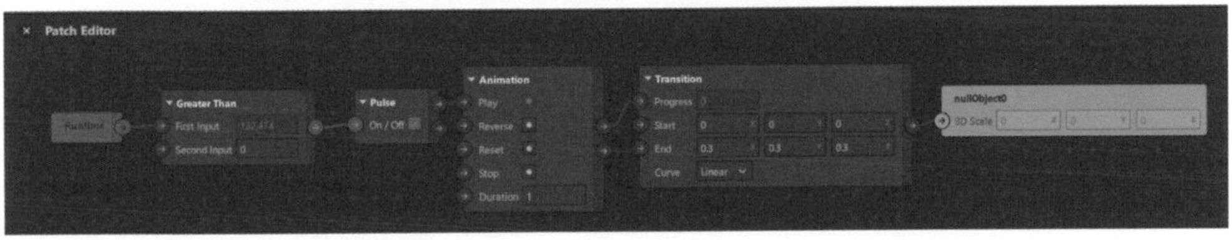

3.3.2 旋轉控制

此小節在邏輯編排的主要需求為，濾鏡開啟後，在旋轉的控制上須利用兩隻手指進行扭轉的動作，即可控制模型進行 360 度旋轉。

STEP 01 於 Patch Editor 面板中，點擊滑鼠左鍵兩下新增模塊，需新增模塊與數量如下：

- Screen Rotate：1 個。
- Multiply：1 個。
- Pack：1 個。

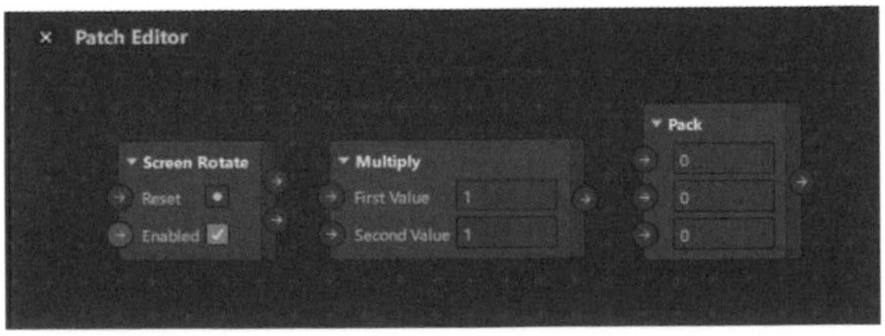

STEP 02 於 Scene 面板中，點選「LearnGo_wava」物件，且於右側 Inspector 面板中，點擊 Rotation 屬性旁的 ➔ 按鈕，將該屬性改由模塊進行控制。

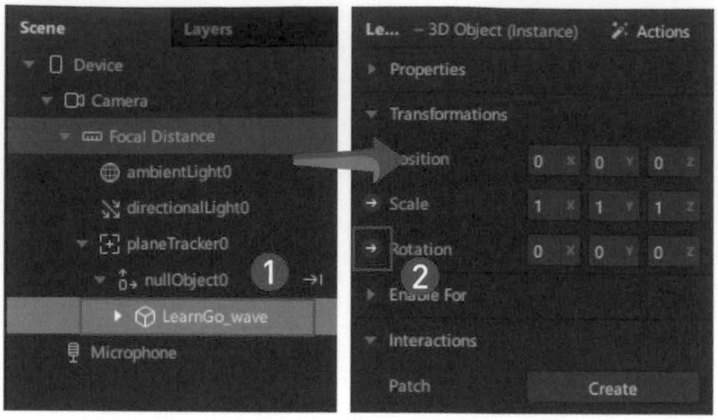

STEP 03 調整 Patch Editor 面板中各模塊的位置，並將彼此間進行連線以完成運算邏輯的編排，結果如圖所示。

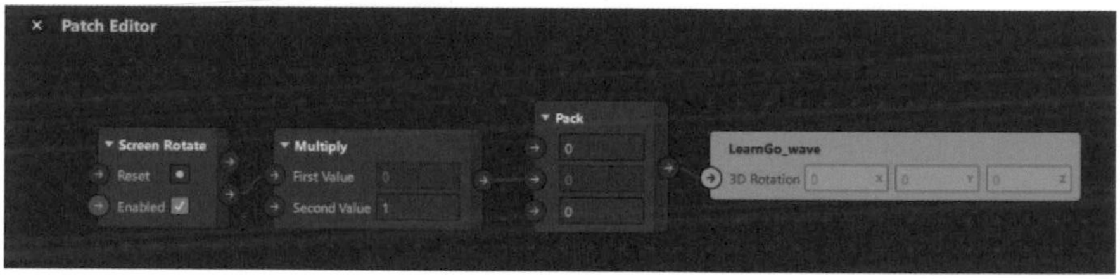

3.3.3 縮放控制

此小節在邏輯編排的主要需求為，濾鏡開啟後，在縮放的控制上須利用兩隻手指進行張開與閉合的動作，即可對模型進行縮放。

STEP 01 於 Patch Editor 面板中，點擊滑鼠左鍵兩下新增模塊，需新增模塊與數量如下：

- Screen Pinch：1 個。
- Value：1 個。
- Pack：1 個。

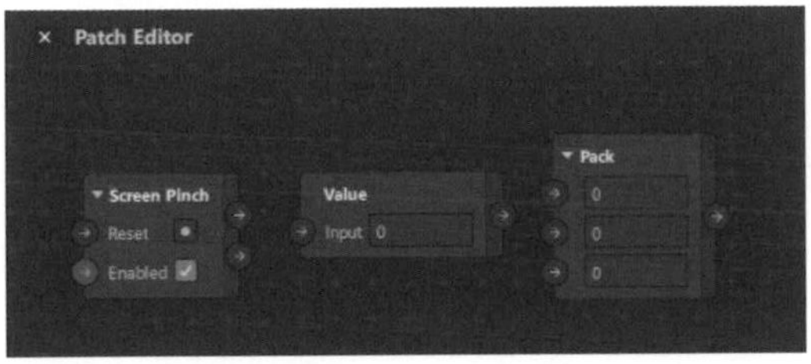

STEP 02 於 Scene 面板中，點選「LearnGo_wava」物件，且於右側 Inspector 面板中，點擊 Scale 屬性旁的 ➔ 按鈕，將該屬性改由模塊進行控制。

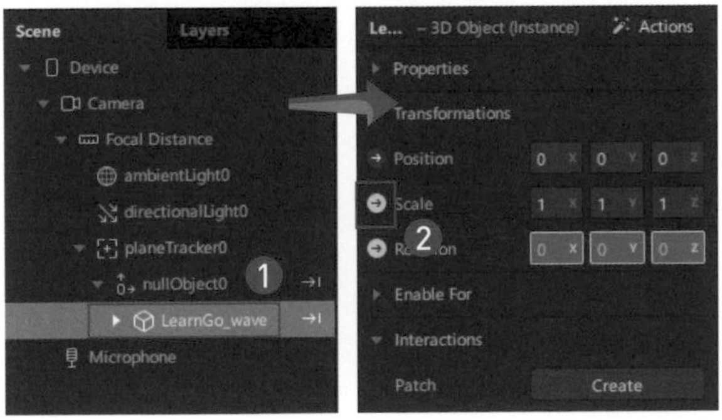

STEP 03 調整 Patch Editor 面板中各模塊的位置，並將彼此間進行連線以完成運算邏輯的編排，結果如圖所示。

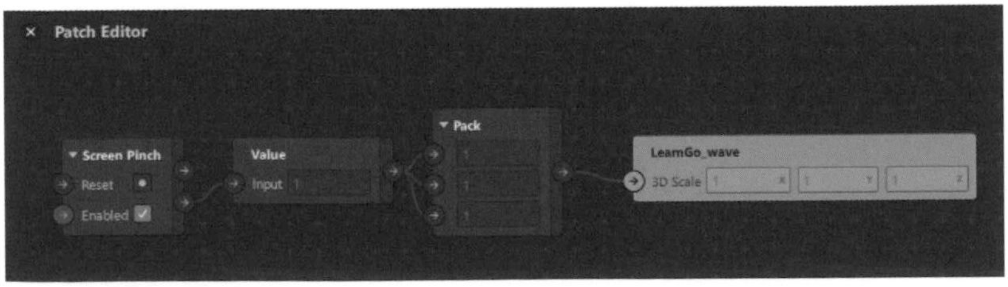

3.4 濾鏡測試

STEP01 點擊「File > Save」或快速鍵 (Ctrl + S) 來儲存專案。

STEP02 點擊「Test on device」按鈕後，於 Test on device 面板中選擇要測試的平台或方式。本節以點擊 Facebook 的「Send」按鈕進行測試為例。

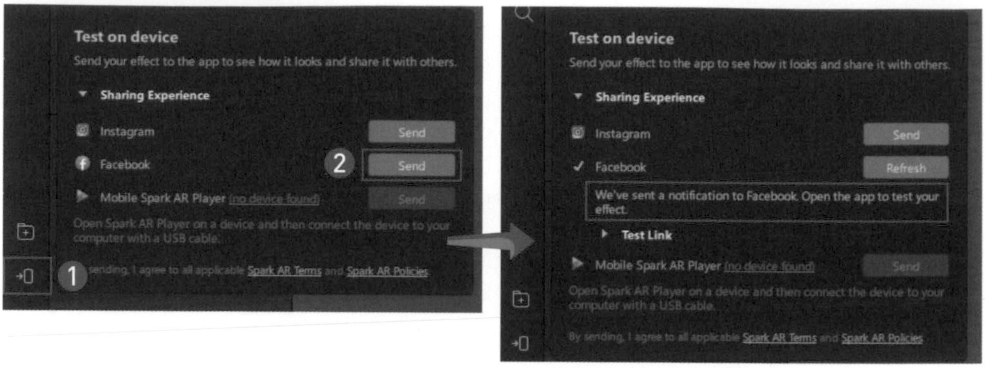

STEP03 待發佈成功後可於 Facebook App 中開啟本範例濾鏡進行測試。

STEP04 專案製作完畢，發佈上架流程請參考第 19 章。

CHAPTER 04

家具展示

★★★★★

DM 文宣不在只有一種用途而已，當結合 AR 辨識技術後，掃描 DM 中家具照片後則可直接觀看家具的 3D 模型及 360 度的樣貌，對採購家具時的評估非常有幫助喔！

學習重點

(1) 多張辨識圖。
(2) 虛擬按鈕製作與邏輯。
(3) 虛擬按鈕的圖形切換。
(4) 3D 模型的顯示與隱藏切換。

互動方式

辨識指定圖片後會出現按鈕，點擊按鈕可控制家具模型的顯示與隱藏。

SPARK AR 範例效果下載

4.1 建立專案

STEP01 開啟 Spark AR Studio 軟體。

STEP02 於 Spark AR Studio 中點擊「Sharing Experience」以建立新專案。

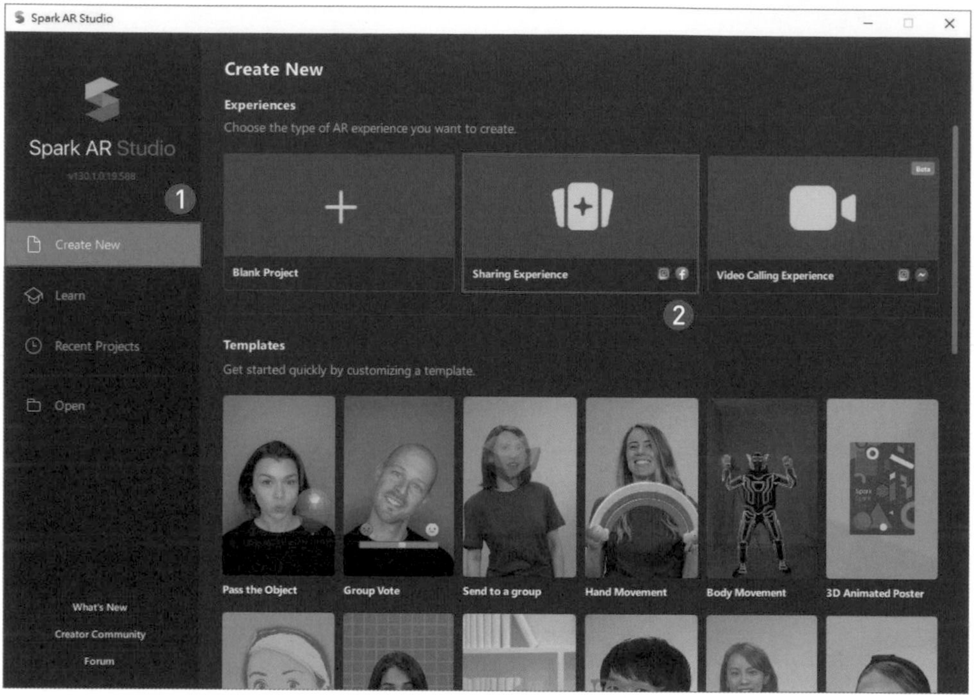

STEP03 點擊「File > Save」或快速鍵 (Ctrl + S) 以儲存專案。

STEP04 儲存名稱為「家具展示」。

4.2 內容建立

STEP01 於 Scene 面板中，點選「Focal Distance」物件，並點擊「滑鼠右鍵 > Add Object > Target Tracker」，以增加目標追蹤器。

STEP02 點選「targetTracker0」物件，並點擊「滑鼠右鍵 > Rename」，重新命名為「沙發」。

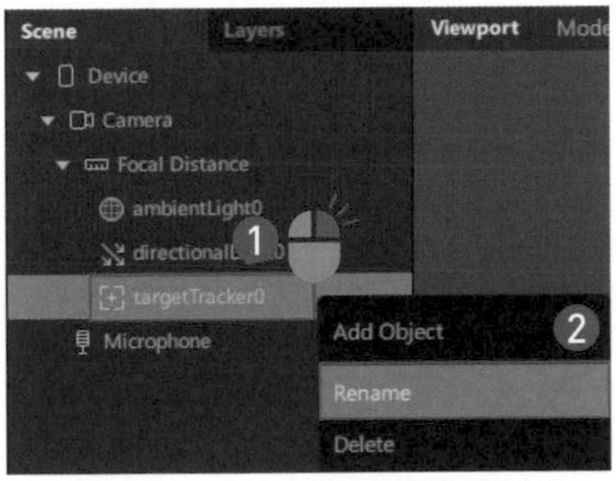

STEP03 點選「沙發」物件的狀態下，於右側 Inspector 面板中，點擊「Texture 屬性 > New Texture」以開啟載入檔案視窗。

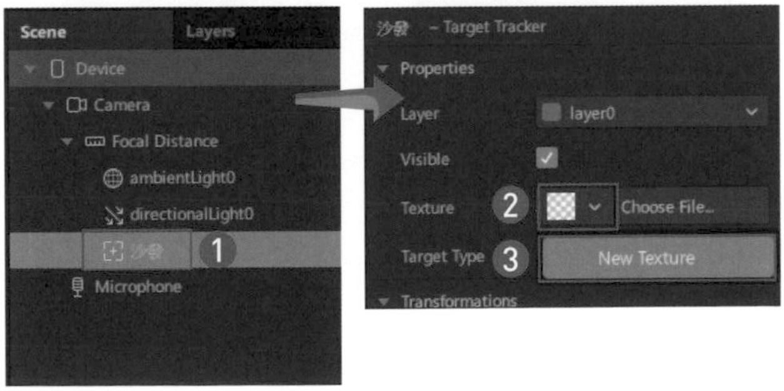

STEP04 載入「img01.jpg」檔案。

➢ 檔案路徑：ch4 家具展示 > 素材

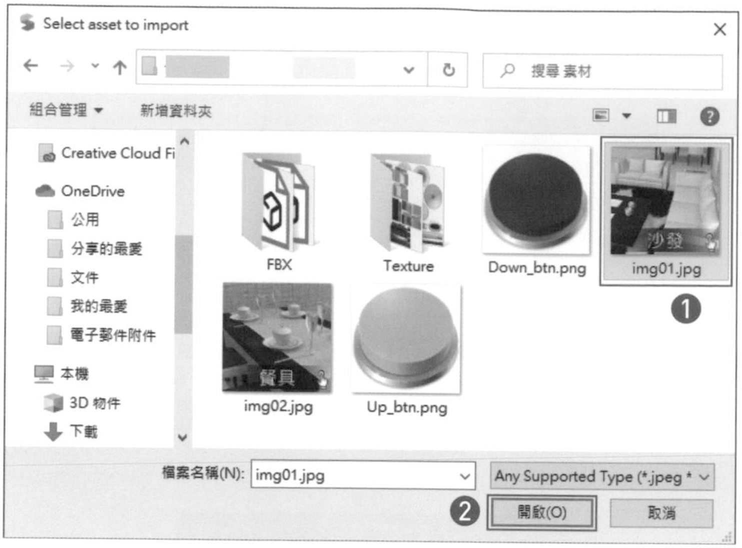

STEP05 點選「沙發」物件，並點擊「滑鼠右鍵 > Add Object > 3D Object」，以載入 3D 模型，作為當辨識成功後所要呈現的內容。

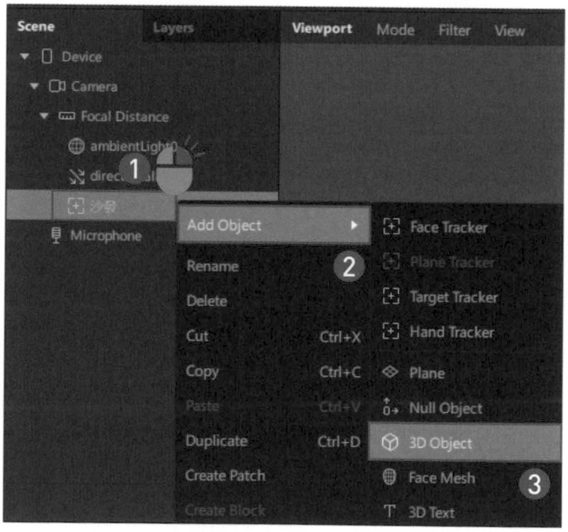

STEP06 載入「safa.FBX」檔案。

> 檔案路徑：ch4 家具展示 > 素材 > FBX

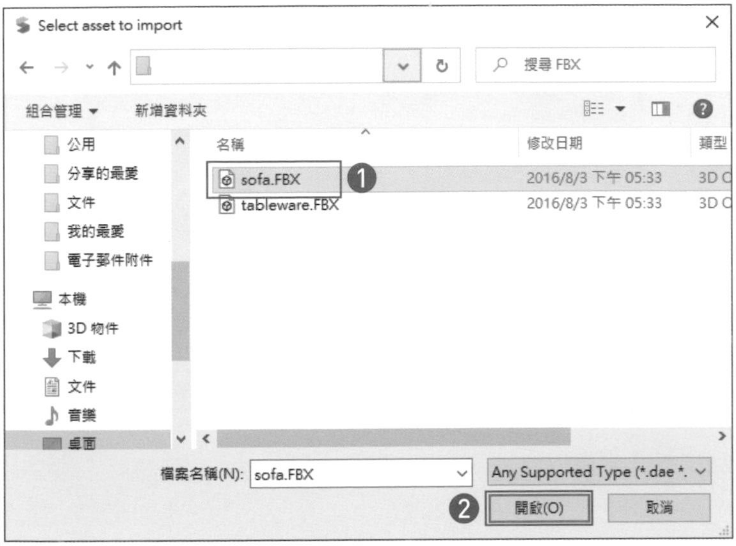

STEP07 點選沙發物件中「safa」子物件，於右側 Inspector 面板中，調整 Transformations 標籤中之相關屬性，調整屬性如下：

- Position：0、0.35、0。
- Scale：0.15、0.15、0.15。
- Rotation：90、0、90。

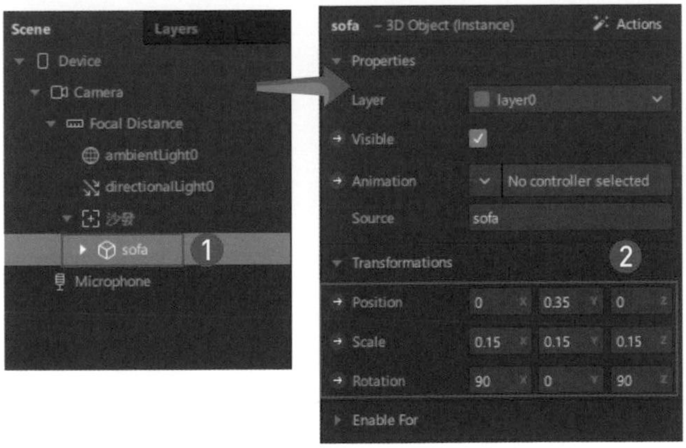

STEP 08 於 Scene 面板中，點選「沙發」物件，並點擊「滑鼠右鍵 > Add Object > Plane」，以增加平面物件。

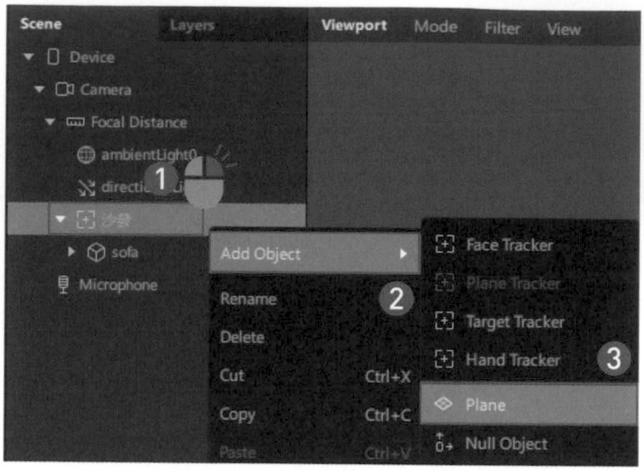

STEP 09 點選「plane0」物件，並點擊「滑鼠右鍵 > Rename」，重新命名為「按鈕」。

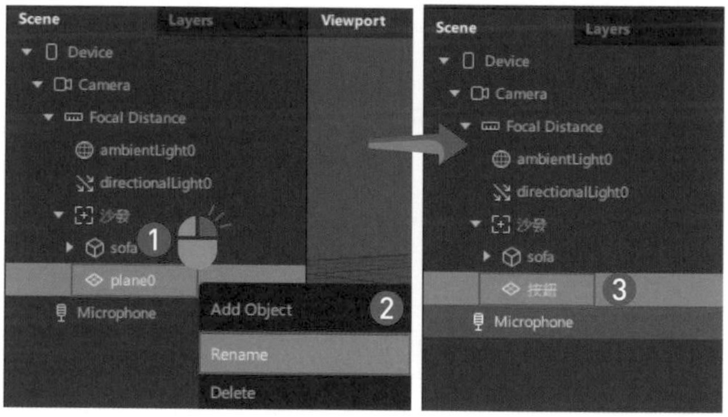

STEP 10 點選「按鈕」物件後，於右側 Inspector 面板中，點擊 Materials 標籤中之「+ > Create New Material」按鈕以新增材質球。

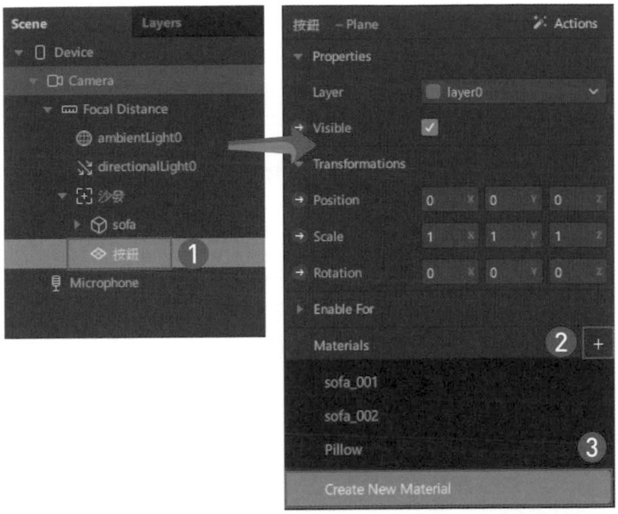

STEP 11 於 Assets 面板中，點選「material0」材質球，並點擊「滑鼠右鍵 > Rename」，重新命名為「按鈕」。

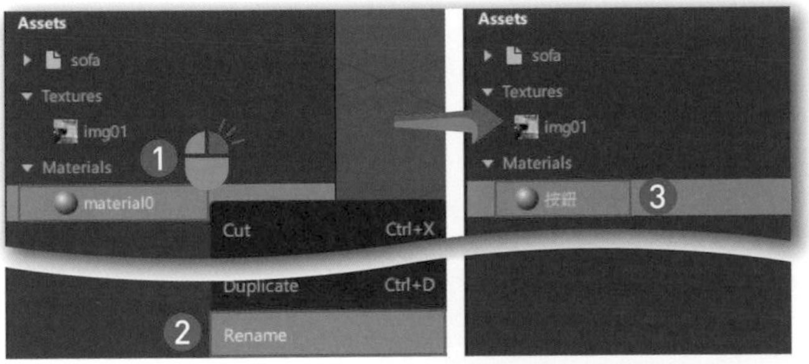

STEP 12 點選「按鈕」材質球的狀態下，於右側 Inspector 面板中，將其 Shader Type 屬性值調整為「Flat」。

STEP 13 接續，點擊「Texture 屬性 > New Texture」以開啟載入檔案視窗。

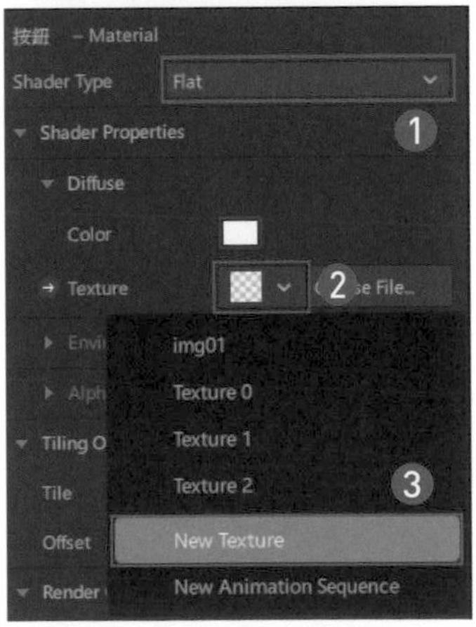

補充說明

Shader Type 提供了六種材質選項與一種預設著色器的選擇，六種類型的材質都有不同的特性，說明如下：

1. Standard：適合在 3D 模型上模擬出逼真的照明效果。
2. Flat：此材質不會對光源做出反應，適合應用於 2D 物件上。
3. Physically-Based：此材質的不同屬性允許添加表面粗糙度、金屬效果和模擬真實世界的光源照明。
4. Face paint：此效果保留了下面的亮度，且去除了顏色，故適合用於創建遮罩效果以顯示紋理下方的皮膚時，如運用在紋身或化妝品等情境。
5. Blended：可將材質紋理和顏色混合在一起。
6. Shader Asset：
   (1) Create UI Shader Code Asset：適合創建 2D 介面和背景，只需調整材質中的屬性即可，如調整背景顏色、邊框顏色、邊界半徑、背景紋理、渲染向等。
   (2) Create Patch Asset：預設的補丁資源，可於 Patch 中重新自行定義。
   (3) Create Shader Code Asset：可自行定義 4 至 9 邊形圖形，以及漸層色。
7. Retouching：此為面部和場景添加修飾效果，使表現出效果較為光滑，如美化肌膚。

更完整介紹請參考 https://sparkar.facebook.com/ar-studio/learn/ 網址中，Articles 文章中的 Textures and Materials。

STEP 14 載入「Up_btn.png」檔案。

➢ 檔案路徑：ch4 家具展示 > 素材

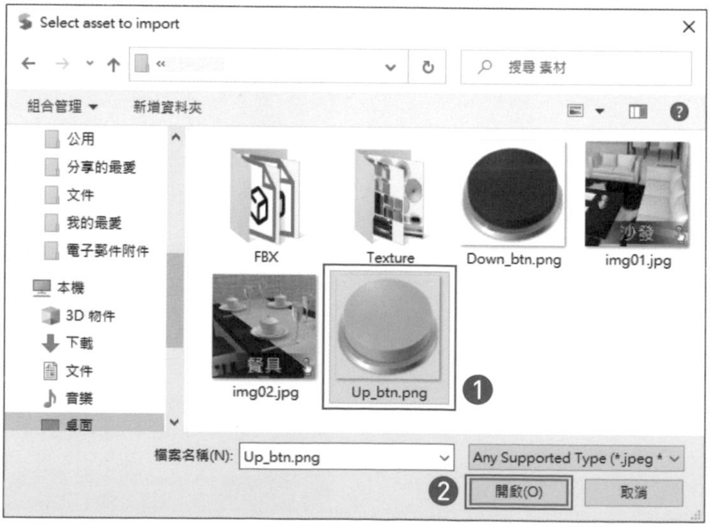

STEP 15 於 Scene 面板中，點選「按鈕」平面物件後，於右側 Inspector 面板中，將 Transformations 標籤中之 Position 屬性的 Z 值調整為「0.1」。

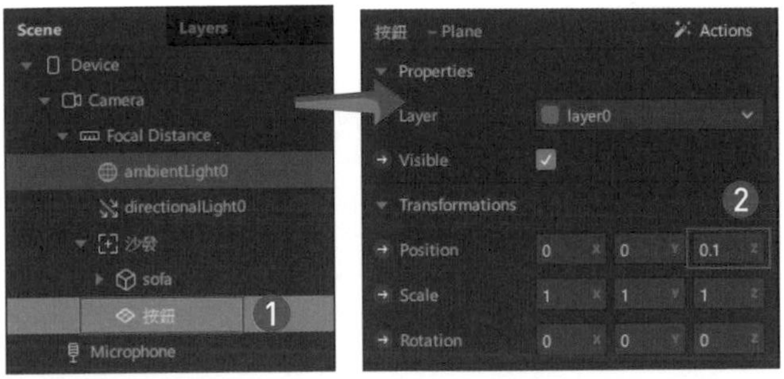

補充說明

1. Position 屬性的 Z 值：此數值與距離攝影機的距離相關，數值越大離攝影機越近，表示會遮蔽後面的物件。
2. Scale 屬性的 Z 值：此數值表示深度，因為此範例中的圖片屬於 2D，故不須利用此屬性值來增加厚度，數值為 1 即可。

STEP 16 調整 Z 值後，其按鈕呈現效果如圖所示。

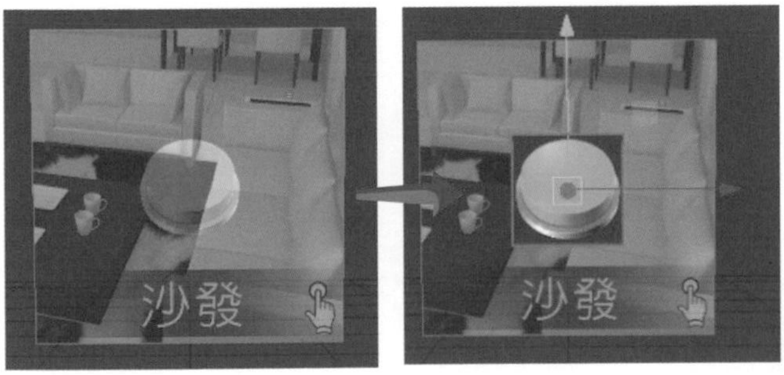

STEP 17 辨識圖與 3D 模型之相對位置如圖所示。

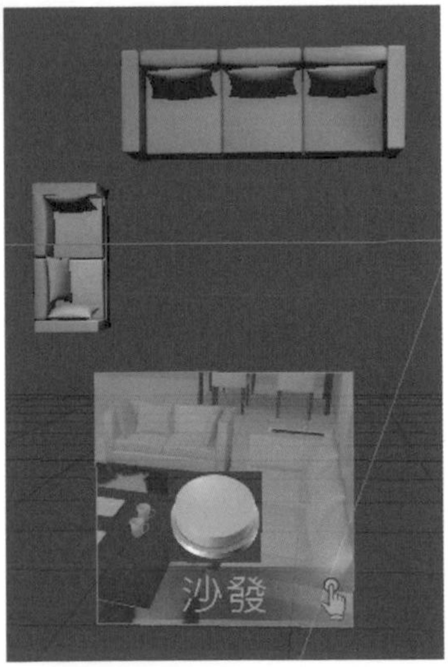

STEP 18 於 Assets 面板中，點擊「+ > Import > Form Computer」選項，匯入相關素材。

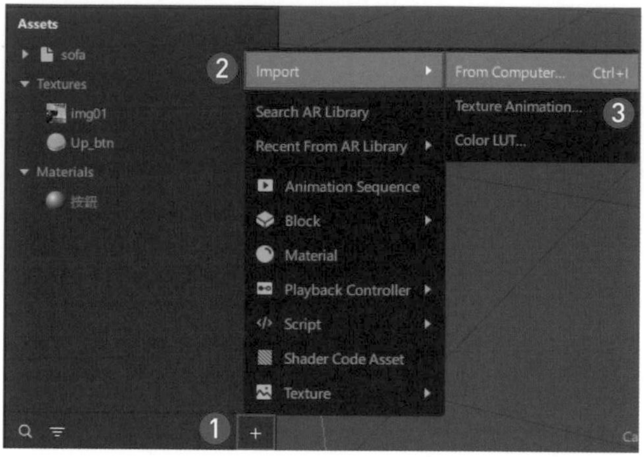

STEP 19 載入「Down_btn.png」檔案。

➢ 檔案路徑：ch4 家具展示 > 素材

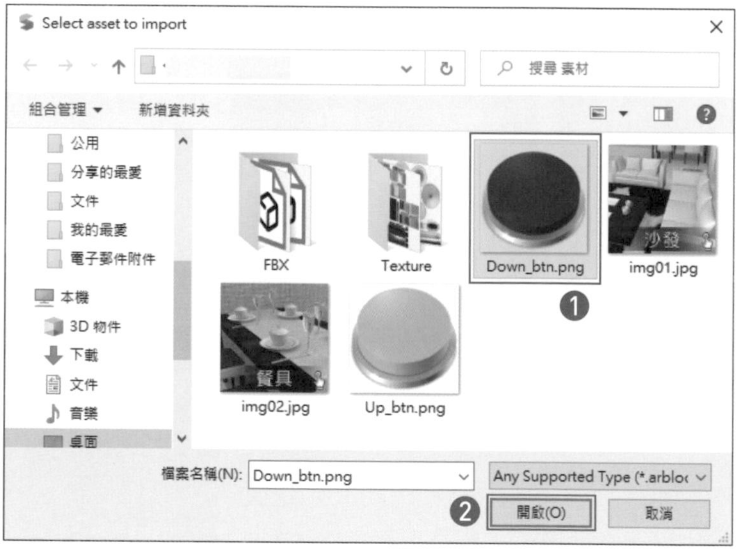

4.3 重複步驟

剩餘「餐具」的建置步驟與本章節的沙發建置步驟相同，故請參考本章的 4.2 節相關畫面如圖所示：

▲ Scene 面板中兩種家具辨識圖與其底下物件

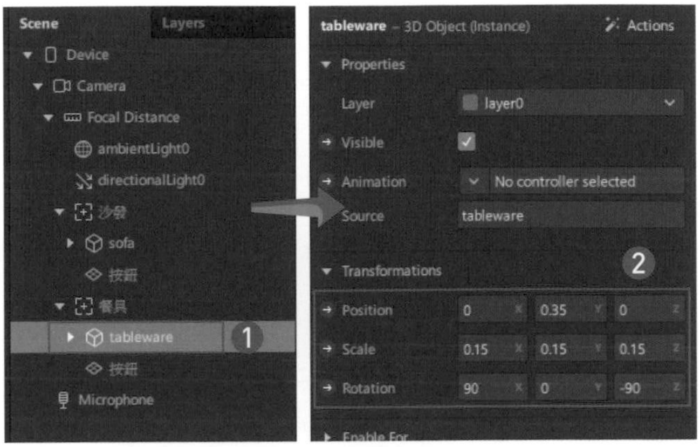

▲ tableware 物件的屬性值

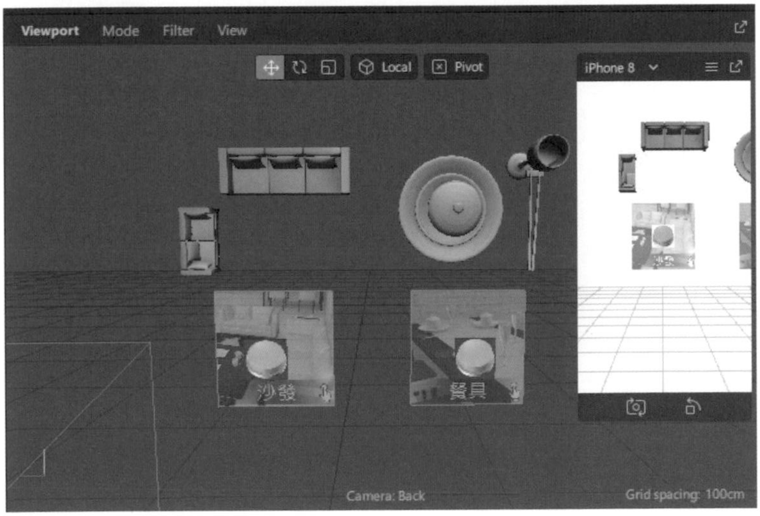

▲ Viewport 面板中個辨識圖的位置

補充說明

依筆者實測，手機一次可有效成功辨識的圖卡為三張，但實際可成功辨識數量還是取決於手機相機畫素決定。

4.4 邏輯設計

此小節在邏輯編排的主要需求為，當點擊虛擬按鈕後會觸發兩個動作，動作說明如下：

1. 虛擬按鈕在開啟（綠色）與關閉（紅色）兩種動作時，會進行材質切換。
2. 3D 模型在顯示與隱藏的切換。

STEP01 點擊「View > Show Patch Editor」以開啟 Patch Editor 面板。

STEP02 於 Scene 面板中，按住鍵盤的 Ctrl 鍵，並點選沙發與餐具兩追蹤器中的「按鈕」平面物件狀態下，且於右側 Inspector 面板中，點擊 Patch 屬性的「Create > Object Tap」，為兩物件新增一個觸控指令。

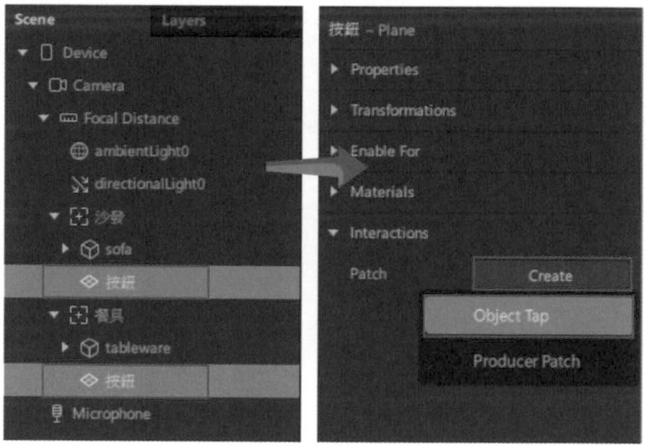

STEP 03 新增後，於 Patch Editor 面板中會自動出現該模塊內容，如圖所示。

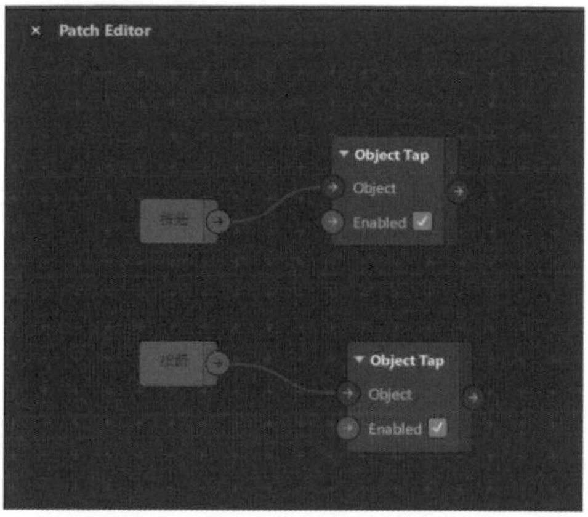

STEP 04 於 Patch Editor 面板中，點擊滑鼠左鍵兩下新增模塊，需新增模塊與數量如下：

- Or：1 個。
- Counter：1 個。
- Option Picker：1 個。

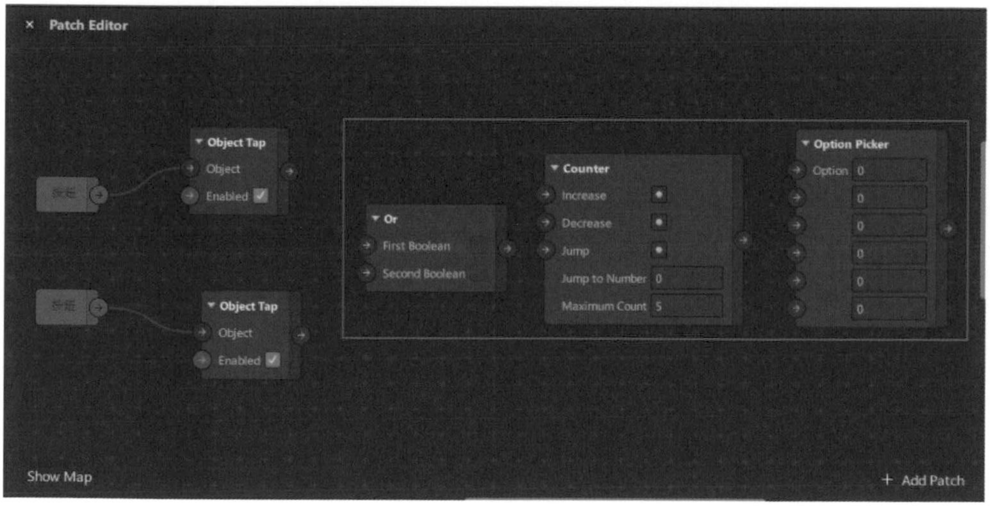

STEP 05 首先，將 Counter 的 Maximum Count 屬性值修改為「2」，表示要切換的物件數量有兩個。

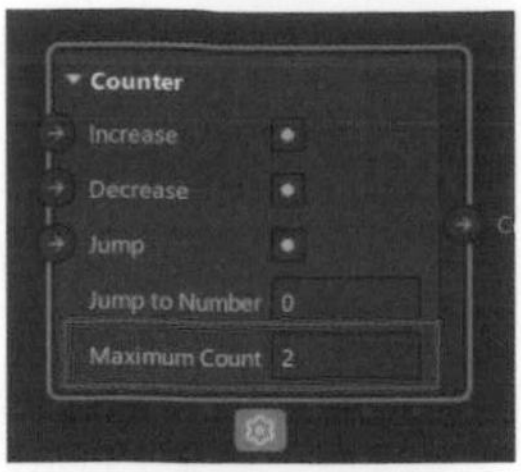

STEP 06 接續，將 Option Picker 的屬性類別調整為「Texture」模式，並於屬性值中依序指定「Up_btn」與「Down_btn」兩素材。

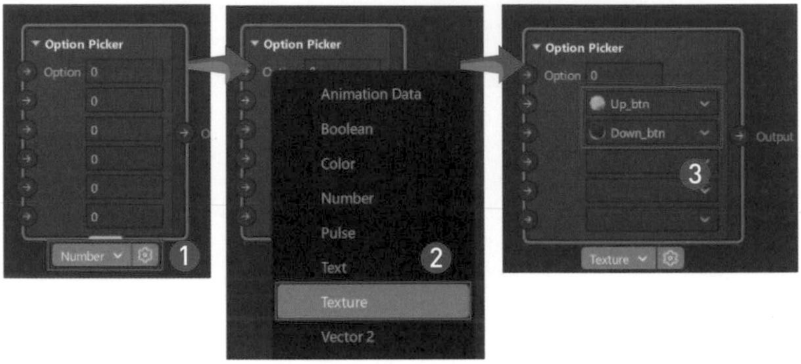

補充說明

Option Picker 的屬性值計算方式為第一欄表示 1，依序往下。

STEP 07 於 Scene 面板中，點選「sofa」與「tableware」兩 3D 物件，且於右側 Inspector 面板中，點擊 Visible 屬性 (顯示) 旁的 ➔ 按鈕，將該屬性改由模塊進行控制。

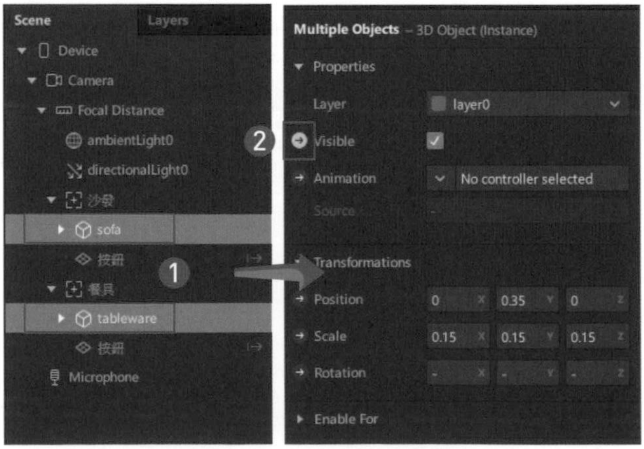

補充說明

Visible 屬性只是控制物件的顯示與隱藏狀態，並非永遠消失在 Scene 中。

STEP08 於 Assets 面板中，點選「按鈕」材質球，且於右側 Inspector 面板中，點擊 Texture 屬性（材質）旁的 ➔ 按鈕，將該屬性改由模塊進行控制。

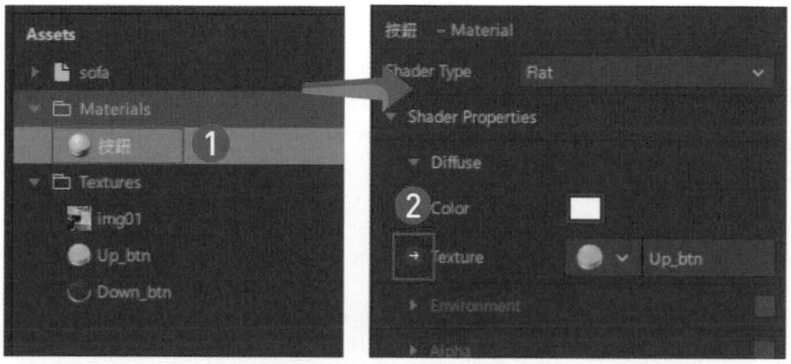

STEP09 調整 Patch Editor 面板中各模塊的位置，並將彼此間進行連線以完成運算邏輯的編排，結果如圖所示。

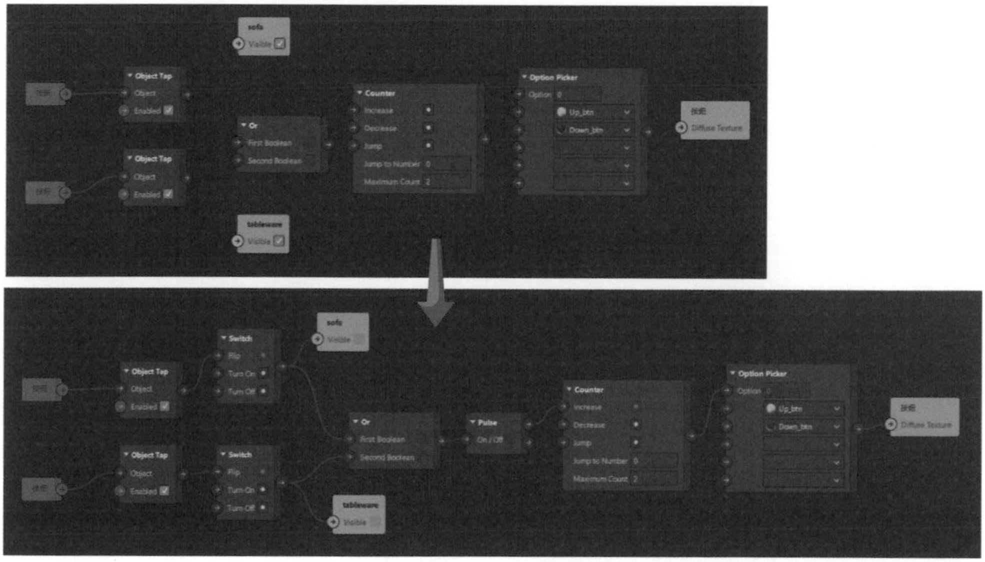

補充說明

不同的模塊在串連時，為了讓整體邏輯是符合運算需求，故系統會自動增加「Switch」與「Pulse」兩種模塊。如 Object Tap(物件觸碰)與 sofa 兩者連接時，系統會自動增加 Switch 模塊，作為開關(顯示與隱藏)的控制。

4.5 濾鏡測試

STEP01 點擊「File > Save」或快速鍵 (Ctrl + S) 來儲存專案。

STEP02 點擊「Test on device」按鈕後，於 Test on device 面板中選擇要測試的平台或方式。本節以點擊 Facebook 的「Send」按鈕進行測試為例。

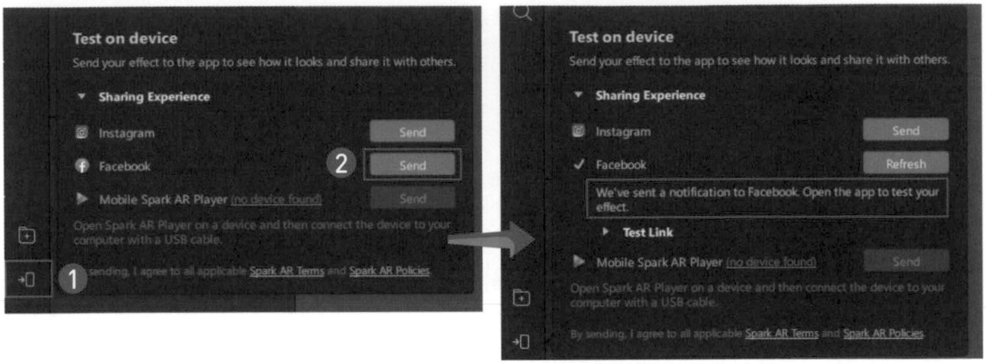

STEP03 待發佈成功後可於 Facebook App 中開啟本範例濾鏡，並透過相機辨識本章節的兩張辨識圖進行測試。

STEP04 專案製作完畢，發佈上架流程請參考第 19 章。

CHAPTER 05

隱藏組合

★★★★★

多數人常期望生活上偶而可以來點小驚喜，若結合 AR 辨識技術的話，可將兩張原有各自內容的圖卡相互貼齊，使成為新的辨識圖並給予新的內容，讓在應用上可增添更多可能性與創意性，賦予不一樣的驚喜感。

學習重點

(1) 3D 文字的建立。

(2) 利用 And 與 Not 來控制各種辨識內容的顯示 / 隱藏狀態。

互動方式

辨識指定圖片。

SPARK AR 範例效果下載

› 5.1 建立專案

STEP01 開啟 Spark AR Studio 軟體。

STEP02 於 Spark AR Studio 中點擊「Sharing Experience」以建立新專案。

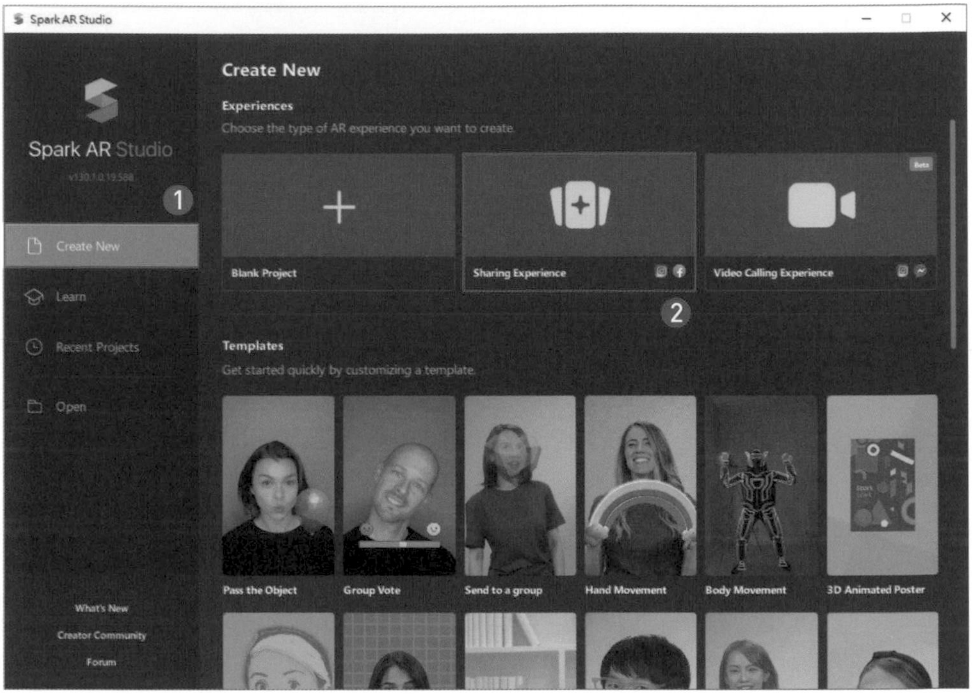

STEP03 點擊「File > Save」或快速鍵 (Ctrl + S) 以儲存專案。

STEP04 儲存名稱為「隱藏組合」。

5.2 內容建立

5.2.1 LOGO 辨識圖與內容建立

STEP01 於 Scene 面板中，點選「Focal Distance」物件，並點擊「滑鼠右鍵 > Add Objectd > Target Tracker」，以增加目標追蹤器。

STEP02 點選「targetTracker0」物件，並點擊「滑鼠右鍵 > Rename」，重新命名為「123Learngo」。

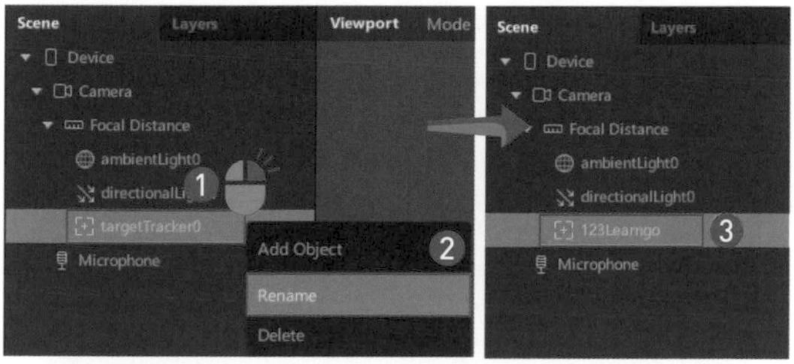

STEP03 點選「123Learngo」物件的狀態下，於右側 Inspector 面板中，點擊「Texture 屬性 > New Texture」以開啟載入檔案視窗。

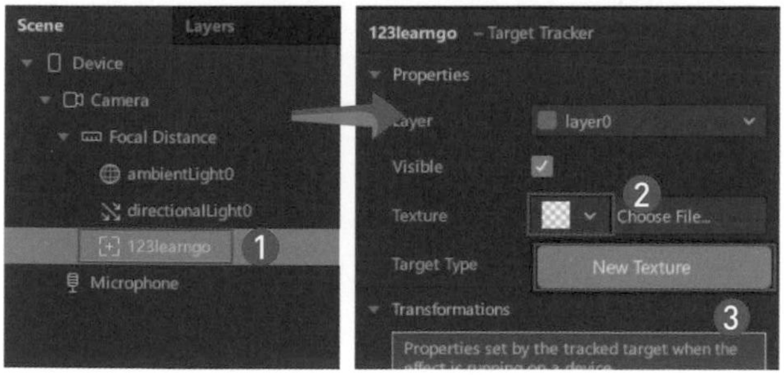

STEP 04 載入「logo.png」檔案。

➢ 檔案路徑：ch5 隱藏組合 > 素材

STEP 05 點選「123Learngo」物件，並點擊「滑鼠右鍵 > Add Object > 3D Text」，以新增 3D 文字，作為當辨識成功後所要呈現的內容。

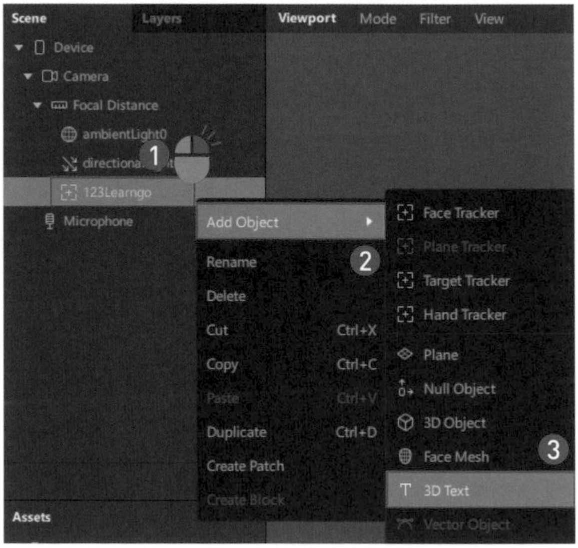

STEP06 點選「3dText0」物件，並點擊「滑鼠右鍵 > Rename」，重新命名為「123Learngo」。

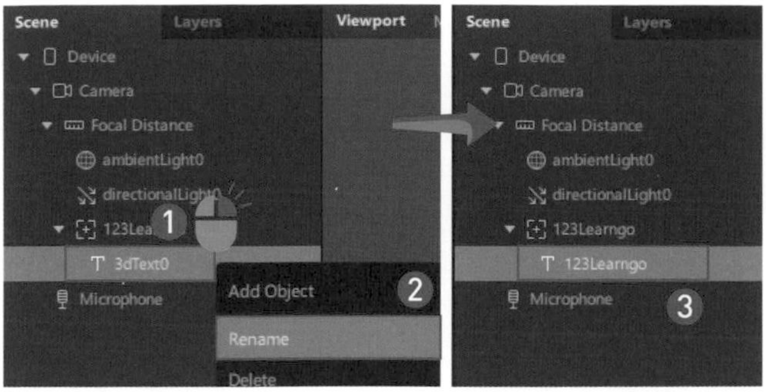

STEP07 點選「123Learngo」物件內的「123Learngo」文字物件，於右側 Inspector 面板中，調整 Transformations 標籤中之相關屬性，調整屬性如下：

- Position：-0.125、0、0.018。
- Scale：0.00135、0.00135、0.001。

STEP08 接續，於 Text 屬性中先清除預設文字後，輸入「123LearnGo」。

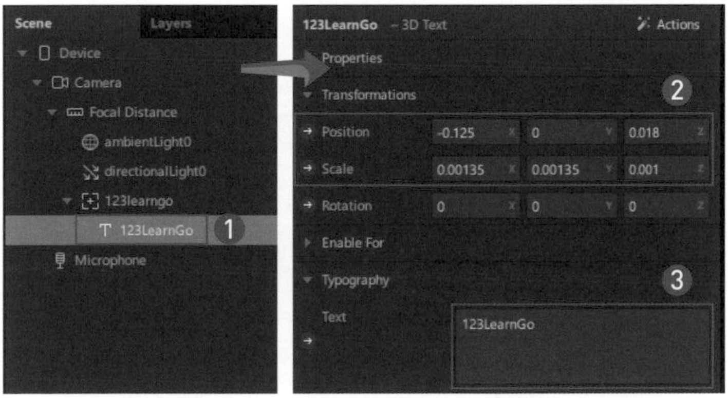

STEP09 於 Assets 面板中，點選「material0」材質球，並點擊「滑鼠右鍵 > Rename」，重新命名為「123learngo」。

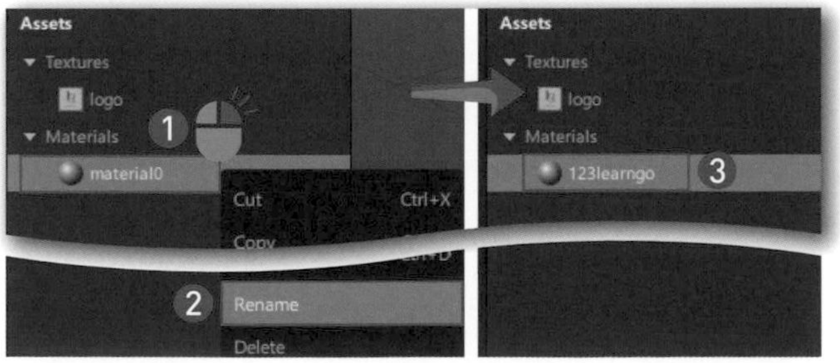

STEP 10　點選「123learngo」材質球的狀態下，於右側 Inspector 面板中，將其 Shader Type 屬性值調整為「Flat」。

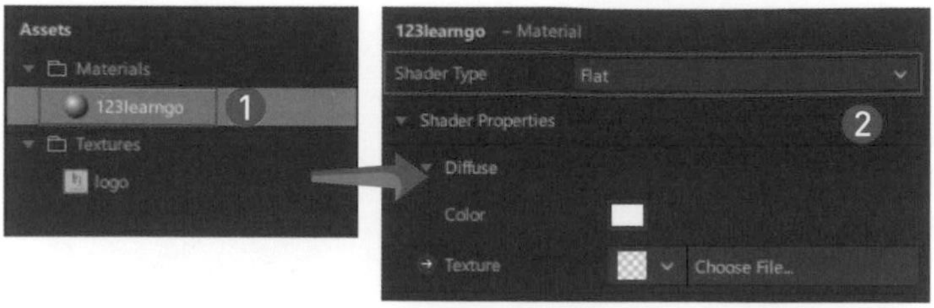

STEP 11　於 Viewport 面板與模擬器中可看到辨識圖與 3D 文字的效果。

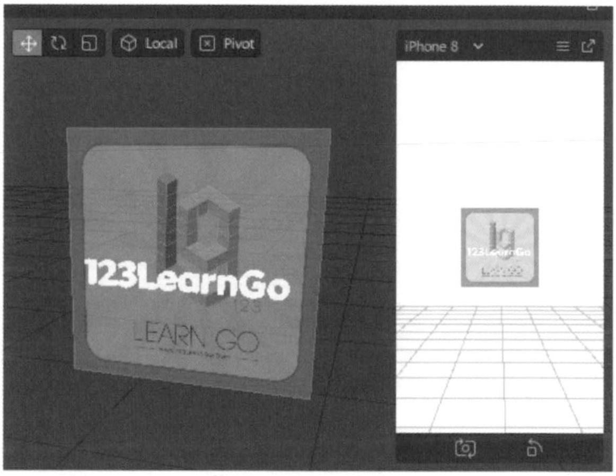

5.2.2　Spring 辨識圖與內容建立

STEP 01　於 Scene 面板中，點選「Focal Distance」物件，並點擊「滑鼠右鍵 > Add Object > Target Tracker」以增加目標追蹤器。

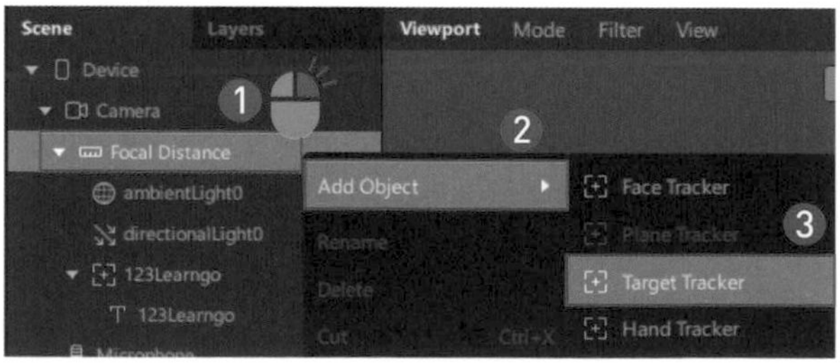

STEP 02 點選「targetTracker0」物件，並點擊「滑鼠右鍵 > Rename」，重新命名為「spring」。

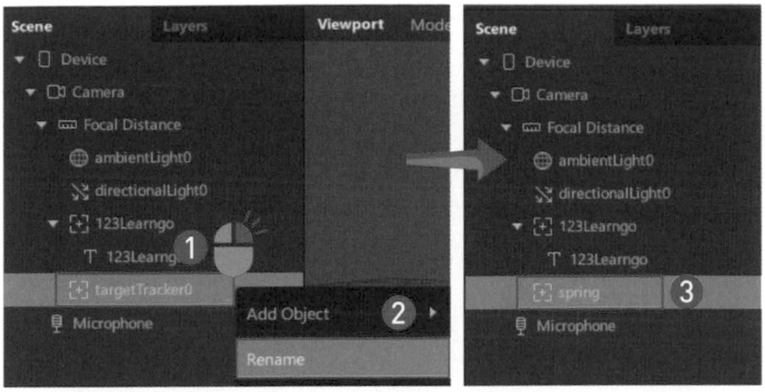

STEP 03 點選「spring」物件的狀態下，於右側 Inspector 面板中，點擊「Texture 屬性 > New Texture」以開啟載入檔案視窗。

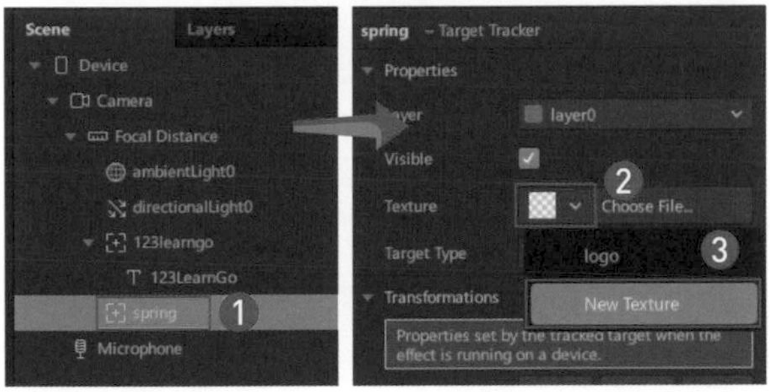

STEP 04 載入「spring.png」檔案。

➢ 檔案路徑：ch5 隱藏組合 > 素材

STEP 05 點選「spring」物件，並點擊「滑鼠右鍵 > Add Object > 3D Text」，以新增 3D 文字，作為當辨識成功後所要呈現的內容。

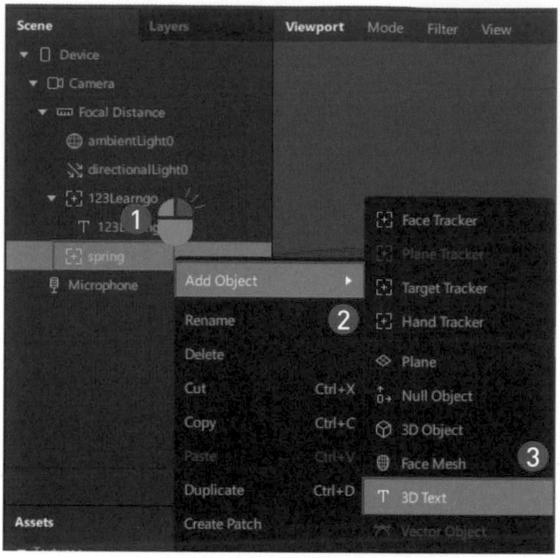

STEP 06 點選「3dText0」物件，並點擊「滑鼠右鍵 > Rename」，重新命名為「spring」。

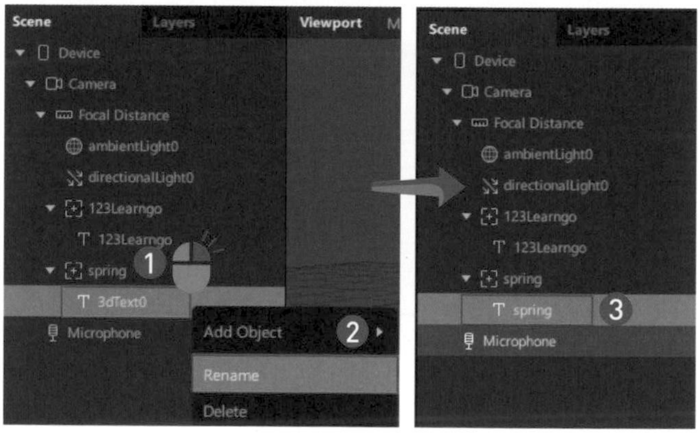

STEP07 點選「spring」物件內的「spring」文字物件，於右側 Inspector 面板中，調整 Transformations 標籤中之相關屬性，調整屬性如下：

- Position：-0.12、0.025、0.018。
- Scale：0.0025、0.0025、0.001。

STEP08 接續，於 Text 屬性中先清除預設文字後，輸入「Spring」。

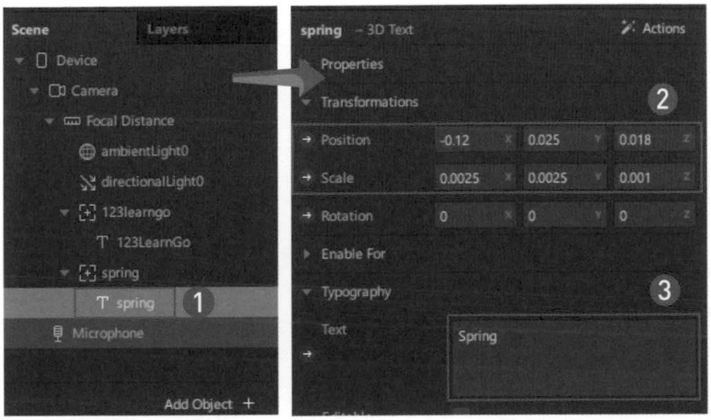

STEP09 於 Assets 面板中，點選「material0」材質球，並點擊「滑鼠右鍵 > Rename」，重新命名為「Spring」。

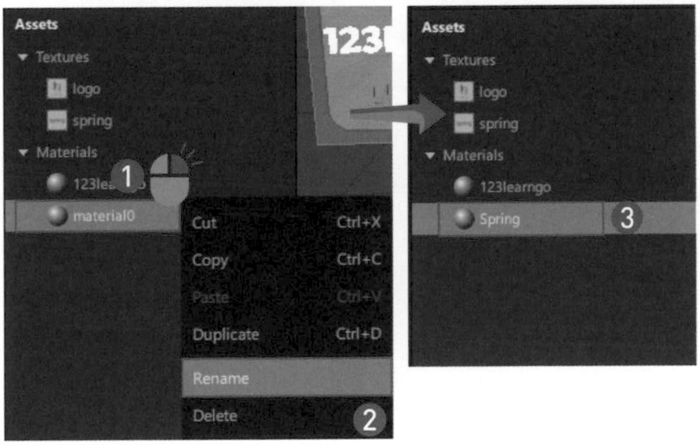

05
隱藏組合

STEP 10 點選「Spring」材質球的狀態下，於右側 Inspector 面板中，將其 Shader Type 屬性值調整為「Flat」。

STEP 11 接續，點選 Color 屬性使開啟顏色盤，並輸入「#ff8082」色碼且點擊「OK」按鈕。

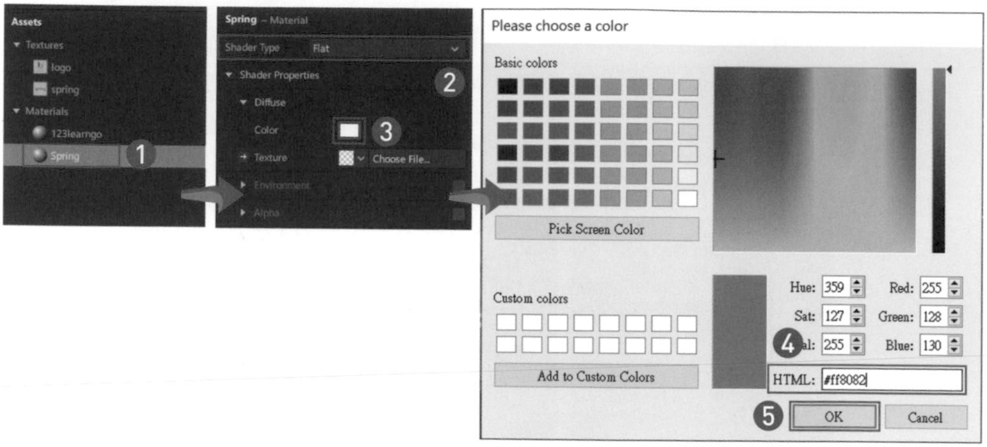

STEP 12 於 Viewport 面板與模擬器中可看到辨識圖與 3D 文字的效果。

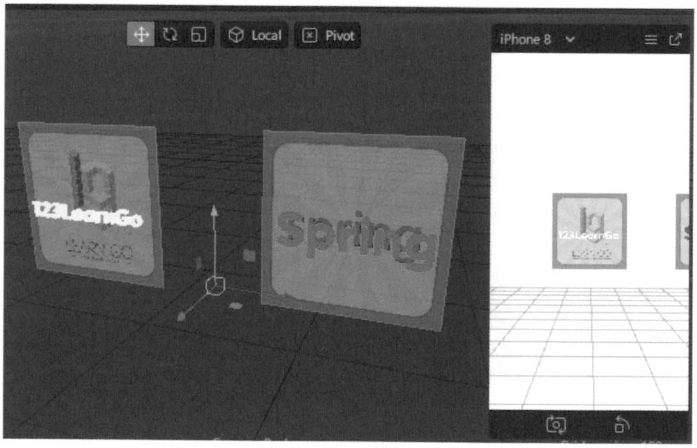

5.2.3 隱藏內容建立

STEP01 點選「spring」物件，並點擊「滑鼠右鍵 > Add Object > 3D Object」，以載入 3D 模型，作為兩張辨識圖擺放在一起後，在辨識成功時所要呈現的內容。

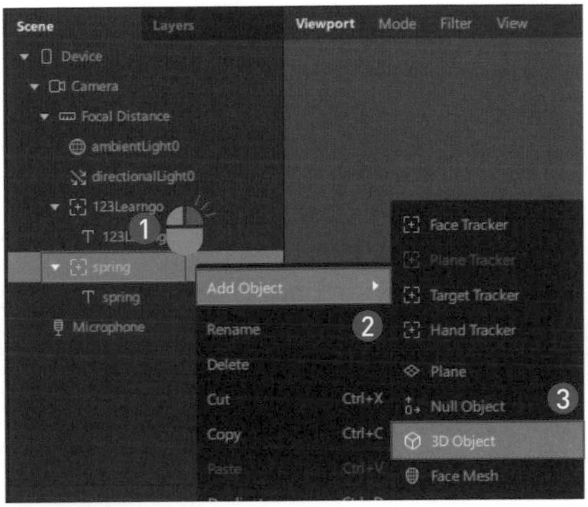

STEP02 載入「LearnGo_spring.FBX」檔案。

➢ 檔案路徑：ch5 隱藏組合 > 素材

STEP 03 點選辨識圖物件中「LearnGo_spring」物件，於右側 Inspector 面板中，調整 Transformations 標籤中之相關屬性，調整屬性如下：

- Position：-0.24、-0.13、0。
- Scale：0.15、0.15、0.15。

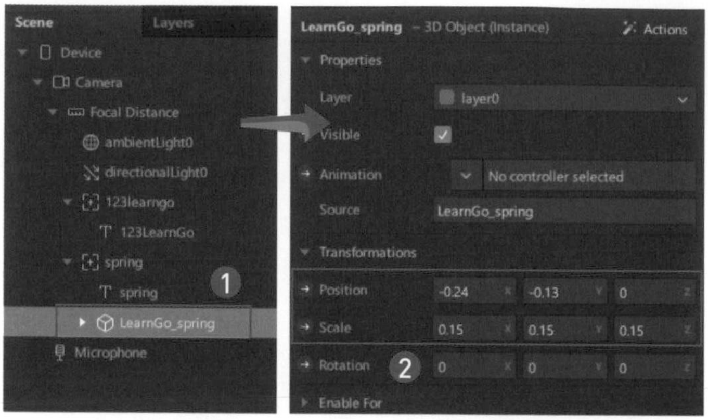

STEP 04 接續，於「LearnGo_spring」物件 Inspector 面板中，點擊「Animation > Create New Animation Controller」，以新增該 3D 模型的動畫控制器。

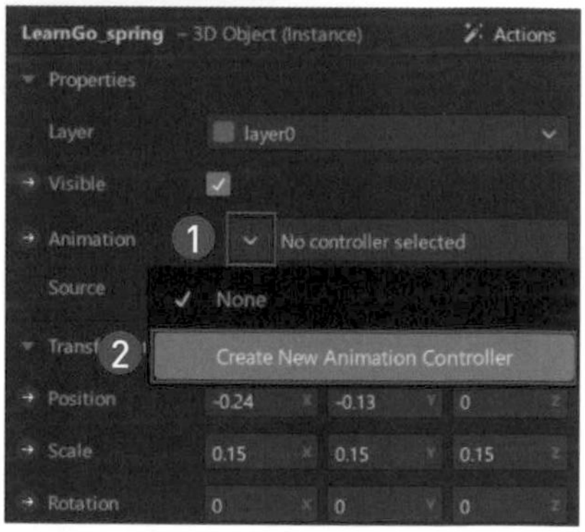

STEP 05 於 Viewport 面板與模擬器中可看到隱藏的 3D 模型之位置與其效果。

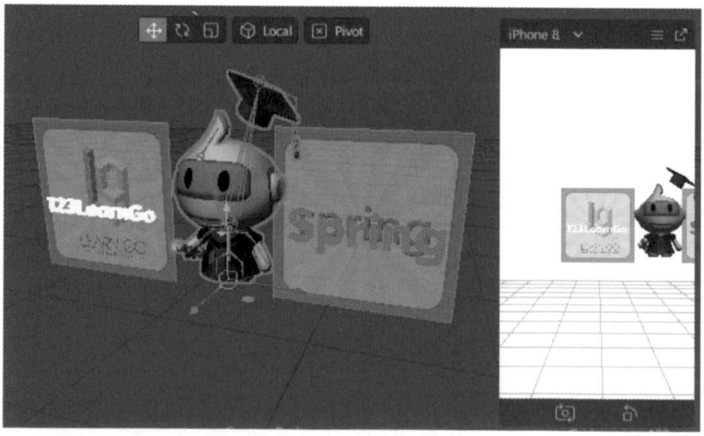

5.3 邏輯設計

此小節在邏輯編排的主要需求為，兩張辨識圖各自辨識時會出現對應的 3D 文字，若將 spring 辨識圖放在 LOGO 辨識圖的右側且距離一定位置並同時對兩張辨識圖進行辨識時，透過 And 的特性而判斷兩張辨識圖是否同時存在，為真時，則原本辨識圖各自的 3D 物件會藉由 Not 進行反向動作也就是隱藏；且同時將 LearnGo_spring 模型開啟。當將兩張圖分開後，其 And 條件不成立，則 LearnGo_spring 模型就會進行隱藏。

STEP01 於 Scene 面板中，按住鍵盤 Ctrl 鍵，並選取「123learngo」與「spring」兩目標追蹤器物件，且於右側 Inspector 面板中，點擊 Producer Patch 屬性的「Create」按鈕，使自動產生對應的模塊內容。

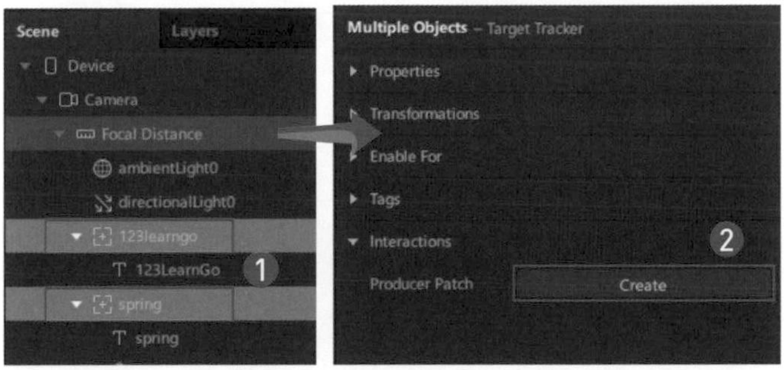

STEP02 所產生之模塊經過排版調整後如圖所示。

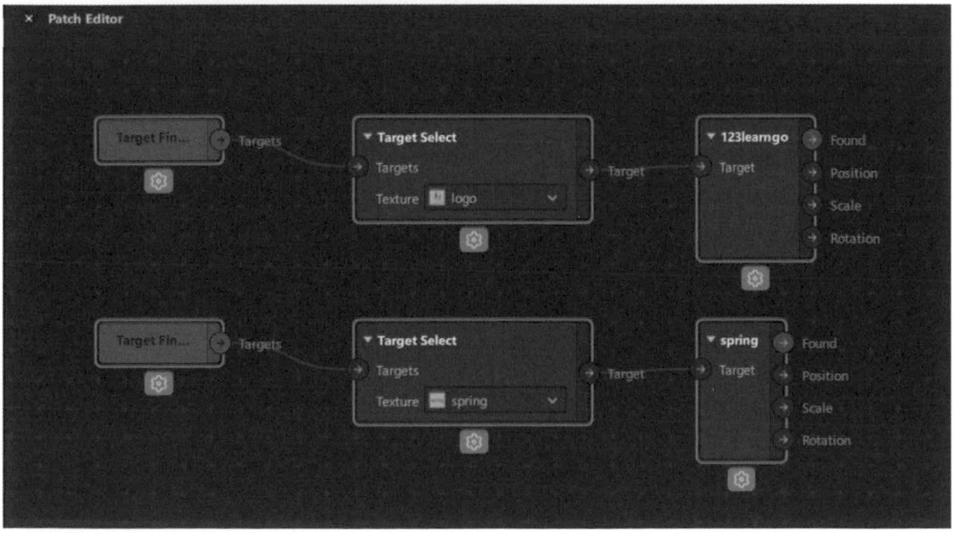

STEP 03 於 Patch Editor 面板中，點擊滑鼠左鍵兩下新增模塊，所需新增模塊與數量如下：

- And：1 個。
- Not：2 個。

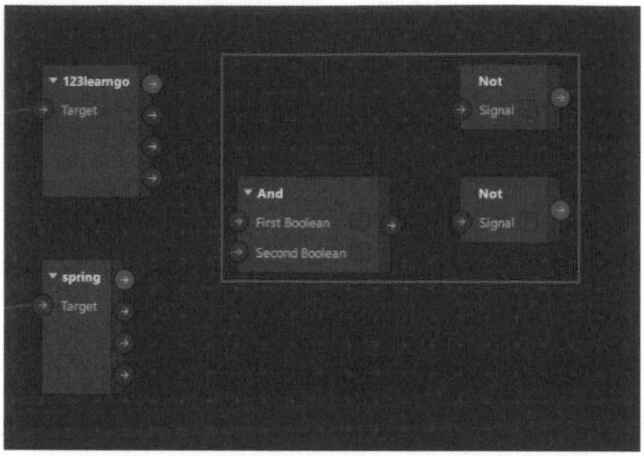

STEP 04 於 Scene 面板中，選取「123LearnGo」文字物件，且於右側 Inspector 面板中，點擊 Visible 屬性旁的 ➔ 按鈕，將該屬性改由模塊進行控制。

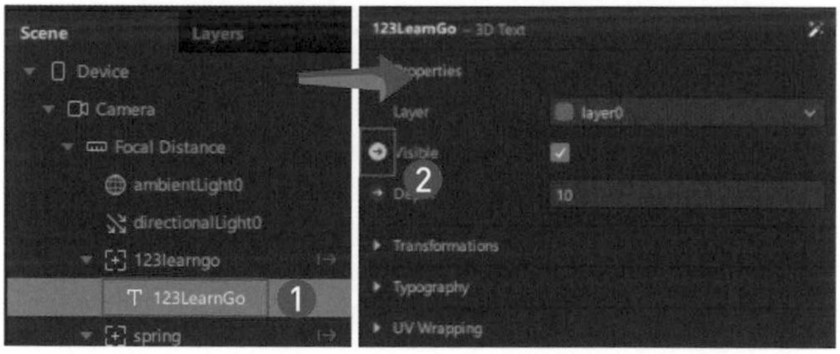

STEP 05 接續，選取「spring」文字物件，且於右側 Inspector 面板中，點擊 Visible 屬性旁的 ➔ 按鈕，將該屬性改由模塊進行控制。

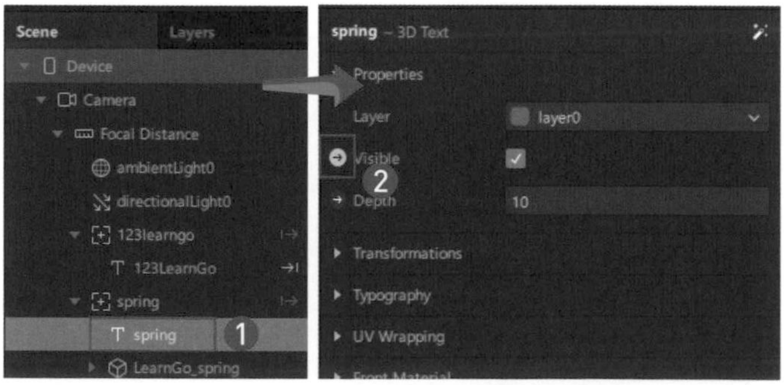

STEP 06 接續，選取「LearnGo_spring」3D 物件，且於右側 Inspector 面板中，點擊 Visible 屬性旁的 ➔ 按鈕，將該屬性改由模塊進行控制。

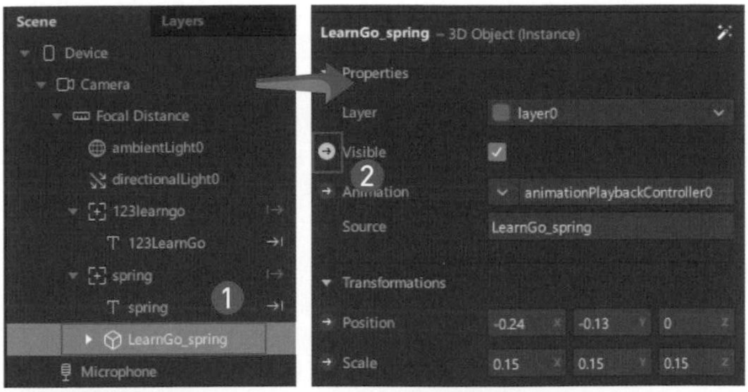

STEP 07 調整 Patch Editor 面板中各模塊的位置。

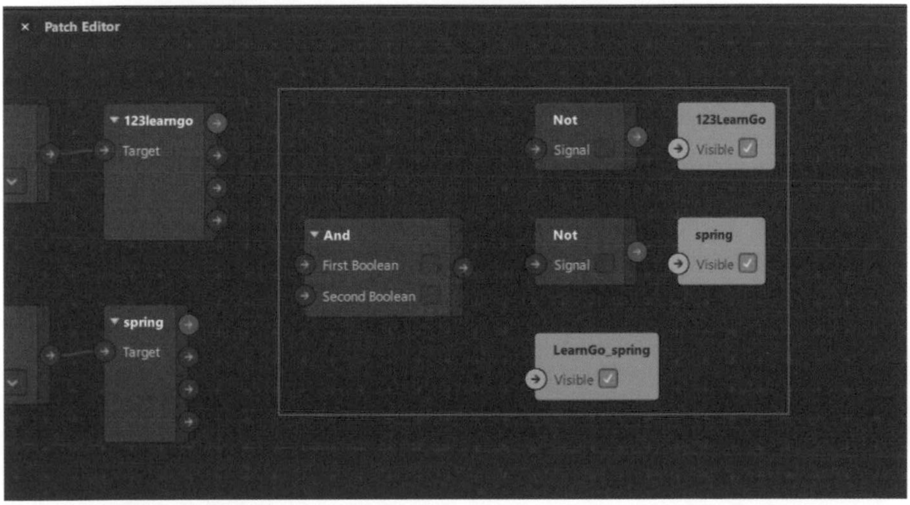

STEP08 將彼此間進行連線以完成運算邏輯的編排，結果如圖所示。

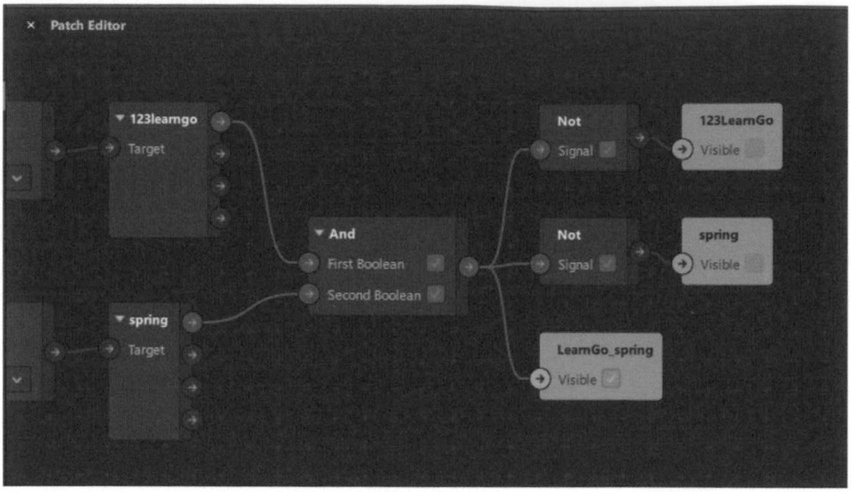

5.4 濾鏡測試

STEP01 點擊「File > Save」或快速鍵 (Ctrl + S) 來儲存專案。

STEP02 點擊「Test on device」按鈕後，於 Test on device 面板中選擇要測試的平台或方式。本節以點擊 Facebook 的「Send」按鈕進行測試為例。

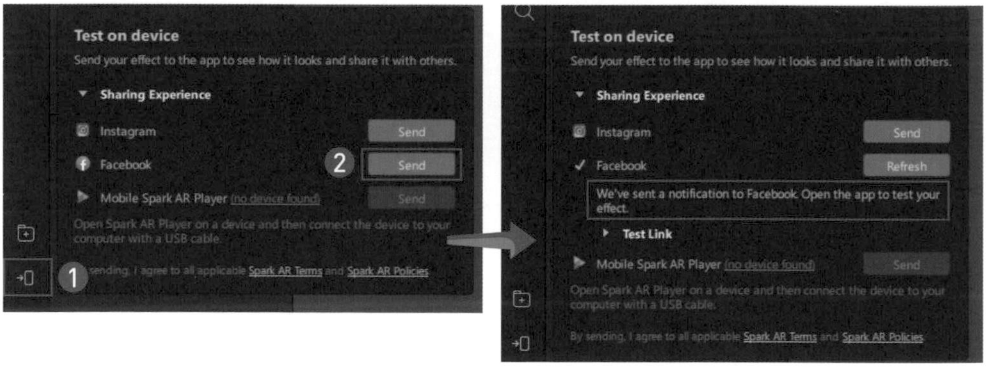

STEP03 待發佈成功後可於 Facebook App 中開啟本範例濾鏡，並透過相機辨識本章節的兩張辨識圖進行測試。

STEP04 專案製作完畢，發佈上架流程請參考第 19 章。

CHAPTER 06

少女的夢幻

★★★★★

生活壓的您喘不過氣，拍出的限時動態總是一成不變，偶爾也想要少女心爆發一下嗎？簡單的亮晶晶特效幫您的生活增添一點浪漫色彩，即便是一張普通不過的照片或是無聊廢片，也能得到不少加分效果。

學習重點

(1) 粒子系統。

(2) 日期功能。

(3) 美肌效果。

SPARK AR 範例效果下載

6.1 建立專案

STEP 01 開啟 Spark AR Studio 軟體。

STEP 02 於 Spark AR Studio 中點擊「Sharing Experience」以建立新專案。

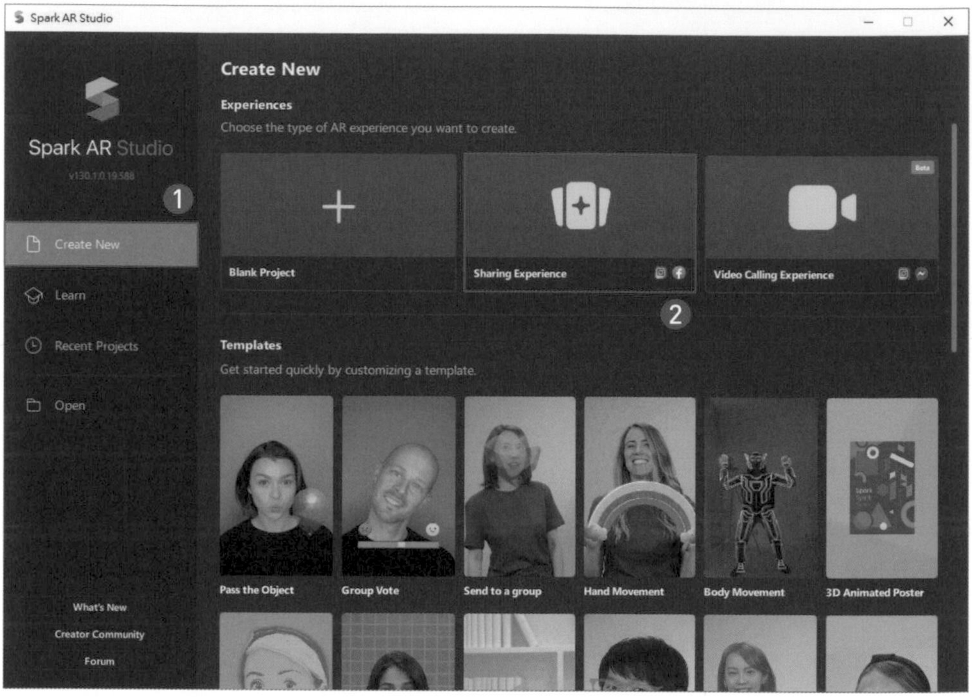

STEP 03 點擊「File > Save」或快速鍵 (Ctrl + S) 以儲存專案。

STEP 04 儲存名稱為「少女的夢幻」。

6.2 內容建立

6.2.1 遮罩框

STEP01 於 Scene 面板中，點選「Focal Distance」物件，並點擊「滑鼠右鍵 > Add Object > Canvas」以增加畫布物件。

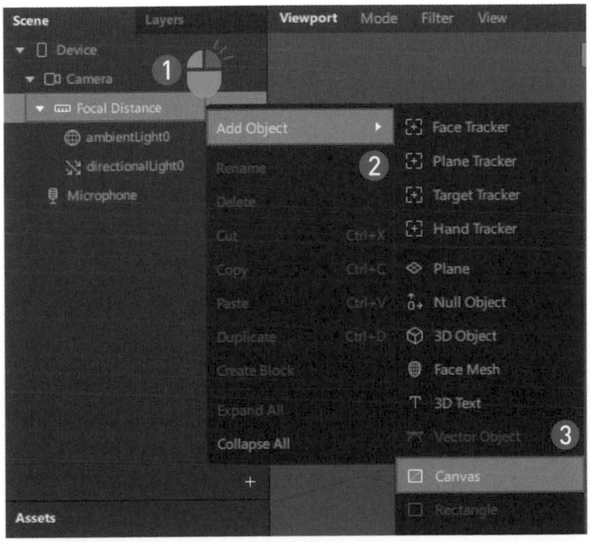

STEP02 點選「canvas0」物件，並點擊「滑鼠右鍵 > Rename」，重新命名為「框」。

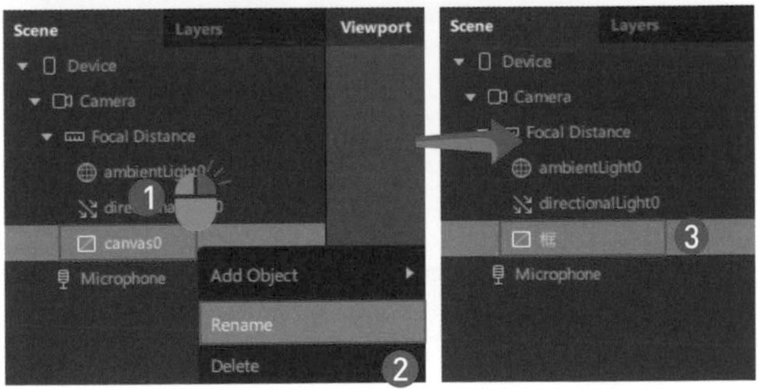

STEP 03 點選「框」畫布物件，並點擊「滑鼠右鍵 > Add Object > Rectangle」以增加矩形物件。

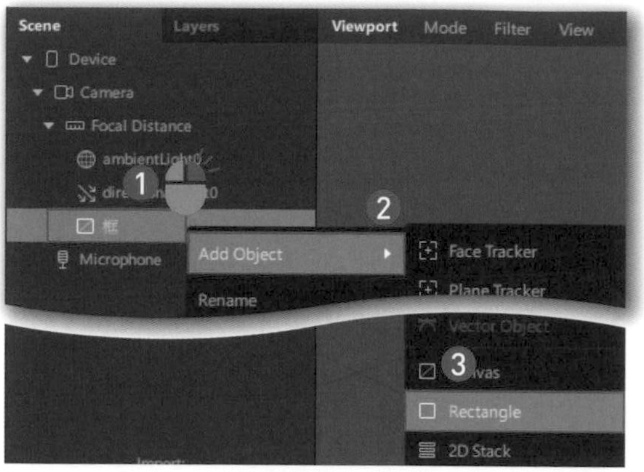

STEP 04 點選「rectangle0」物件，並點擊「滑鼠右鍵 > Rename」，重新命名為「灰框」。

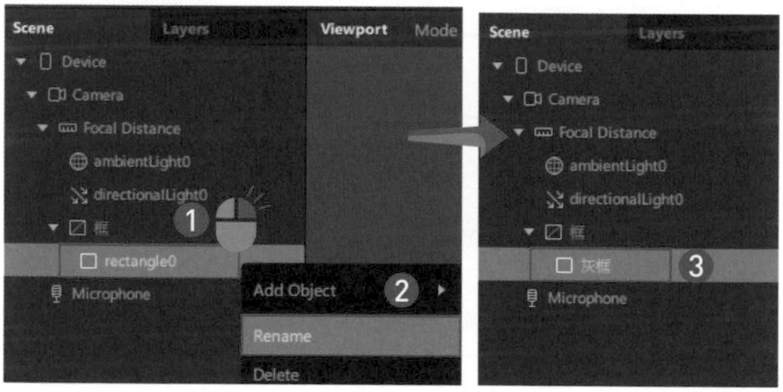

STEP 05 點選「灰框」物件狀態下，於右側 Inspector 面板中，分別點擊 Width 與 Height 兩者屬性值後，並逐步選取「Fill Width」與「Fill Height」，使其灰框物件的尺寸會自動填滿整個 Canvas 畫布大小。

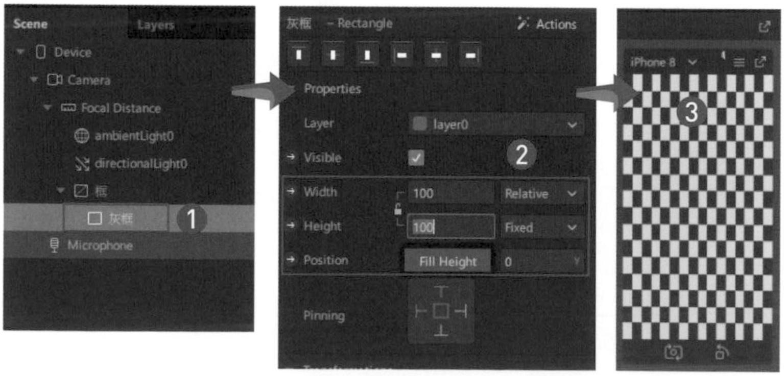

STEP 06 接續，點擊 Materials 標籤中之「+」按鈕以新增材質球。

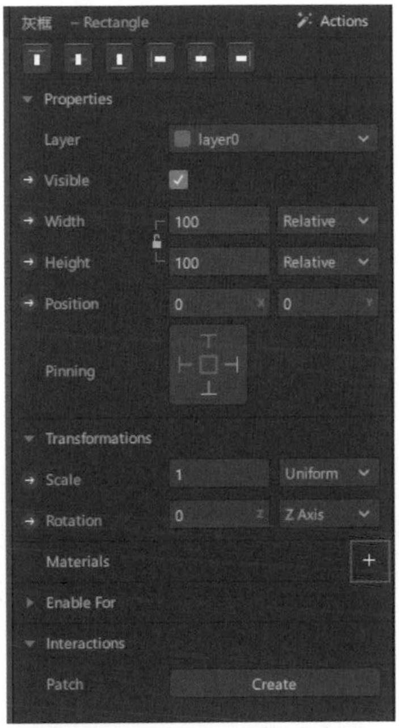

STEP 07 於 Assets 面板中，點選「material0」材質球，並點擊「滑鼠右鍵 > Rename」，重新命名為「灰框」。

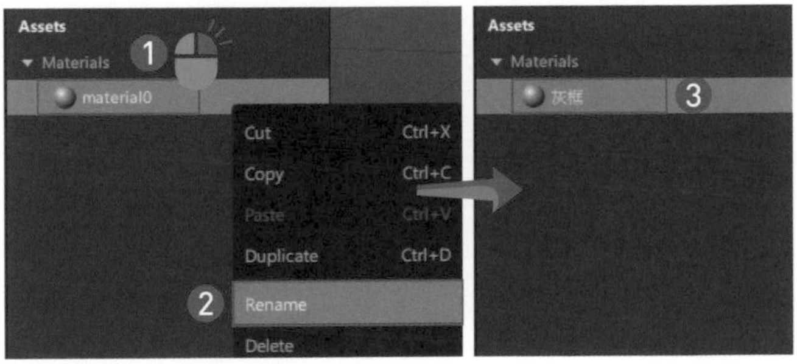

STEP 08 點選「灰框」材質球的狀態下，於右側 Inspector 面板中，將其 Shader Type 屬性值調整為「Flat」。

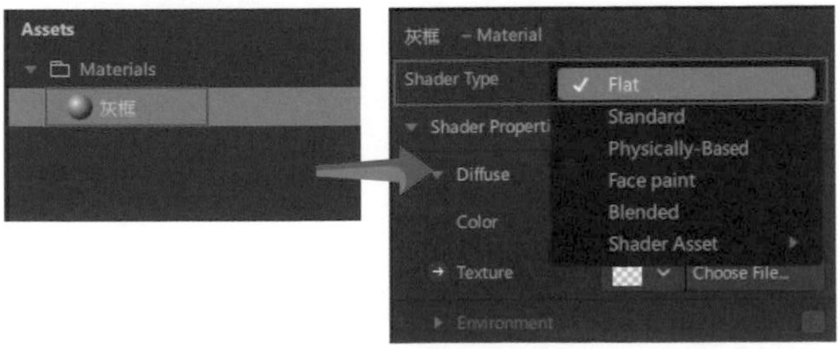

STEP 09 接續，點擊「Texture 屬性 > New Texture」以開啟載入檔案視窗。

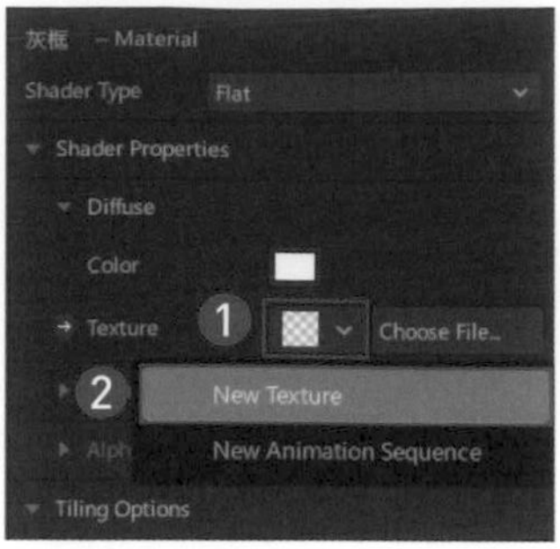

STEP 10 載入「bg.png」檔案。

➢ 檔案路徑：ch6 少女的夢幻 > 素材

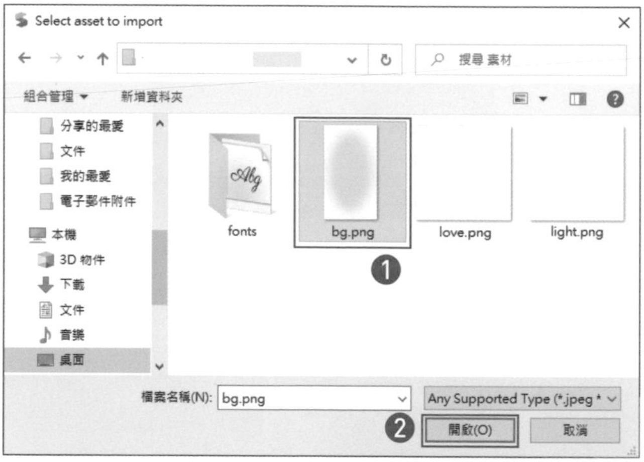

STEP 11 於 Assets 面板中，點選「灰框」材質球的狀態下，於右側 Inspector 面板中，將其 Opacity 屬性值調整為「70」。

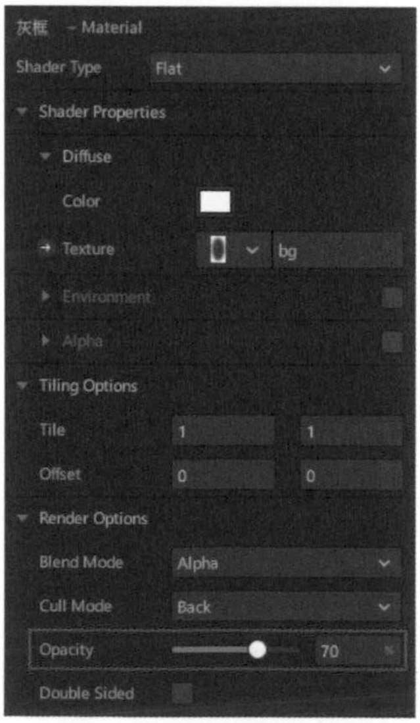

STEP12 於 Viewport 面板與模擬器中可看到遮罩框的效果。

6.2.2 日期文字

STEP01 於 Assets 面板中，點擊「+ > Import > Form Computer」選項，匯入字型檔案。

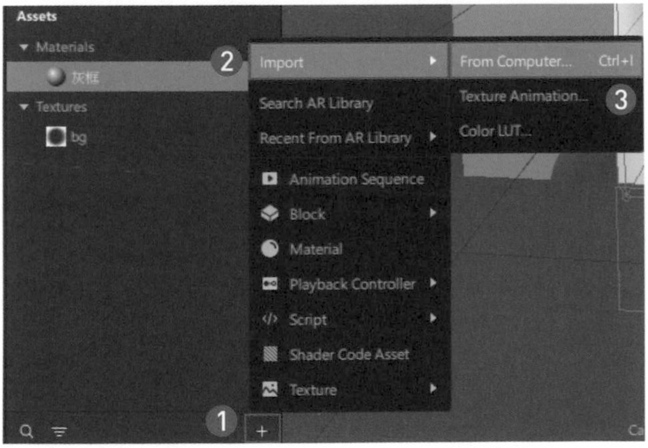

補充說明

Google Fonts 提供眾多免費可下載的字型。先於 Google Fonts 頁面中點擊字型後，在字型的介紹頁面中挑選您要的字型樣式即可進行下載。

網址：https://fonts.google.com/

STEP02 載入「Parisienne-Regular.ttf」檔案。

➢ 檔案路徑：ch6 少女的夢幻 > 素材 > fonts

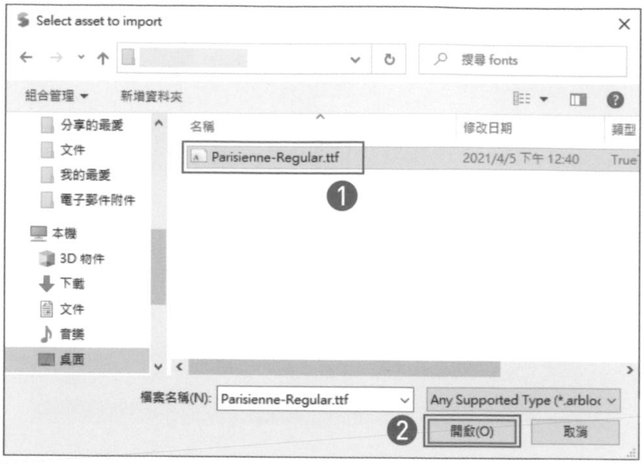

STEP03 於 Scene 面板中，點選「框」物件，並點擊「滑鼠右鍵 > Add Object > 2D Text」以增加 2D 文字。

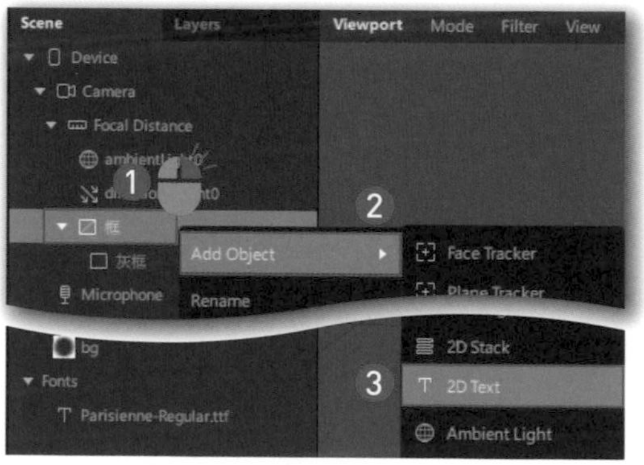

STEP04 點選「2DText0」文字物件，並點擊「滑鼠右鍵 > Rename」，重新命名為「日期」。

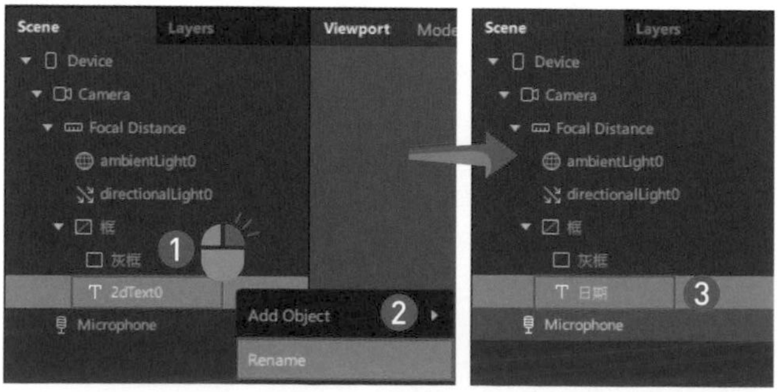

STEP 05 點選「日期」文字物件的狀態下，於右側 Inspector 面板中，點擊「靠下」與「水平置中」兩對齊按鈕。

STEP 06 接續，將 Width 屬性值調整為「180」。

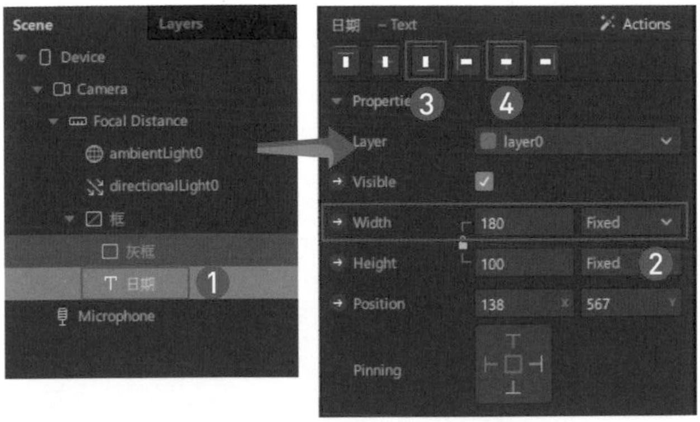

STEP 07 接續，於 Text 屬性中先清除預設文字後，點擊「Insert > Date (Long)」使 Text 屬性值中自動填入日期的語法。

STEP 08 接續，於 Font 屬性中，將其屬性值調整為「Parisienne-Regular.ttf」字型檔案。

STEP 09 接續，於 Color 屬性中，將顏色調整為「#ffffff(白色)」。

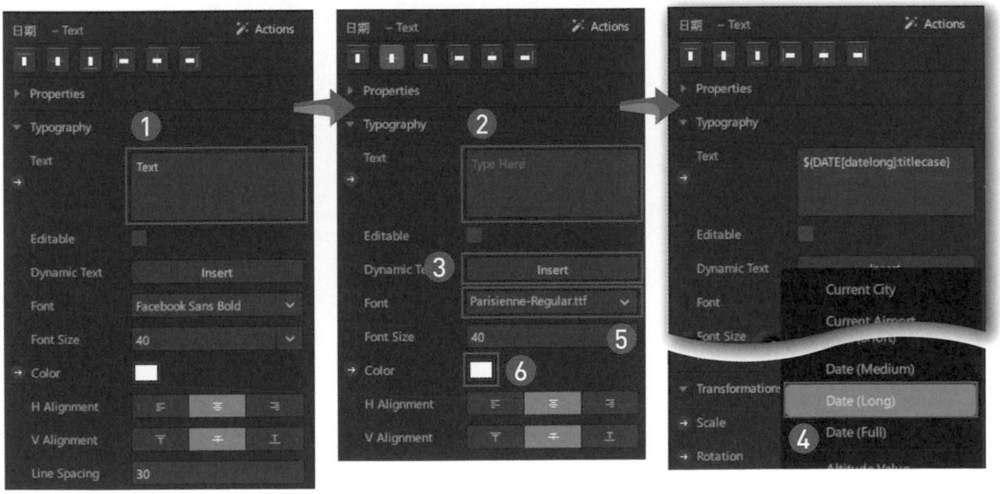

STEP 10 於 Viewport 面板與模擬器中可看見文字的效果。

6.2.3 美肌

STEP 01 於 Scene 面板中，點選「Focal Distance」物件，並點擊「滑鼠右鍵 > Add Object > Face Mesh」以增加臉部網格追蹤器與臉部遮罩。

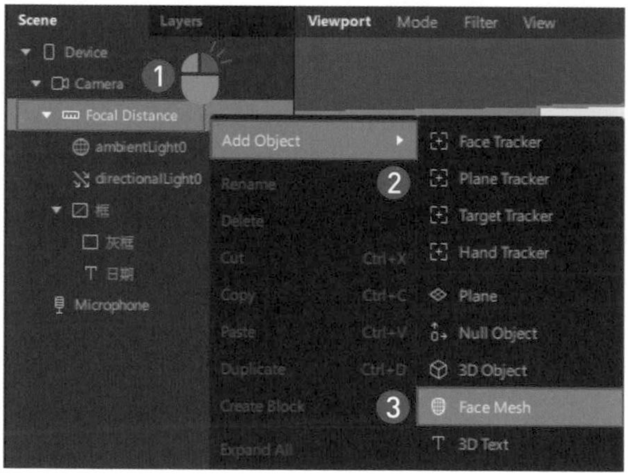

STEP 02 點選「faceMesh0」物件，並點擊「滑鼠右鍵 > Rename」，重新命名為「美肌」。

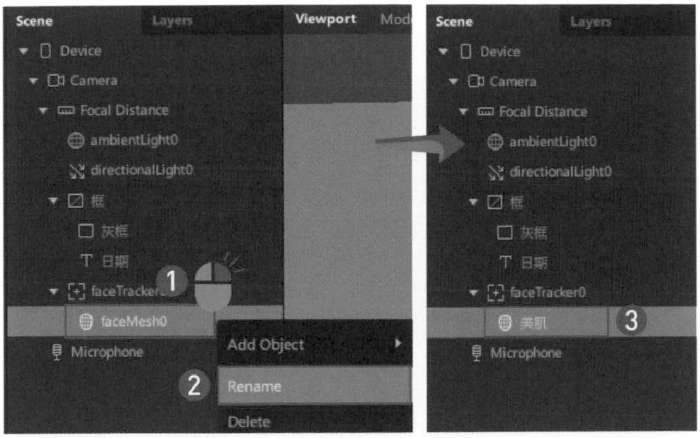

STEP 03 點選「美肌」物件後，於右側 Inspector 面板中，點擊 Materials 標籤中之「+ > Create New Material」按鈕以新增材質球。

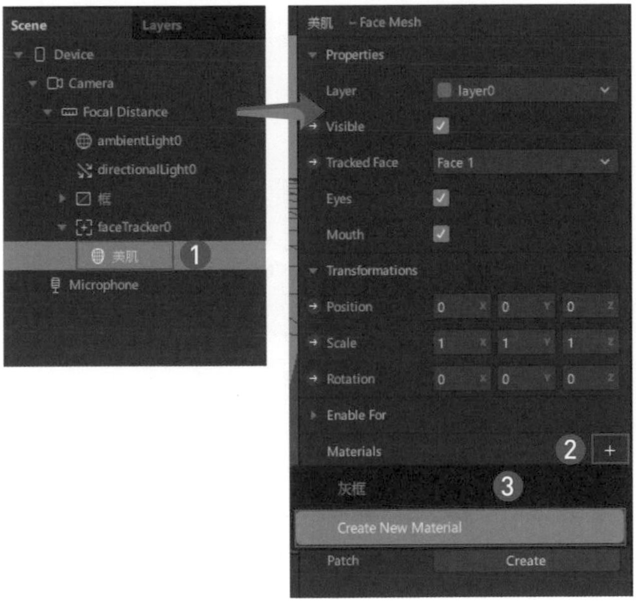

STEP 04 於 Assets 面板中，點選「material0」材質球，並點擊「滑鼠右鍵 > Rename」，重新命名為「美肌」。

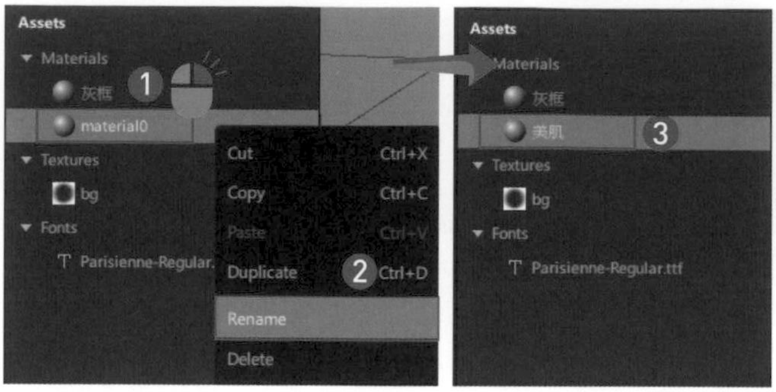

STEP 05 點選「美肌」材質球的狀態下，於右側 Inspector 面板中，將其 Shader Type 屬性值調整為「Retouching」。

STEP 06 接續，將 Skin Smoothing 屬性值調整至「100」，使臉部肌膚看起來更加平滑。

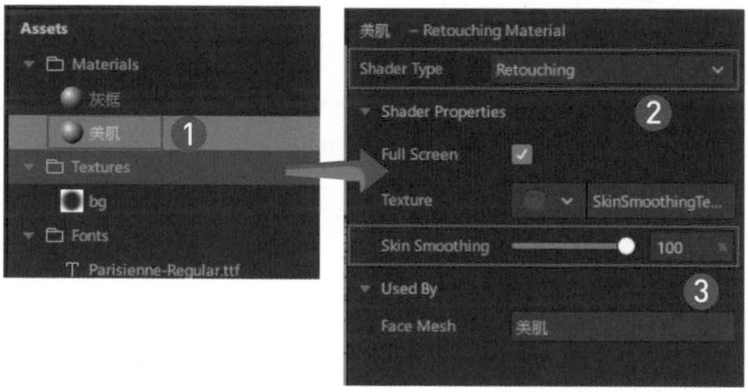

補充說明

Skin Smoothing 屬性值在不同比例下的狀態。在 0% 的狀態下其臉部的細節顯示上較明顯也較貼近真實，反之 100% 時，臉部呈現出較平滑的感覺。

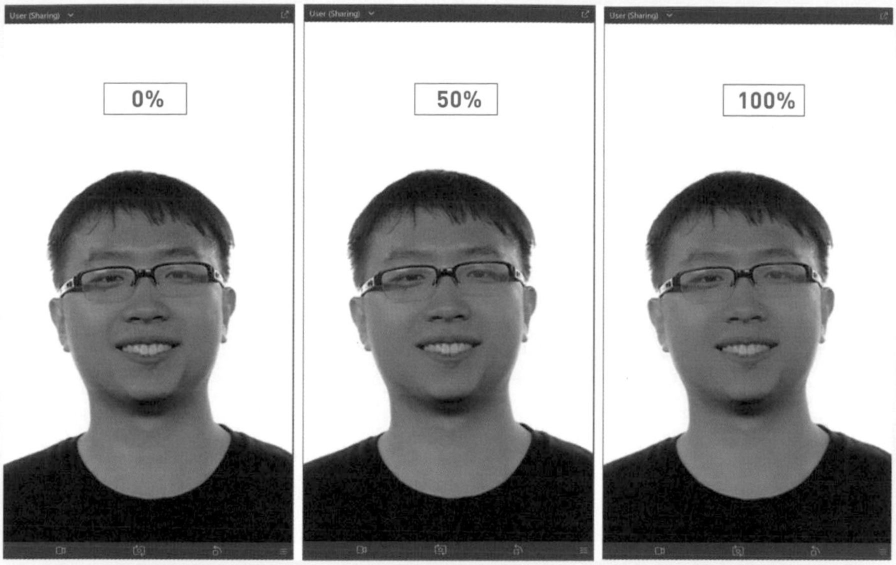

6.2.4 頭頂光圈

STEP01 於 Scene 面板中，點選「faceTracker0」臉部追蹤器，並點擊「滑鼠右鍵 > Add Object > Particle System」，於臉部追蹤器中增加粒子系統。

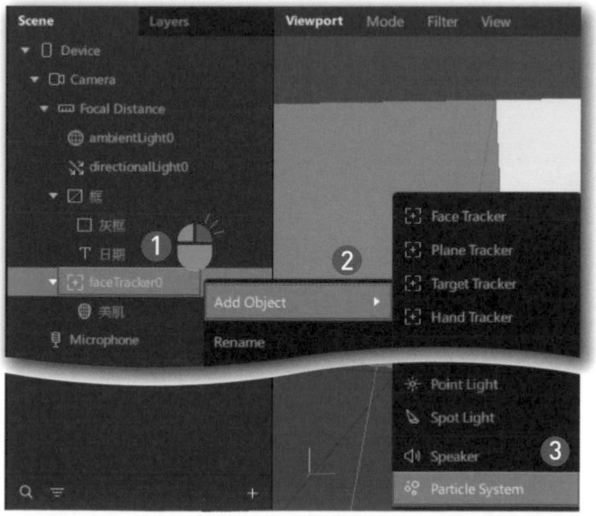

STEP02 點選「emitte0」物件，並點擊「滑鼠右鍵 > Rename」，重新命名為「光圈」。

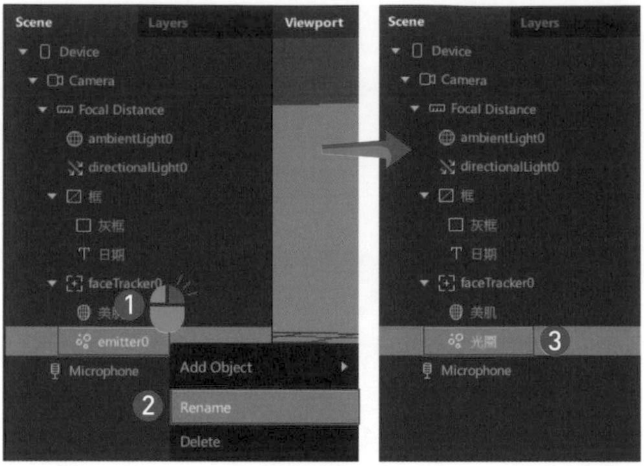

STEP03 點選「光圈」粒子物件狀態下，於右側Inspector面板中，調整Transformations標籤中之相關屬性，調整屬性如下：

- Position：0.00588、0.14344、0.00644。
- Scale：0.8、0.8、0.8。
- Rotation：30、0、0。

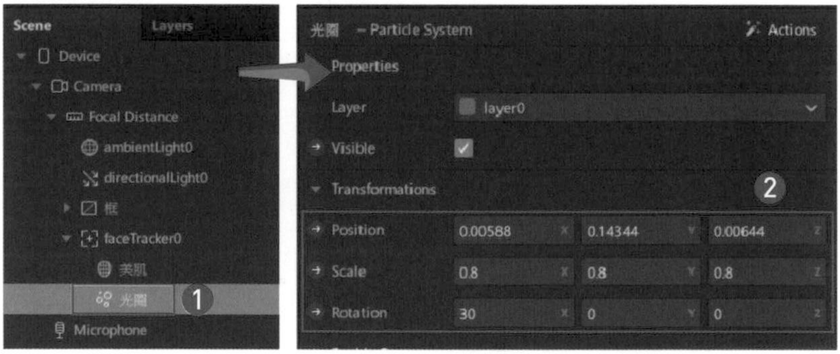

STEP 04 接續，調整 Emitter 標籤中之相關屬性，調整屬性如下：

- Type：Ring。
- Radius：0.05、0.09。
- Birthrate：500、0%。
- Spray angle：
  - 30(X)、0%。
  - 30(Y)、0%。
  - 30(Z)、10%。
- Speed：0、30%。

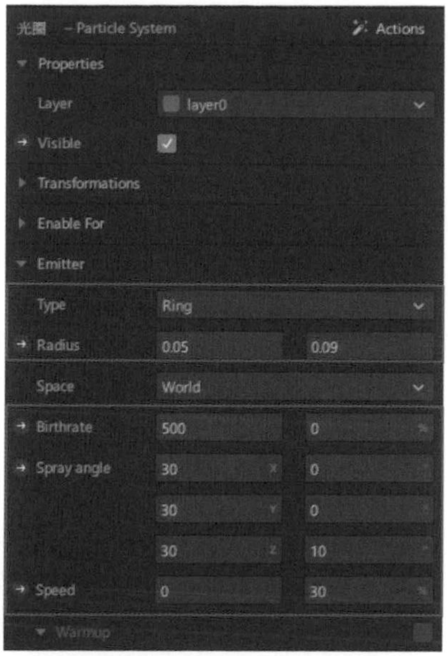

補充說明

在粒子系統中，以 **Speed** 屬性為例，第一個屬性值 **0.06**，表示一致的速度；第二個屬性值 **80%**，表示第一個屬性值會有 **0~80%** 的落差，使每片雪下降的速度會不一樣。

STEP 05 接續，調整 Particle 標籤中之相關屬性，調整屬性如下：

- Scale：0.006、0%。
- Lifespan：0.3sec、0%。
- Spin：360、0。
- Tilt：10、0。

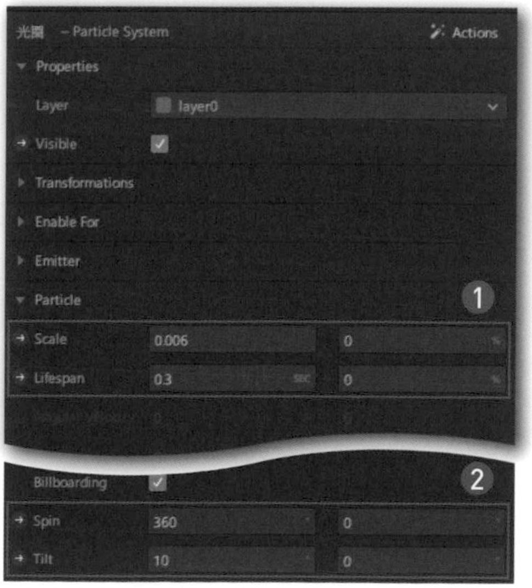

STEP06 接續，點擊 Materials 標籤中之「+ > Create New Material」按鈕以新增材質球。

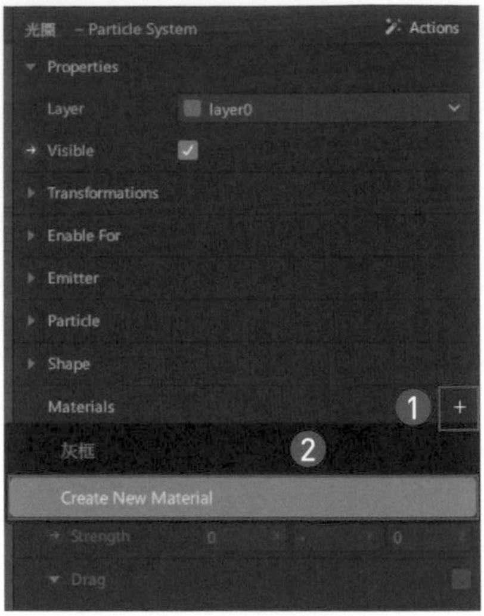

STEP07 於 Assets 面板中，點選「material0」材質球，並點擊「滑鼠右鍵 > Rename」，重新命名為「光圈」。

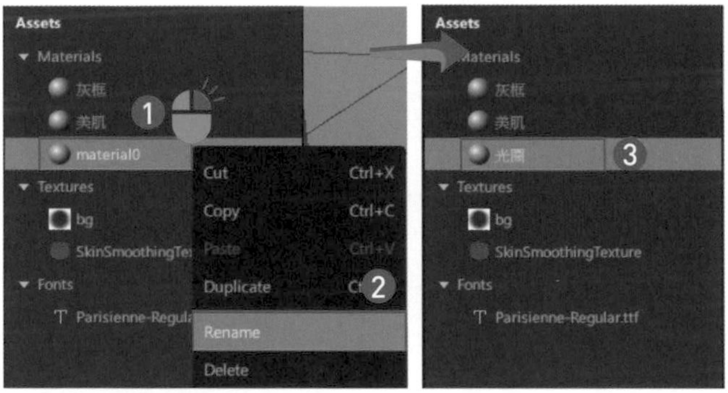

STEP08 點選「光圈」材質球的狀態下，於右側 Inspector 面板中，將其 Shader Type 屬性值調整為「Flat」。

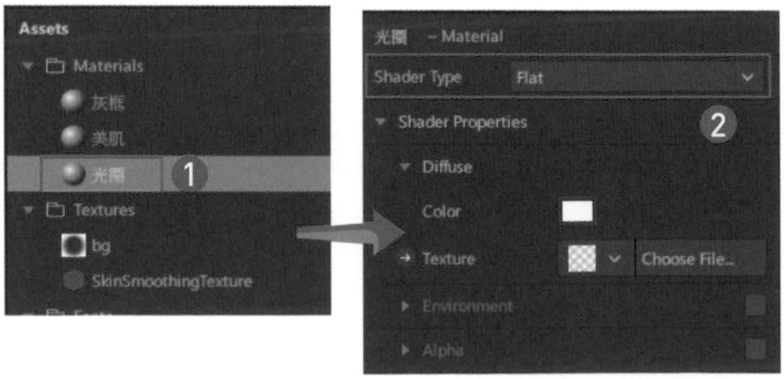

STEP 09 接續，點擊「Texture 屬性 > New Texture」以開啟載入檔案視窗。

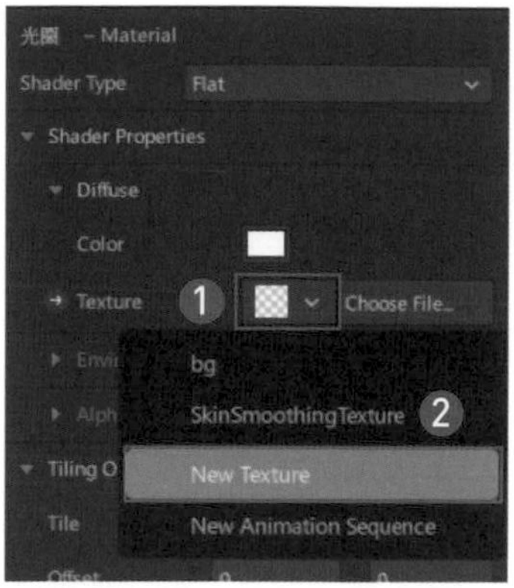

STEP 10 載入「light.png」檔案。

➢ 檔案路徑：ch6 少女的夢幻 > 素材

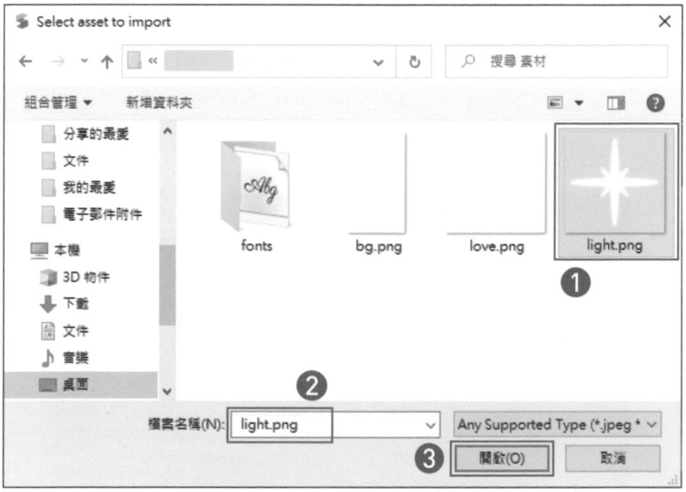

STEP 11 接續，將 Opacity 屬性值調整至「60」，使光圈呈現半透明狀態。

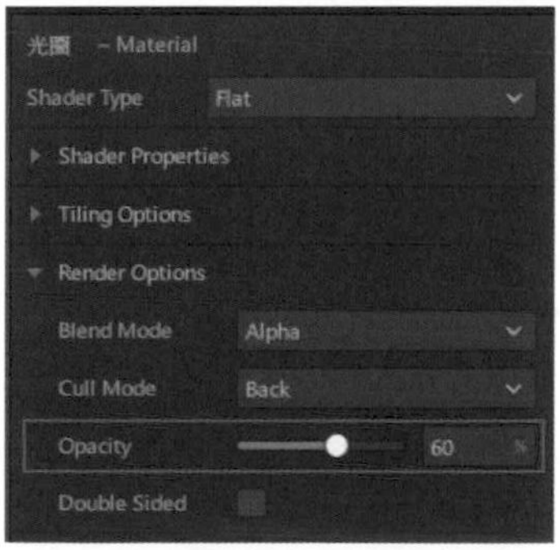

06

少女的夢幻

STEP 12 於 Viewport 面板與模擬器中可看見頭頂光圈的效果。

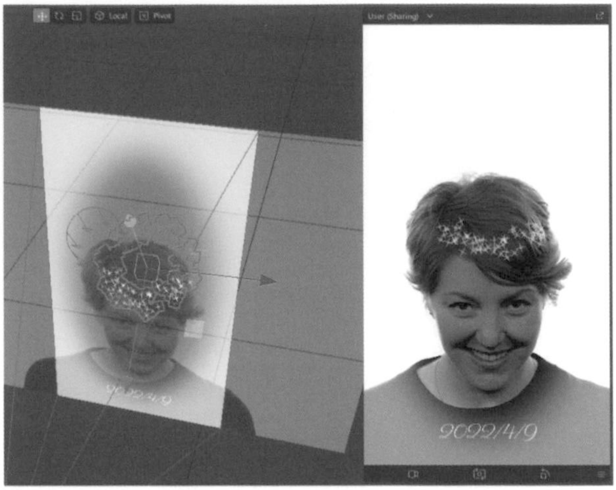

6.2.5 愛心粒子

STEP 01 於 Scene 面板中，點選「Focal Distance」物件，並點擊「滑鼠右鍵 > Add Object > Particle System」以增加粒子系統。

STEP 02 點選「emitte0」物件，並點擊「滑鼠右鍵 > Rename」，重新命名為「愛心」。

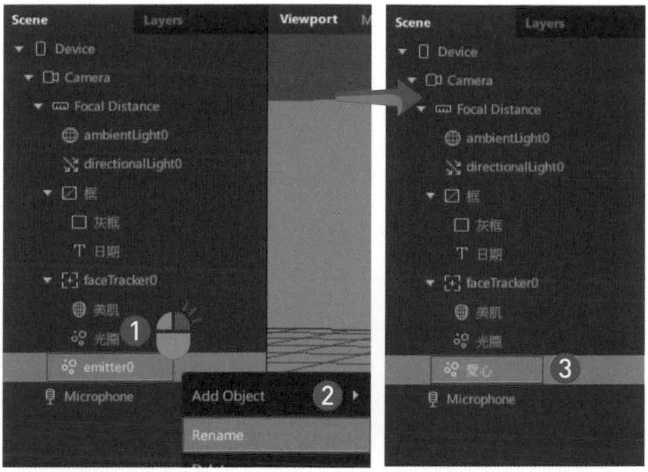

STEP 03 於 Scene 面板中，點選「愛心」粒子物件狀態下，於右側 Inspector 面板中，調整 Transformations 標籤中之相關屬性，調整屬性如下：

- Position：0、0.3、0.01。
- Rotation：-180、0、0。

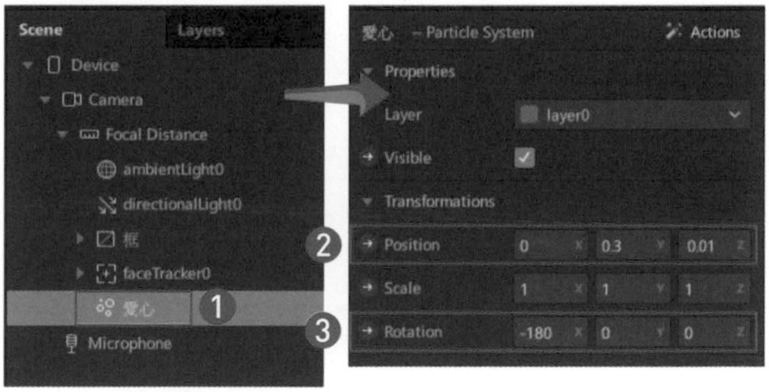

補充說明

粒子系統是個發射器，預設的粒子都是往上發射，而本範例的粒子發射需要從上往下發射，故須調整 Rotation 屬性的 Z 值，使粒子改為往下發射。

STEP04 接續，調整 Emitter 標籤中之相關屬性，調整屬性如下：

- Type：Line。
- Length：0.5。
- Birthrate：4、20%。
- Spray angle：
  - 0(Z)、0%。
- Speed：0.1、40%。

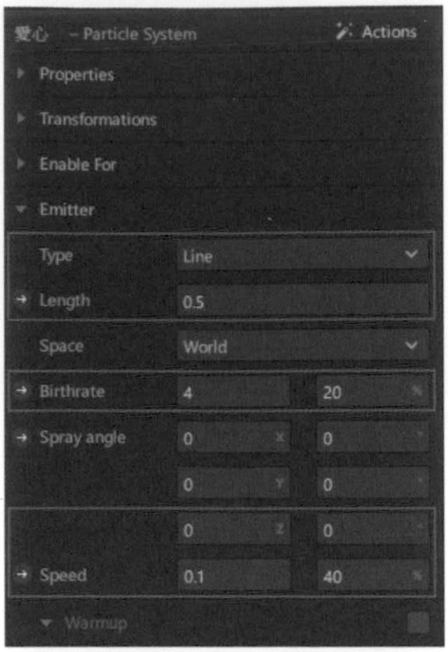

STEP05 接續，調整 Particle 標籤中之相關屬性，調整屬性如下：

- Scale：0.015、20%。
- Lifespan：4sec、20%。

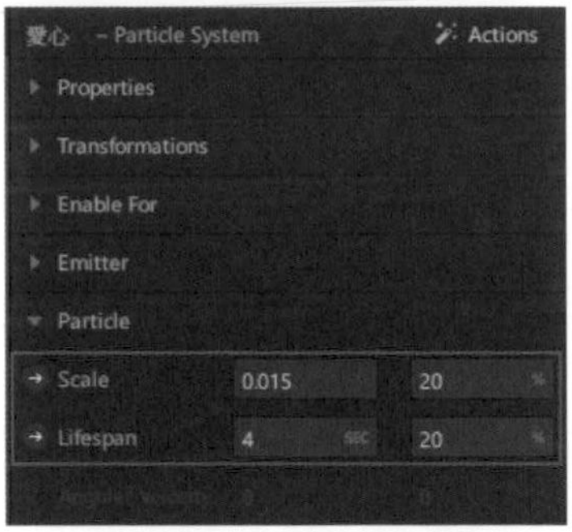

STEP06 接續，點擊 Materials 標籤中之「+ > Create New Material」按鈕以新增材質球。

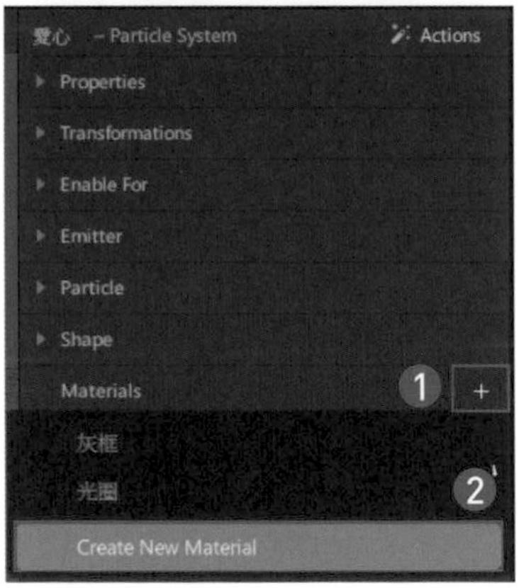

STEP07 於 Assets 面板中，點選「material0」材質球，並點擊「滑鼠右鍵 > Rename」，重新命名為「愛心」。

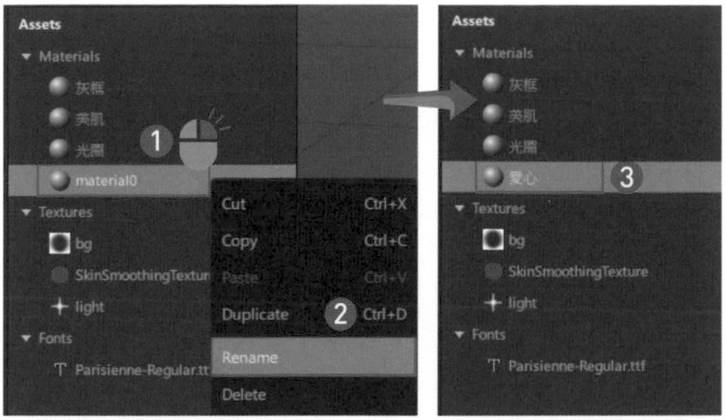

STEP08 點選「愛心」材質球的狀態下，於右側 Inspector 面板中，將其 Shader Type 屬性值調整為「Flat」。

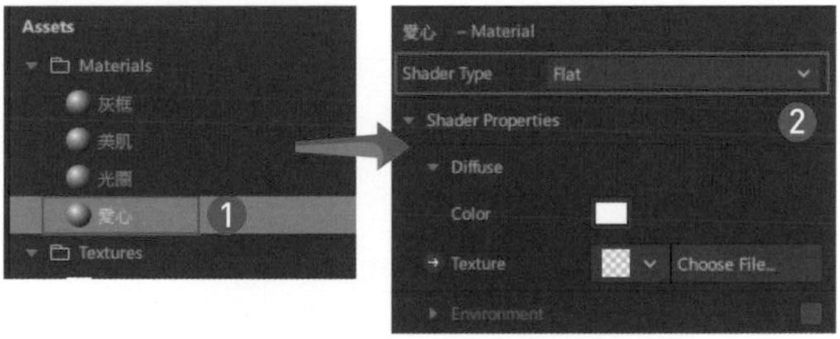

STEP09 接續，點擊「Texture 屬性 > New Texture」以開啟載入檔案視窗。

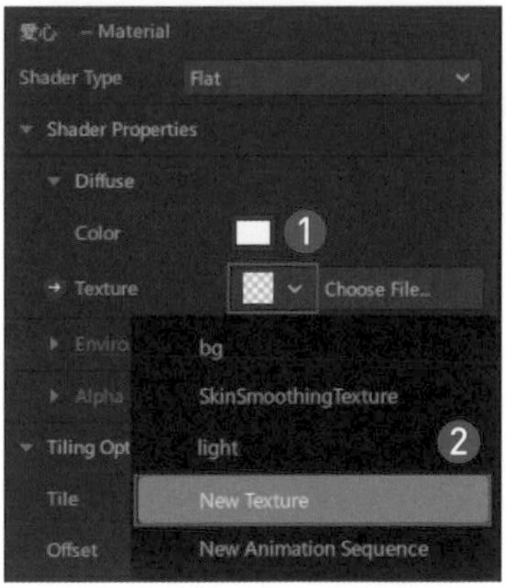

STEP 10 載入「love.png」檔案。

➢ 檔案路徑：ch6 少女的夢幻 > 素材

STEP 11 接續，將 Opacity 屬性值調整至「50」，使愛心呈現半透明狀態。

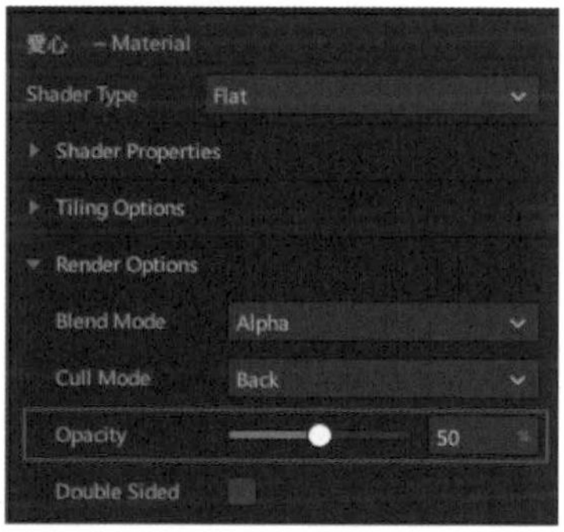

STEP 12 於 Viewport 面板與模擬器中可看見愛心粒子的效果。

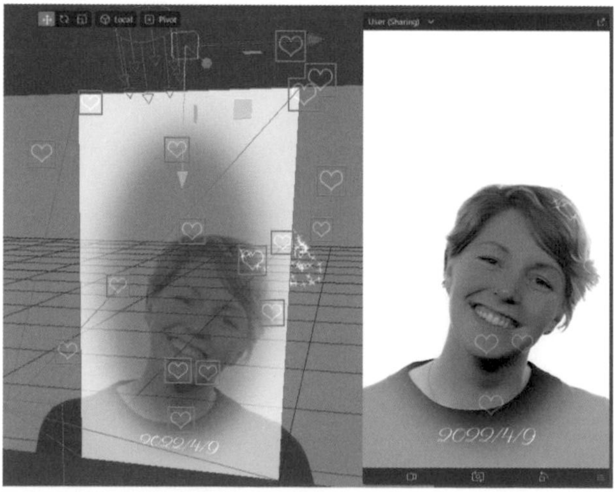

6.2.6 光芒粒子

STEP 01 於 Scene 面板中，點選「Focal Distance」物件，並點擊「滑鼠右鍵 > Add Object > Particle System」以增加粒子系統。

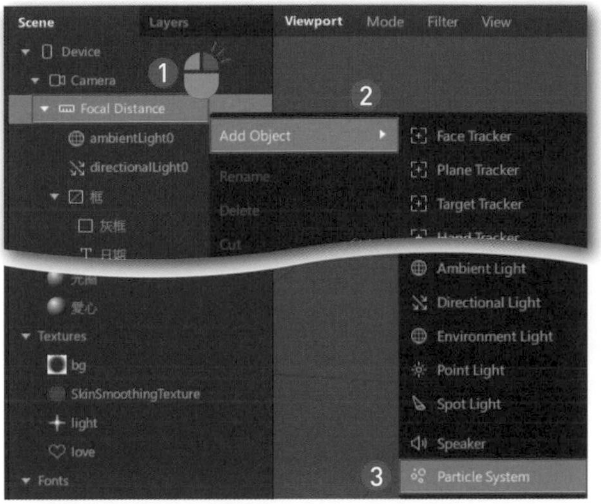

STEP 02 點選「emitte0」物件，並點擊「滑鼠右鍵 > Rename」，重新命名為「光芒」。

STEP 03 於 Scene 面板中，點選「光芒」粒子物件狀態下，於右側 Inspector 面板中，調整 Transformations 標籤中之相關屬性，調整屬性如下：

- Position：0、0.3、0.01。
- Rotation：-180、0、0。

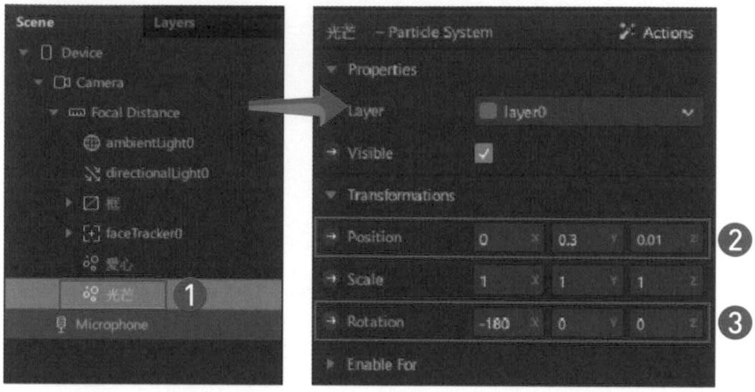

STEP 04 接續，調整 Emitter 標籤中之相關屬性，調整屬性如下：

- Type：Line。
- Length：0.5。
- Birthrate：8、20%。
- Spray angle：
  - 0(Z)、0%。
- Speed：0.1、40%。

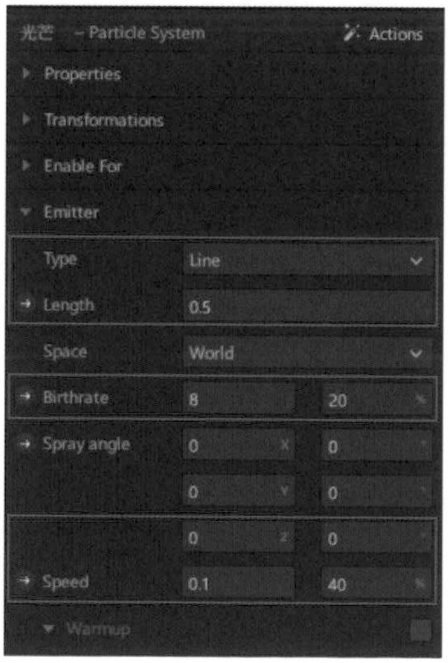

STEP05 接續，調整 Particle 標籤中之相關屬性，調整屬性如下：

- Scale：0.001、20%。
- Lifespan：4sec、20%。
- Spin：0、0。
- Tilt：10、0。

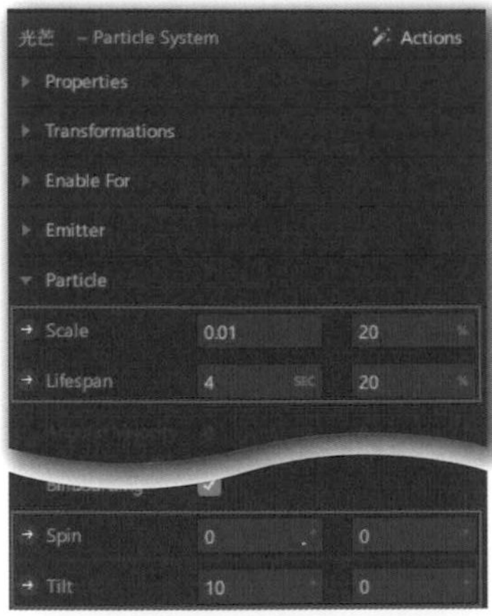

STEP06 接續，點擊 Materials 標籤中之「+ > Create New Material」按鈕以新增材質球。

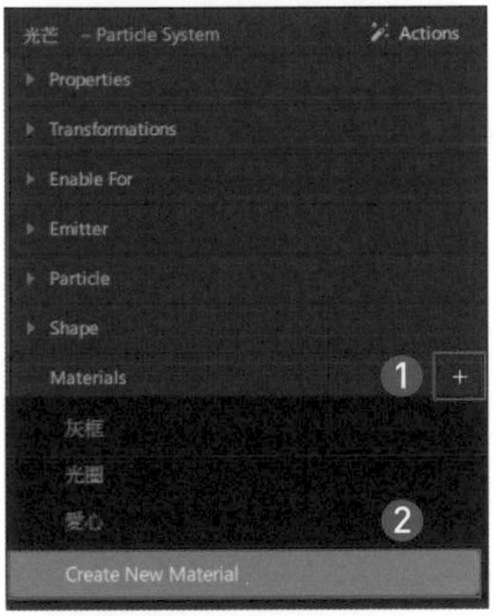

STEP07 於 Assets 面板中，點選「material0」材質球，並點擊「滑鼠右鍵 > Rename」，重新命名為「光芒」。

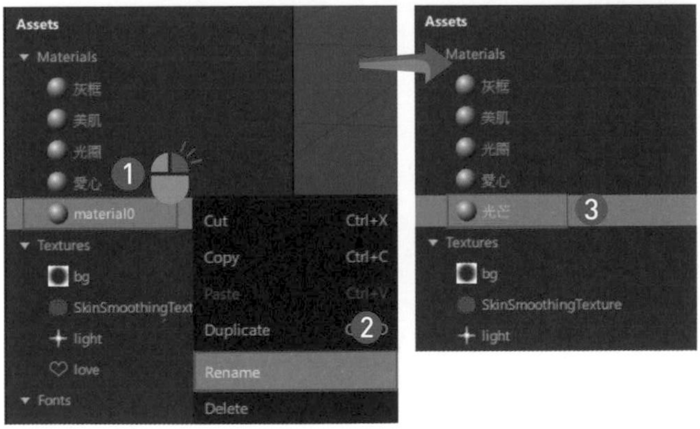

STEP08 點選「光芒」材質球的狀態下，於右側 Inspector 面板中，將其 Shader Type 屬性值調整為「Flat」。

STEP09 接續，點擊「Texture 屬性 > light」以套用該材質。

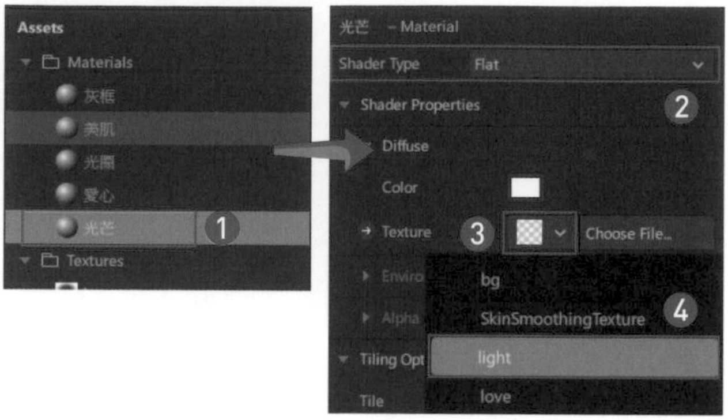

STEP10 接續，將 Opacity 屬性值調整至「50」，使光芒呈現半透明狀態。

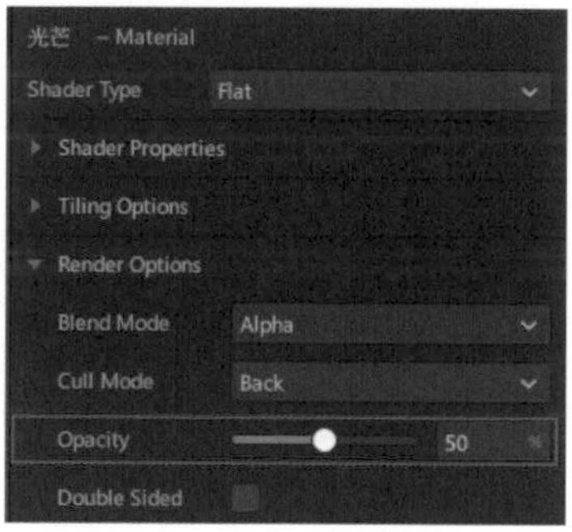

STEP11 於 Viewport 面板與模擬器中可看見光芒的效果。

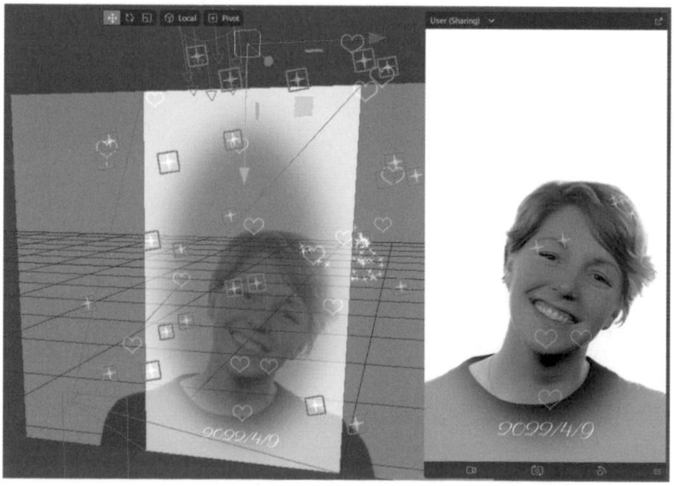

6.3 濾鏡測試

STEP 01 點擊「File > Save」或快速鍵 (Ctrl + S) 來儲存專案。

STEP 02 點擊「Test on device」按鈕後，於 Test on device 面板中選擇要測試的平台或方式。本節以點擊 Facebook 的「Send」按鈕進行測試為例，待發佈成功後可於 Facebook App 中進行濾鏡特效測試。

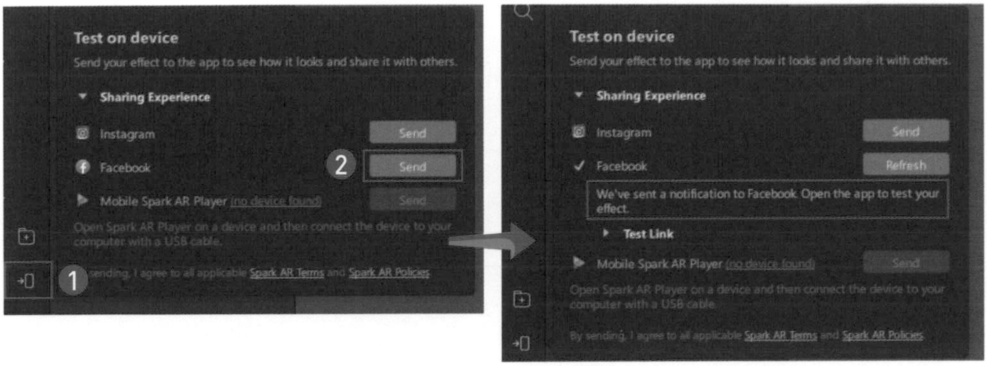

STEP 03 專案製作完畢，發佈上架流程請參考第 19 章。

CHAPTER 07

愛的告白

★★★★★

除了可以利用大拇指與食指比出愛心的手勢來表達愛意之外，還可以讓此份愛意變得更加生動喔！現在只要伸出手掌，就可以將您滿滿的愛意大噴發。

學習重點

(1) 手掌追蹤。

(2) 粒子系統。

(3) 文字與圖片動畫。

互動方式

在鏡頭前將手比出愛心形狀使觸發粒子效果。

SPARK AR 範例效果下載

7.1 建立專案

STEP01 開啟 Spark AR Studio 軟體。

STEP02 於 Spark AR Studio 中點擊「Sharing Experience」以建立新專案。

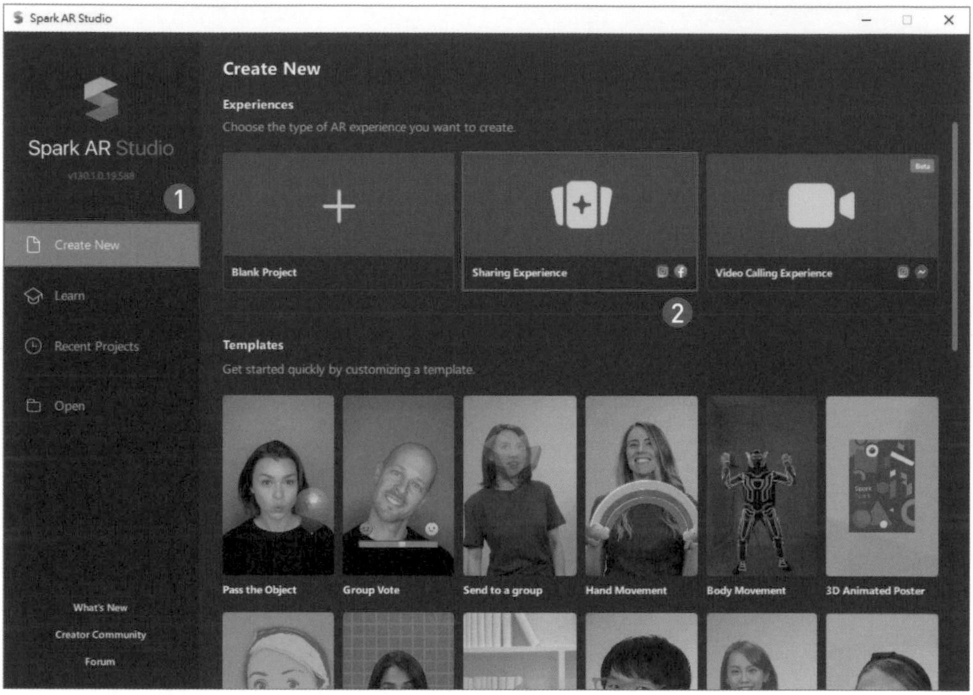

STEP03 點擊「File > Save」或快速鍵 (Ctrl + S) 以儲存專案。

STEP04 儲存名稱為「愛的告白」。

7.2 內容建立

7.2.1 邊框

STEP01 於 Scene 面板中，點選「Focal Distance」物件，並點擊「滑鼠右鍵 > Add Object > Canvas」以增加畫布物件。

STEP02 點選「canvas0」物件，並點擊「滑鼠右鍵 > Rename」，重新命名為「邊框」。

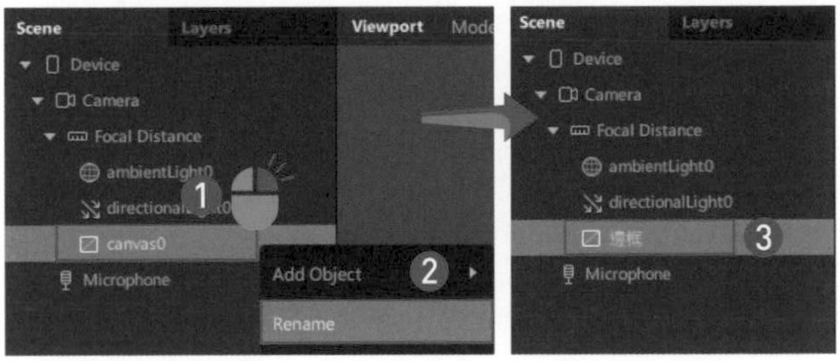

STEP03 點選「邊框」畫布物件，並點擊「滑鼠右鍵 > Add Object > Rectangle」以增加矩形物件。

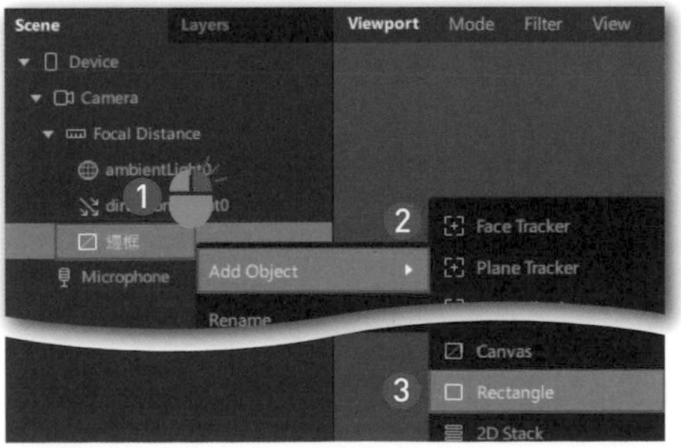

STEP04 點選「rectangle0」物件，並點擊「滑鼠右鍵 > Rename」，重新命名為「愛心」。

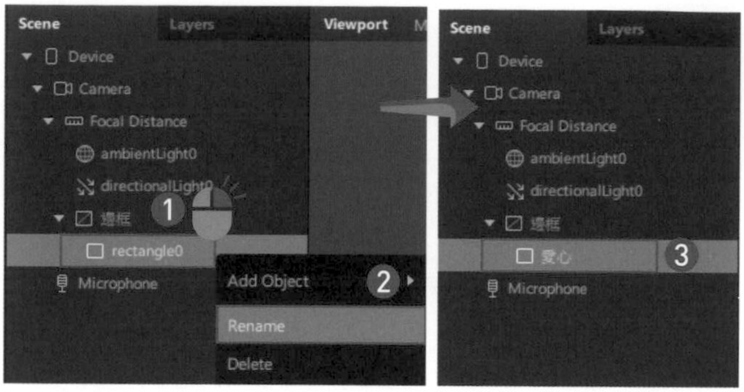

STEP05 點選「愛心」物件狀態下，於右側 Inspector 面板中，分別點擊 Width 與 Height 兩者屬性值後，並逐步選取「Fill Width」與「Fill Height」，使其愛心框物件的尺寸會自動填滿整個 Canvas 畫布大小。

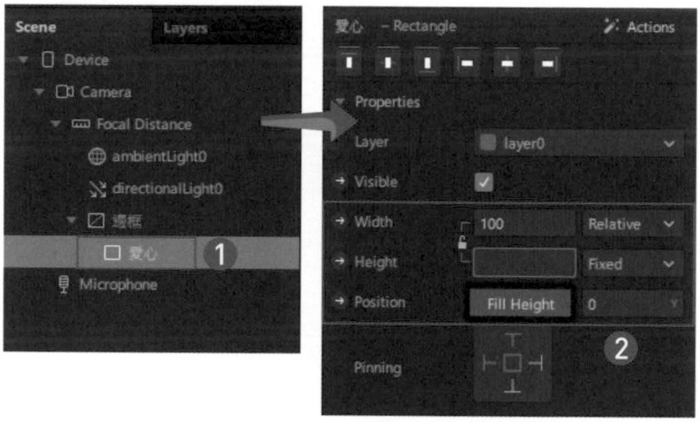

STEP06 接續，點擊 Materials 標籤中之「+」按鈕以新增材質球。

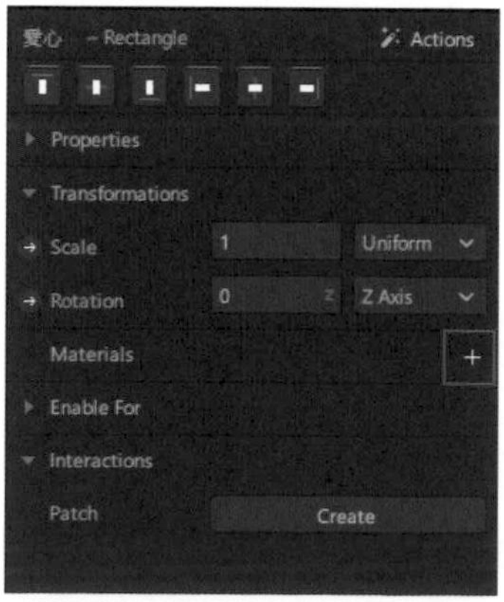

STEP 07 於 Assets 面板中，點選「material0」材質球，並點擊「滑鼠右鍵 > Rename」，重新命名為「愛心框」。

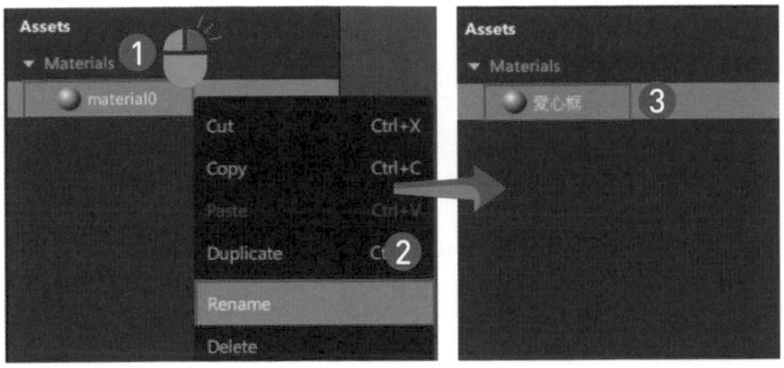

STEP 08 點選「愛心框」材質球的狀態下，於右側 Inspector 面板中，將其 Shader Type 屬性值調整為「Flat」。

STEP 09 接續，點擊「Texture 屬性 > New Texture」以開啟載入檔案視窗。

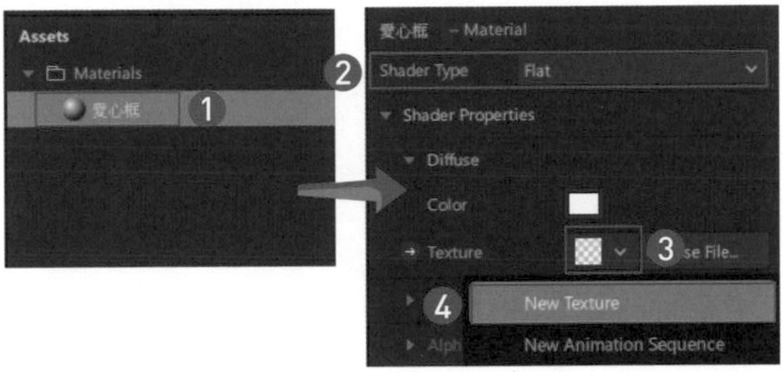

STEP 10 載入「愛心框 .png」檔案。

➢ 檔案路徑：ch7 愛心框 > 素材

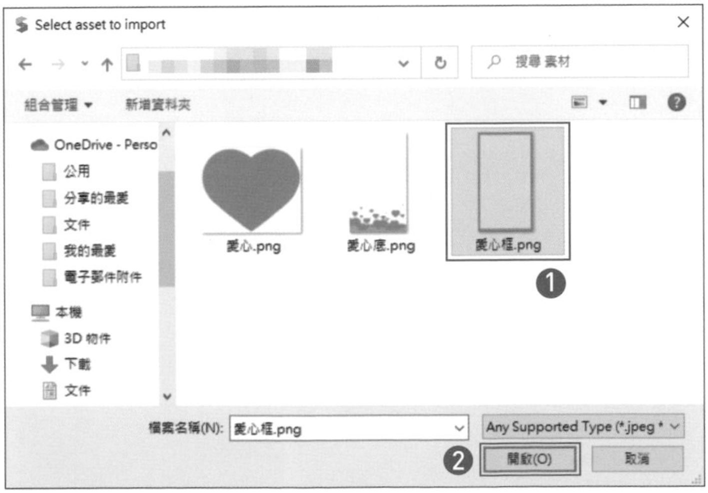

STEP11 於 Viewport 面板與模擬器中可看見愛心邊框的效果。

7.2.2 美肌

STEP01 於 Scene 面板中，點選「Focal Distance」物件，並點擊「滑鼠右鍵 > Add Object > Face Mesh」以增加臉部網格追蹤器與遮罩。

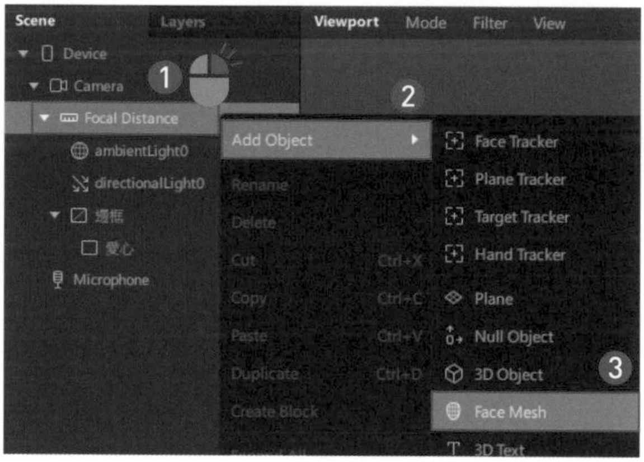

STEP02 點選「faceTracker0」物件，並點擊「滑鼠右鍵 > Rename」，重新命名為「美肌」。

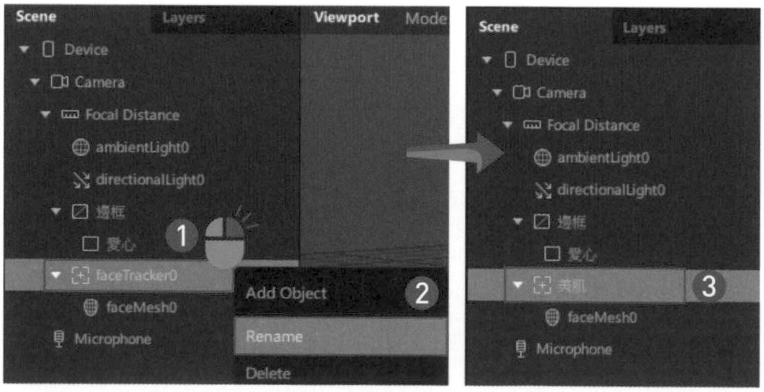

STEP 03 點選「美肌」底下的「faceMesh0」物件後，於右側 Inspector 面板中，點擊 Materials 標籤中之「+ > Create New Material」按鈕以新增材質球。

STEP 04 於 Assets 面板中，點選「material0」材質球，並點擊「滑鼠右鍵 > Rename」，重新命名為「美肌」。

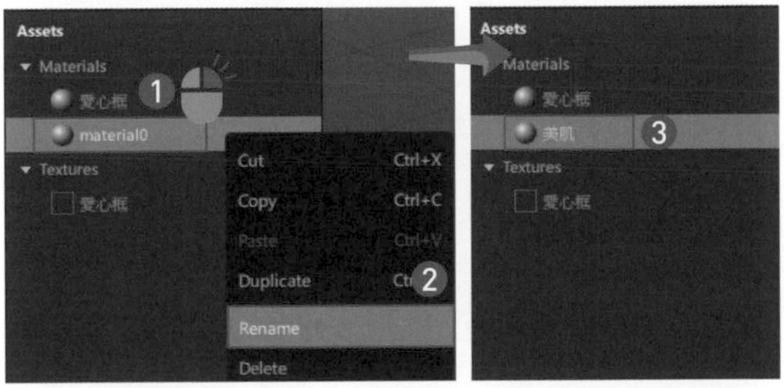

STEP 05 點選「美肌」材質球的狀態下，於右側 Inspector 面板中，將其 Shader Type 屬性值調整為「Retouching」。

STEP 06 接續，將 Skin Smoothing 屬性值調整至「100」，使臉部肌膚看起來更加平滑。

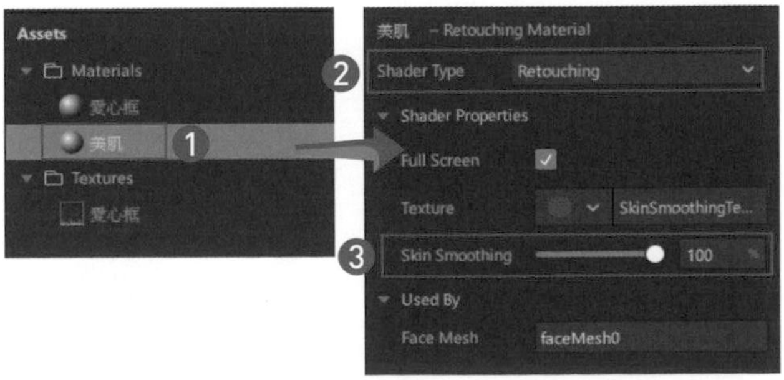

7.2.3 手掌追蹤器

STEP01 於 Scene 面板中，點選「Focal Distance」物件，並點擊「滑鼠右鍵 > Add Object > Hand Tracker」以增加手部追蹤器。

STEP02 點選「handTracker0」追蹤器物件，並點擊「滑鼠右鍵 > Rename」，重新命名為「手勢」。

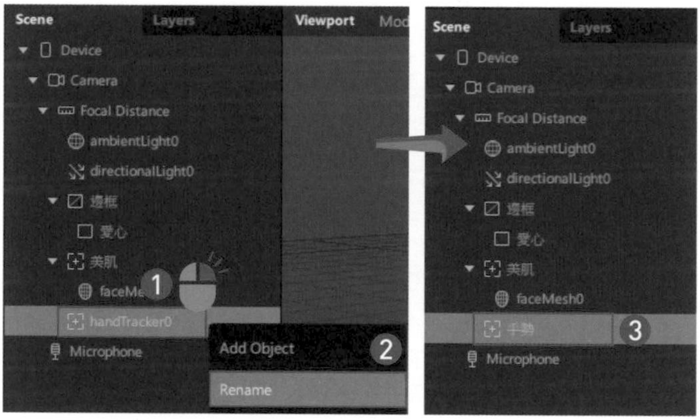

STEP03 於模擬器中可看到「Hold up a hand!」字樣表示成功。

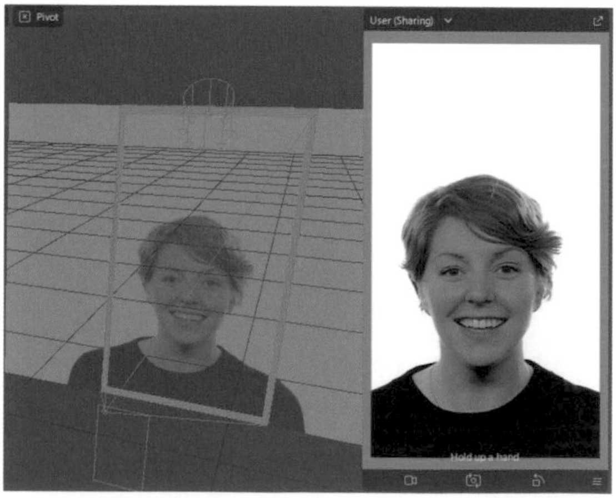

7.2.4 粒子系統

STEP01 於 Scene 面板中，點選「手勢」物件，並點擊「滑鼠右鍵 > Add Object > Particle System」以增加粒子系統。

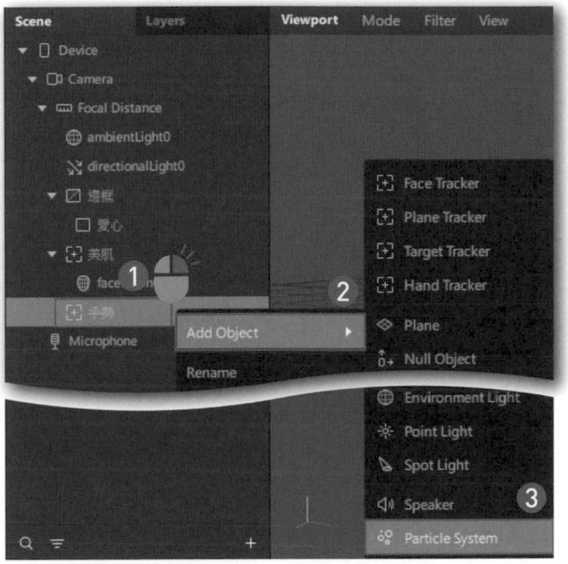

STEP02 點選「emitte0」物件，並點擊「滑鼠右鍵 > Rename」，重新命名為「愛心」。

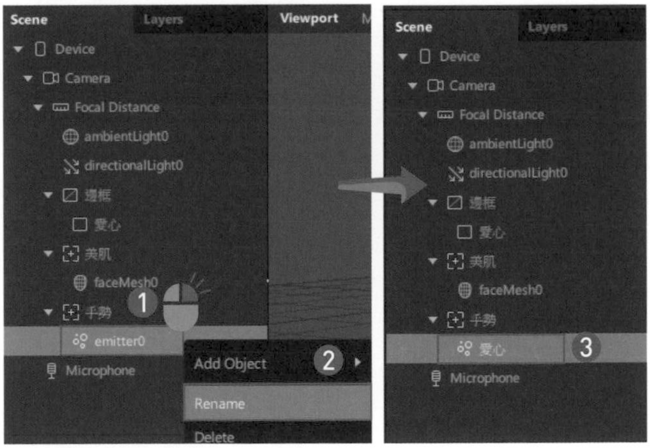

STEP03 於 Scene 面板中，點選「愛心」粒子物件狀態下，於右側 Inspector 面板中，調整 Transformations 標籤中之相關屬性，調整屬性如下：

- Position：0、0.09、0。

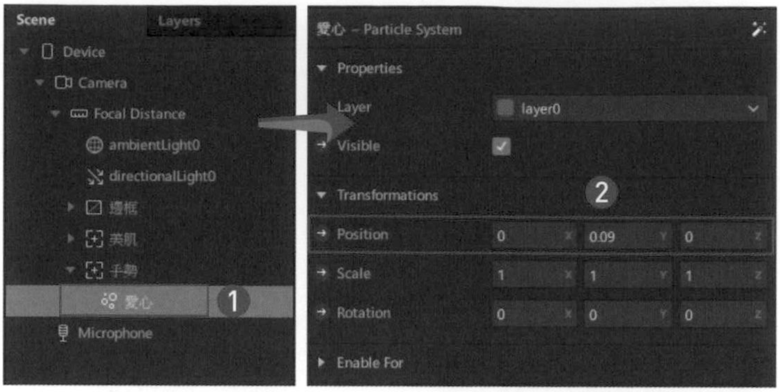

STEP04 接續，於 Inspector 面板中，調整 Emitter 標籤中之相關屬性，調整屬性如下：

- Type：Point。
- Birthrate：40、10%。
- Spray angle：
  - 100(X) 、100%。
  - 0(Y) 、100%。
  - 0(Z) 、0%。
- Speed：1、10%。

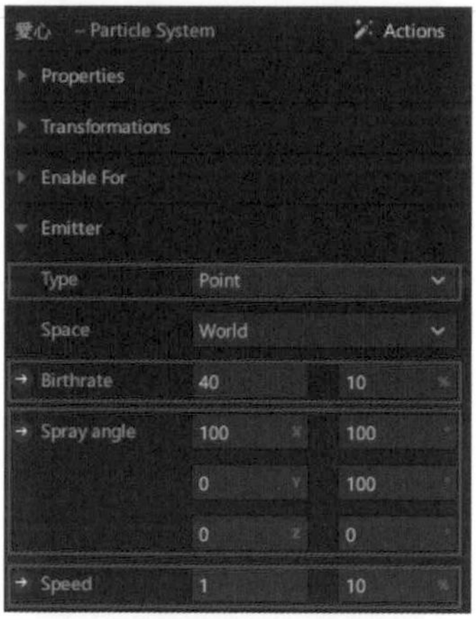

STEP05 接續，調整 Particle 標籤中之相關屬性，調整屬性如下：

- Scale：0.02、20%。
- Lifespan：0.3sec、50%。
- Tilt：0、0。

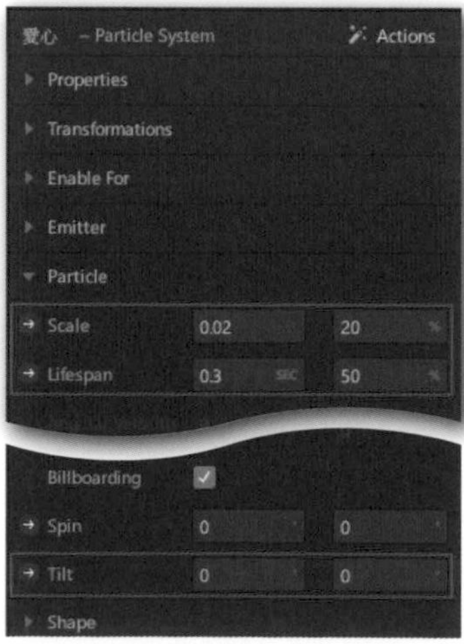

STEP 06 接續，點擊 Materials 標籤中之「+ > Create New Material」按鈕以新增材質球。

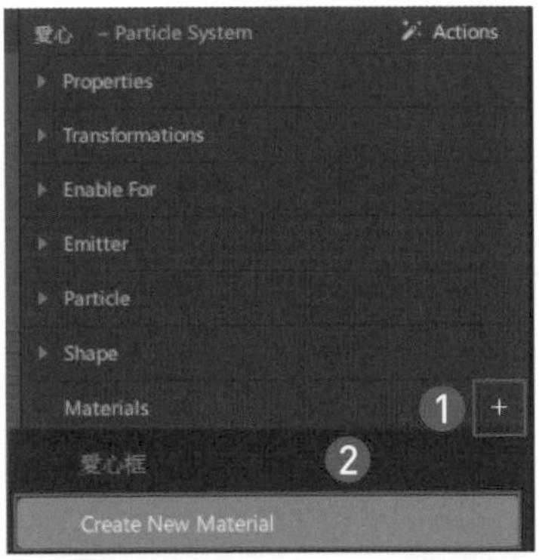

STEP 07 於 Assets 面板中，點選「material0」材質球，並點擊「滑鼠右鍵 > Rename」，重新命名為「愛心」。

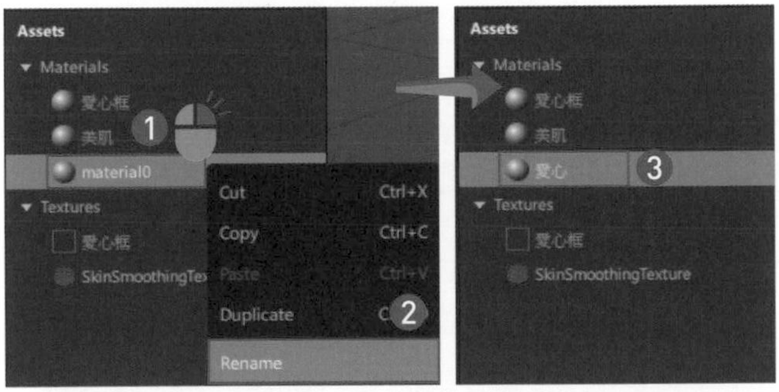

STEP 08 點選「愛心」材質球的狀態下，於右側 Inspector 面板中，將其 Shader Type 屬性值調整為「Flat」。

STEP 09 接續，點擊「Texture 屬性 > New Texture」以開啟載入檔案視窗。

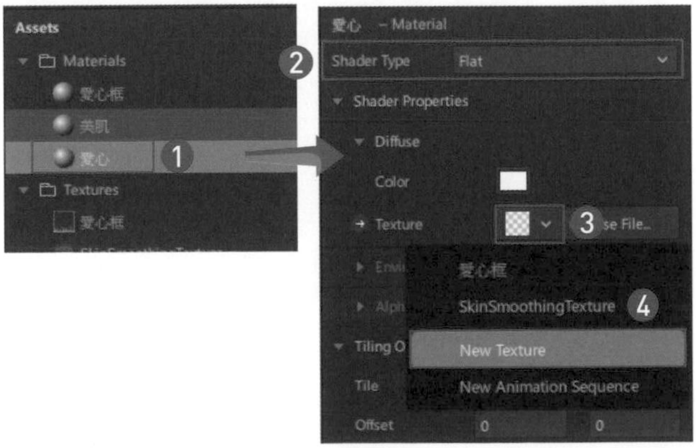

STEP10 載入「愛心 .png」檔案。

➢ 檔案路徑：ch7 愛心框 > 素材

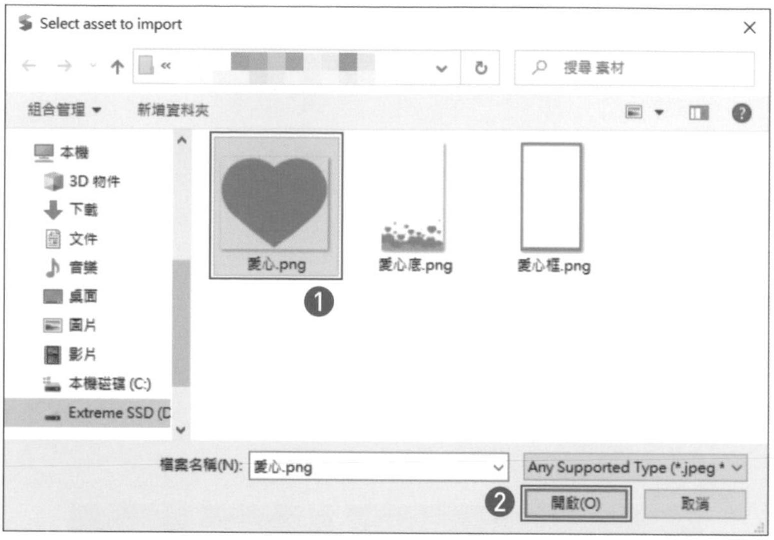

7.2.5 文字

STEP01 於 Scene 面板中，點選「Focal Distance」物件，並點擊「滑鼠右鍵 > Add Object > 3D Text」，使新增 3D 文字。

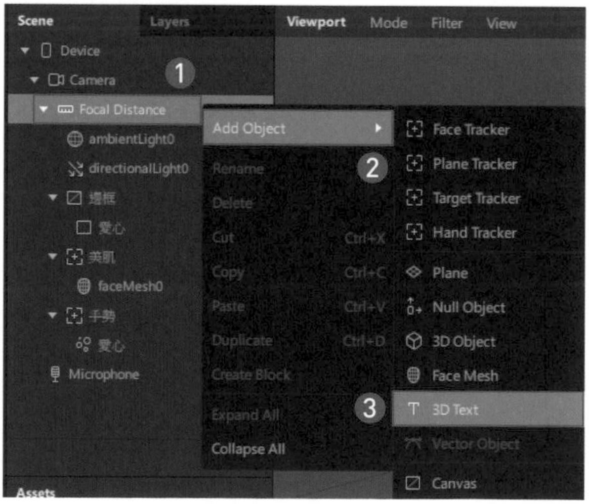

STEP 02　點選「3dText0」物件，並點擊「滑鼠右鍵 > Rename」，重新命名為「I Love You」。

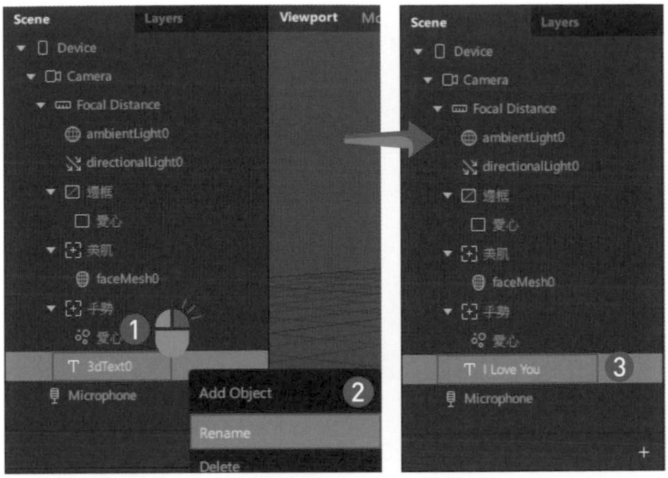

STEP 03　點選「I Love You」文字物件狀態下，於右側 Inspector 面板中，調整 Transformations 標籤中之相關屬性，調整屬性如下：

- Position：-0.85、0.13、0.094。
- Scale：0.00095、0.00095、0.00125。

STEP 04　接續，於 Text 屬性中先清除預設文字後，輸入「I LOVE YOU」。

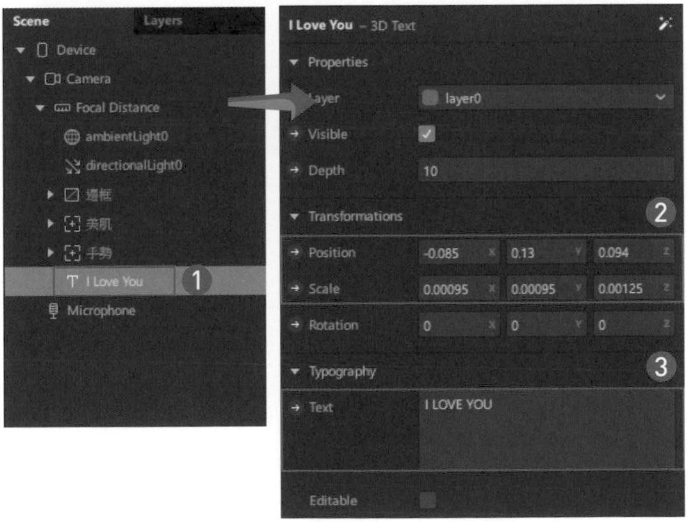

STEP 05 於 Assets 面板中，點選「material0」材質球，並點擊「滑鼠右鍵 > Rename」，重新命名為「文字陰影」。

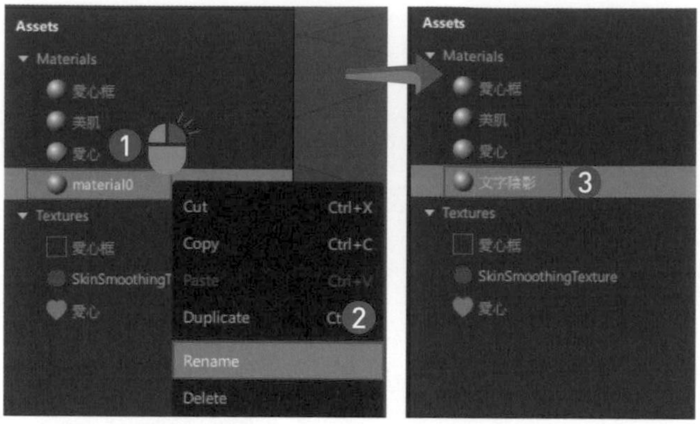

STEP 06 點選「文字陰影」材質球的狀態下，於右側 Inspector 面板中，點選 Color 屬性使開啟顏色盤，並輸入「#bf6769」色碼且點擊「OK」按鈕。

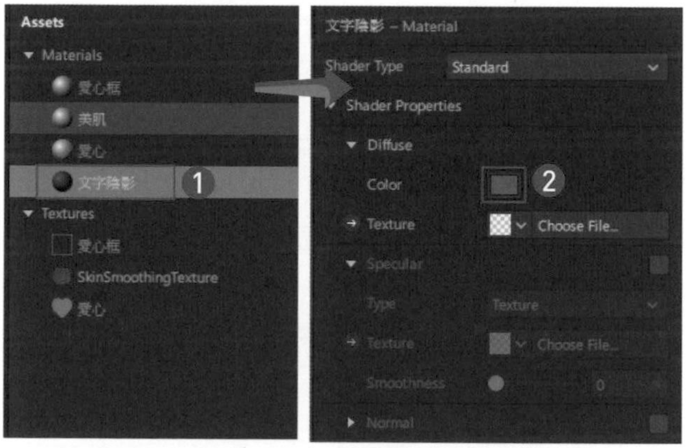

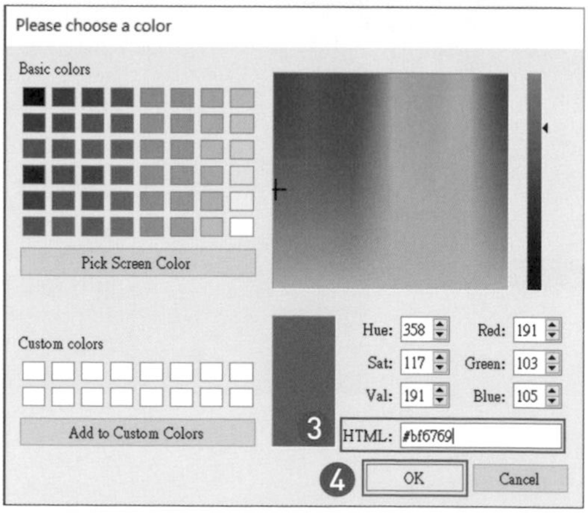

STEP07 於 Viewport 面板與模擬器中可看到文字效果。

補充說明

依據 Spark AR 政策，Text 物件必須為追蹤器中的一環或作為日期等用途，不可僅作為文字顯示，否則發佈時會因文字關係而被駁回。

- 規範網址：https://sparkar.facebook.com/ar-studio/learn/articles/2D/dynamic-text/#Spark-AR-policies

STEP08 點選「I Love You」3D 文字物件，並拖曳至「美肌」臉部追蹤器中。

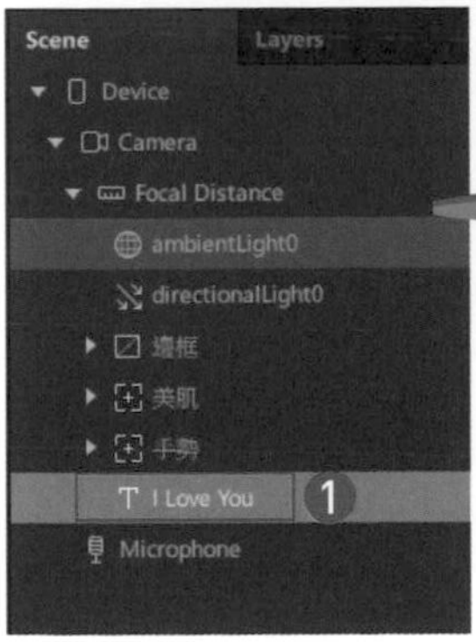

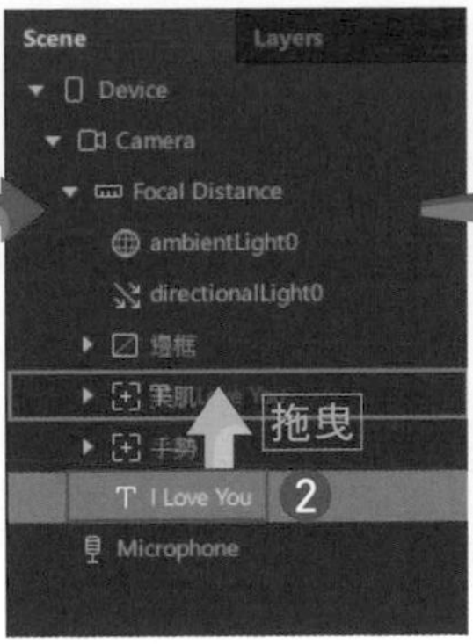

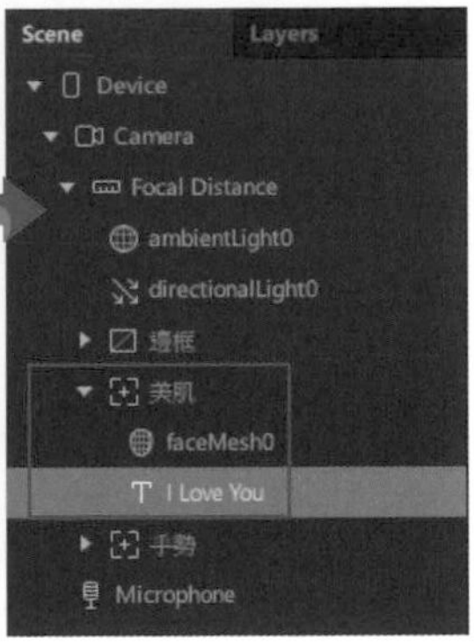

7.2.6 愛心底框

STEP01 於 Scene 面板中，點選「邊框」畫布物件，並點擊「滑鼠右鍵 > Add Object > Rectangle」以增加矩形物件。

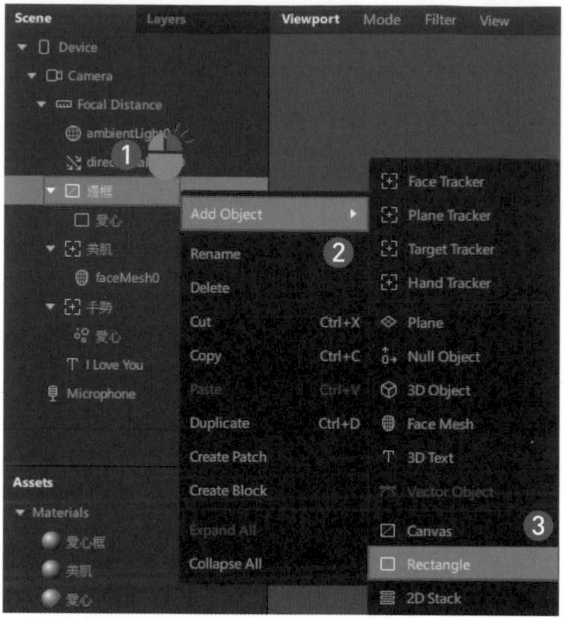

STEP02 點選「rectangle0」物件，並點擊「滑鼠右鍵 > Rename」，重新命名為「愛心底」。

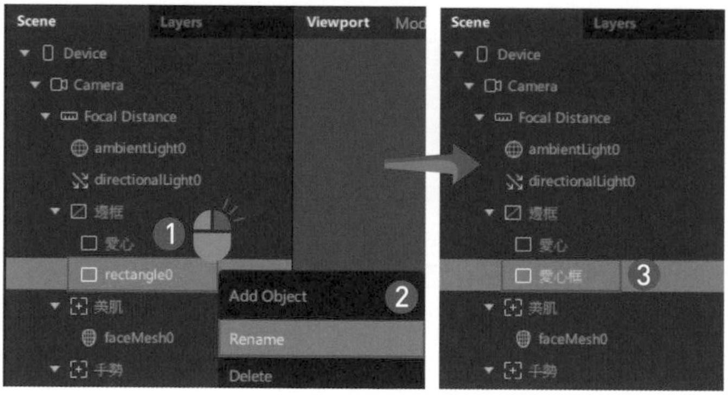

STEP03 點選「愛心底」物件狀態下，於右側 Inspector 面板中，分別點擊 Width 與 Height 兩者屬性值後，並逐步選取「Fill Width」與「Fill Height」，使其愛心底物件的尺寸會自動填滿整個 Canvas 畫布大小。

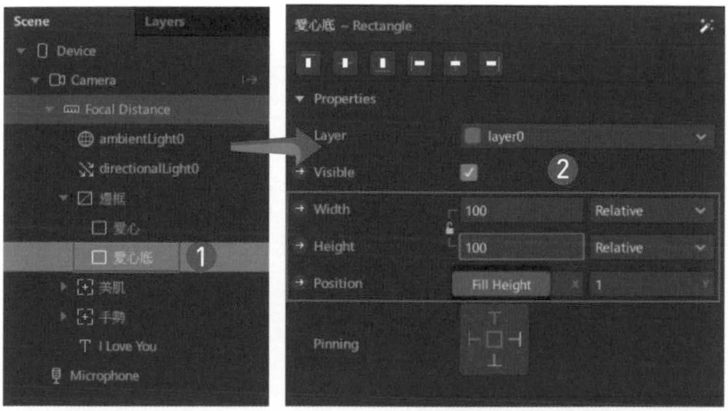

STEP04 接續，點擊 Materials 標籤中之「+ > Create New Material」按鈕以新增材質球。

STEP05 於 Assets 面板中，點選「material0」材質球，並點擊「滑鼠右鍵 > Rename」，重新命名為「愛心底」。

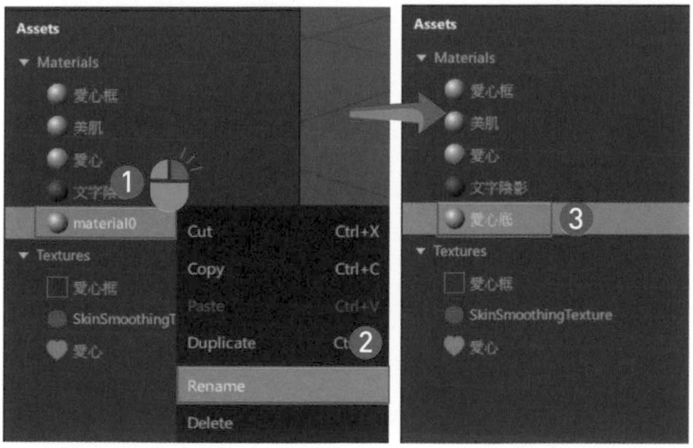

STEP 06 點選「愛心底」材質球的狀態下，於右側 Inspector 面板中，將其 Shader Type 屬性值調整為「Flat」。

STEP 07 接續，點擊「Texture 屬性 > New Texture」以開啟載入檔案視窗。

STEP 08 載入「愛心底 .png」檔案。

➢ 檔案路徑：ch7 愛心框 > 素材

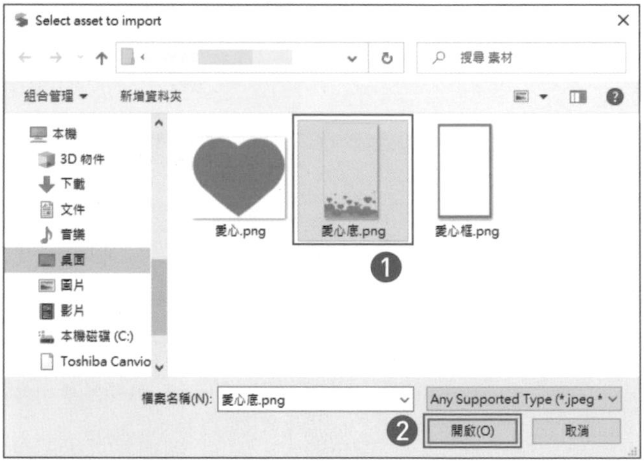

STEP 09 於 Viewport 面板與模擬器中可看到愛心底框的效果。

7.3 邏輯設計

7.3.1 愛心底框

此小節在邏輯編排的主要需求為，濾鏡開啟時愛心底框會從鏡頭外面自動向上移動到指定的位置，且動畫只執行一次。

STEP 01 於 Scene 面板中，選取「Camera」兩物件，且於右側 Inspector 面板中，點擊 Producer Patch 屬性的「Create」按鈕，使自動產生對應的模塊內容。

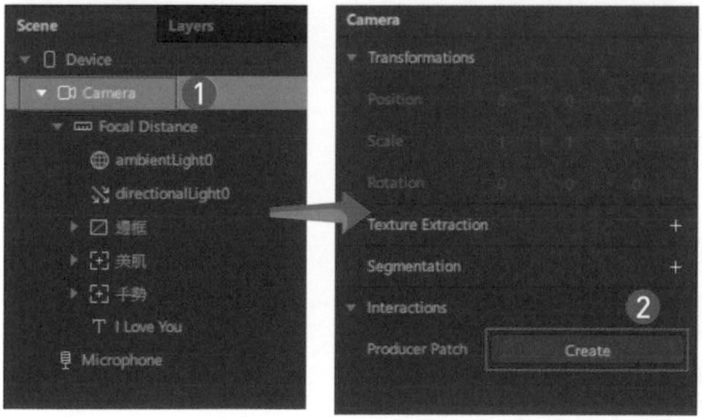

STEP 02 於 Patch Editor 面板中，點擊滑鼠左鍵兩下新增模塊，所需新增模塊與數量如下：

- Pulse：1 個。
- Animation：1 個。
- Transition：1 個。

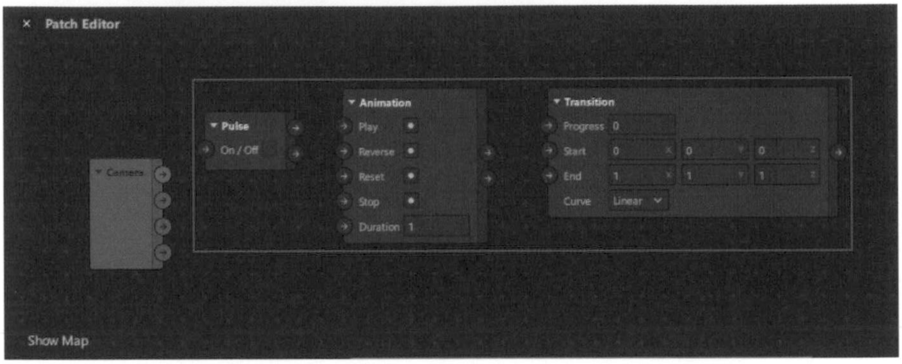

STEP 03 於 Scene 面板中，選取「愛心框」矩形物件，且於右側 Inspector 面板中，點擊 Position 屬性旁的 ➔ 按鈕，將該屬性改由模塊進行控制。

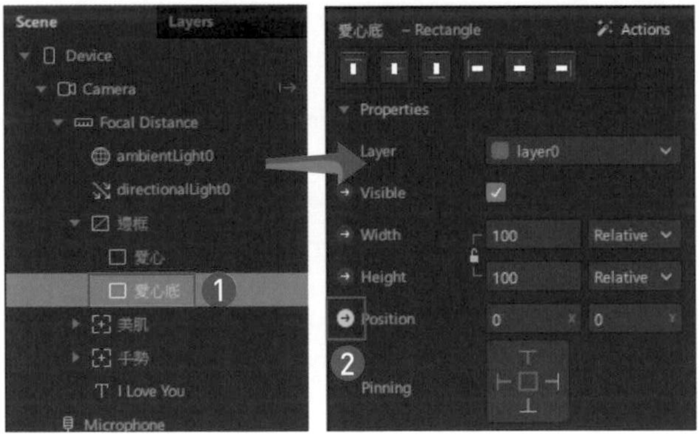

STEP04 調整 Patch Editor 面板中各模塊的位置。

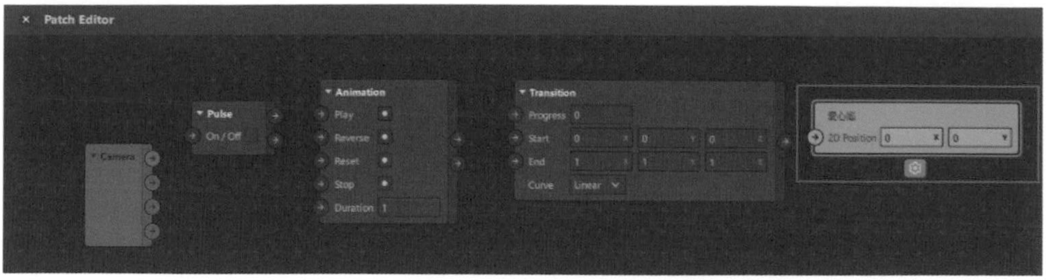

STEP05 將 Transition 的屬性類別調整為「Vector 2」模式後，需調整的屬性如下：

- Start：300(Y)。
- Curve：Cubic in。

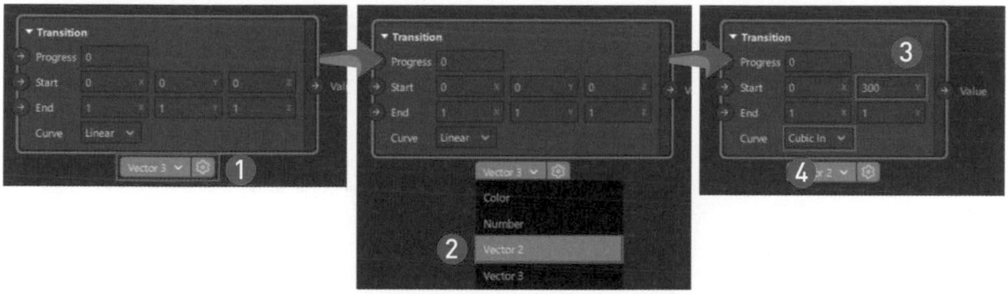

STEP06 將各模塊彼此間進行連線以完成運算邏輯的編排，結果如圖所示。

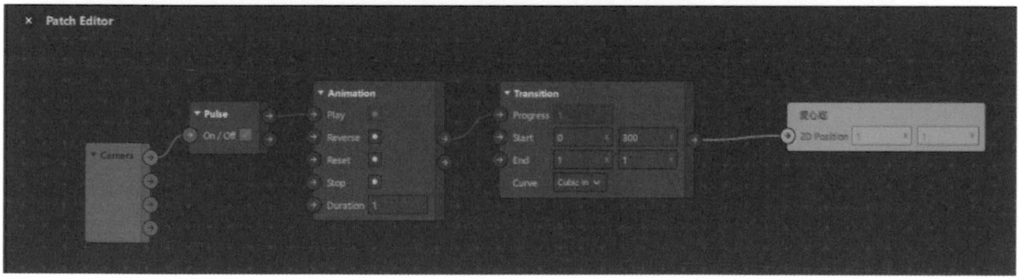

7.3.2　文字動畫

此小節在邏輯編排的主要需求為，濾鏡開啟時「I LOVE YOU」文字會自動且不斷循環的進行放大與縮小動畫，同時為了配合愛心底框的動畫時間，故會延遲 1 秒後才開始播放此動畫。

STEP01 於 Patch Editor 面板中，點擊滑鼠左鍵兩下新增模塊，所需新增模塊與數量如下：

- Loop Animation：1 個。
- Delay：1 個。
- Transition：2 個。

STEP02 於 Scene 面板中，點選「I Love You」3D 文字物件，且於右側 Inspector 面板中，點擊 Position 與 Scale 兩屬性旁的 ➔ 按鈕，將該屬性改由模塊進行控制。

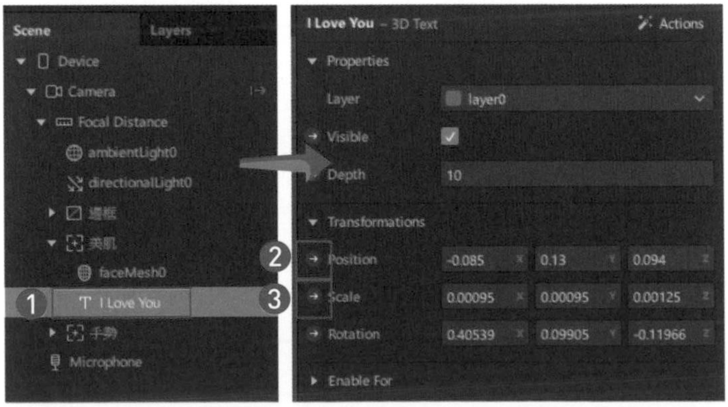

STEP03 調整 Patch Editor 面板中各模塊的位置。Position 在上方；Scale 於下方。

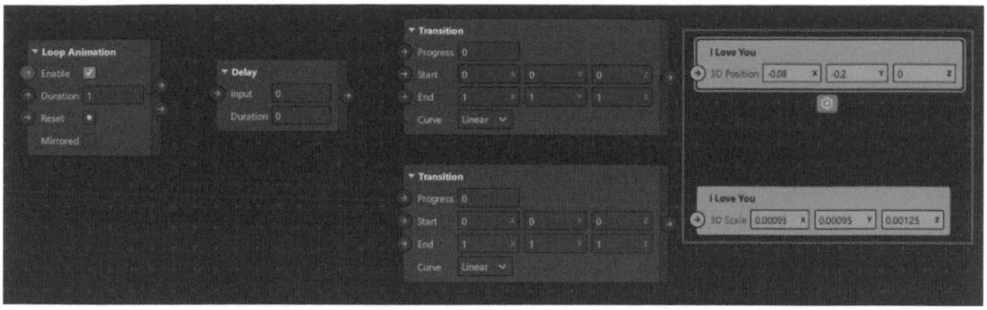

STEP04 首先，調整負責 Position 屬性的 Transition 的相關屬性值，調整屬性如下：

- Start：-0.085(X)、0.13(Y)、0.094(Z)。
- End：-0.085(X)、0.15(Y)、0.094(Z)。
- Curve：Cubic in。

STEP05 接續，調整負責 Scale 屬性的 Transition 的相關屬性值，調整屬性如下：

- Start：0.00095(X)、0.00095(Y)、0.00125(Z)。
- End：0.001(X)、0.001(Y)、0.002(Z)。
- Curve：Cubic in。

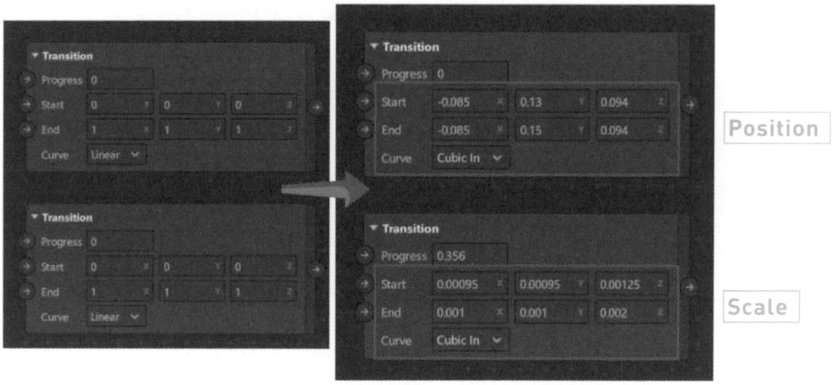

STEP06 將 Delay 中的 Duration 屬性值修改為 1。

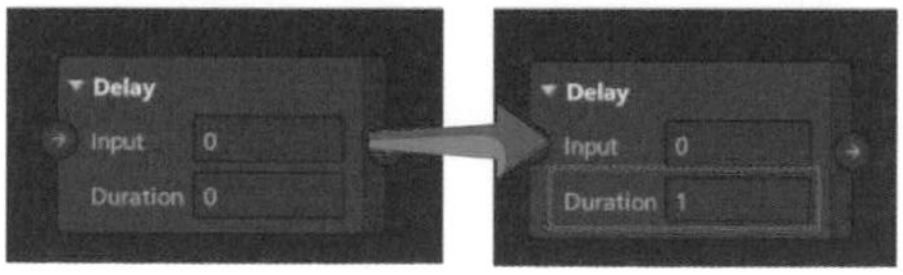

STEP07 調整 Patch Editor 面板中各模塊的位置，並將彼此間進行連線以完成運算邏輯的編排，結果如圖所示。

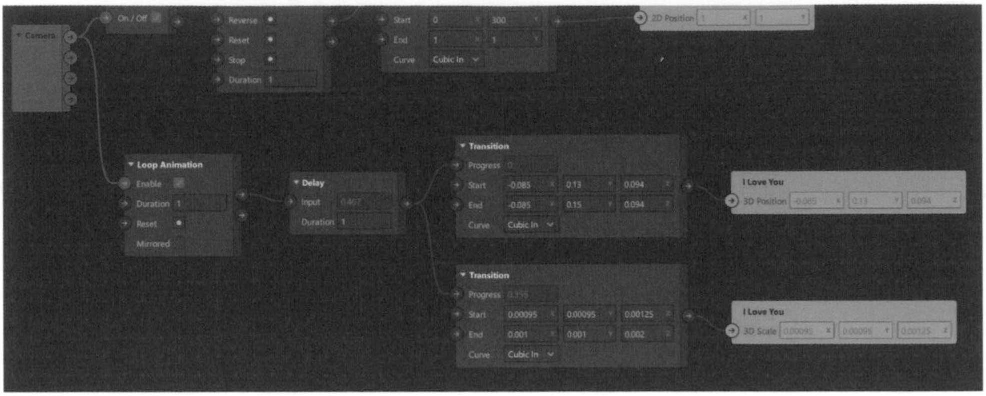

7.4 濾鏡測試

STEP01 點擊「File > Save」或快速鍵 (Ctrl + S) 來儲存專案。

STEP02 點擊「Test on device」按鈕後，於 Test on device 面板中選擇要測試的平台或方式。本節以點擊 Facebook 的「Send」按鈕進行測試為例，待發佈成功後可於 Facebook App 中進行濾鏡特效測試。

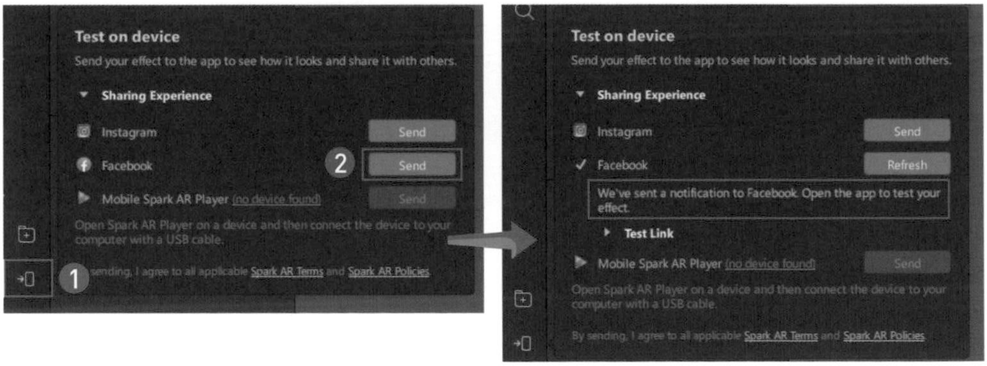

STEP03 專案製作完畢，發佈上架流程請參考第 19 章。

CHAPTER

08

人臉分割

★★★★★

在科幻電影中常會看到異形的臉變為恐怖要吃人的樣貌，或者外星人套上地球人的皮膚，在特定情況下會露出本來面貌，無論哪種都會有嚇人的感覺，那麼您有沒有想過製作一個自己的濾鏡來嚇嚇朋友呢？

學習重點

(1) 人臉辨識與紋理設定。

(2) 嘴巴的觸發動作。

(3) 螢幕觸發動作。

(4) 動畫還原。

互動方式

當嘴巴張開時人臉會進行分割，點擊螢幕則回復正常。

SPARK AR 範例效果下載

8.1 建立專案

STEP01 開啟 Spark AR Studio 軟體。

STEP02 於 Spark AR Studio 中點擊「Sharing Experience」以建立新專案。

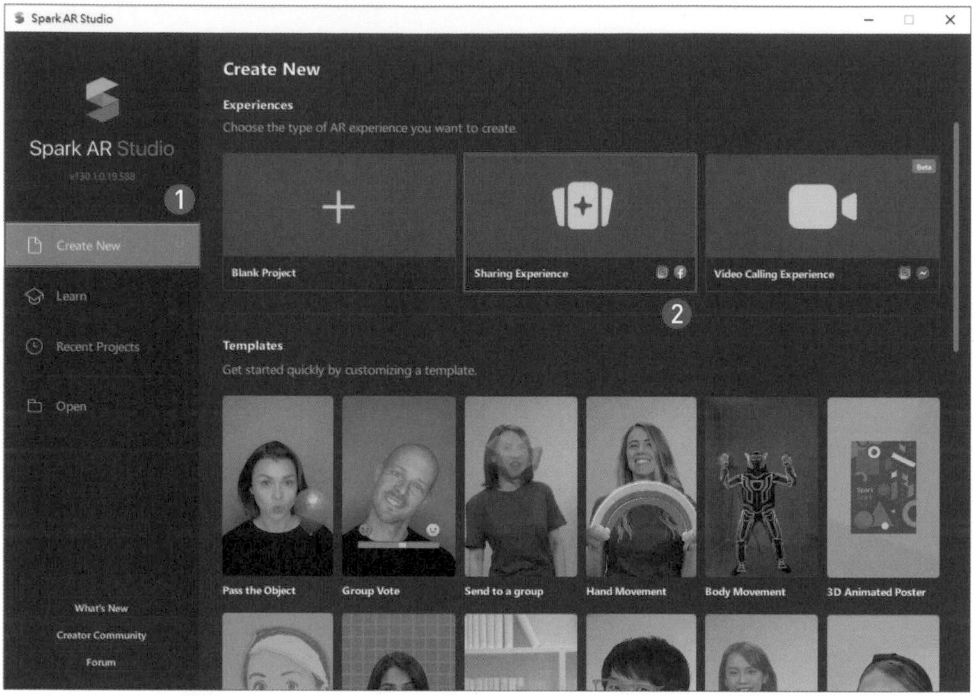

STEP03 點擊「File > Save」或快速鍵 (Ctrl + S) 以儲存專案。

STEP04 儲存名稱為「人臉分割」。

8.2 內容建立

8.2.1 臉部追蹤

STEP01 於 Scene 面板中，點選「Focal Distance」物件，並點擊「滑鼠右鍵 > Add Object > Face Tracker」以增加臉部網格追蹤器。

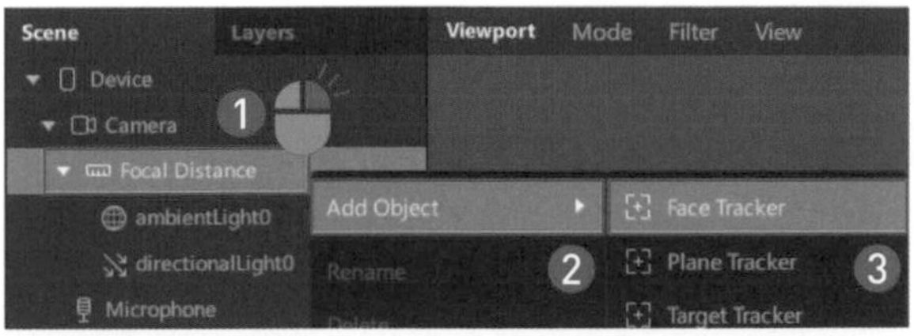

STEP02 點選「faceTracker0」物件，並點擊「滑鼠右鍵 > Rename」，重新命名為「人臉分割」。

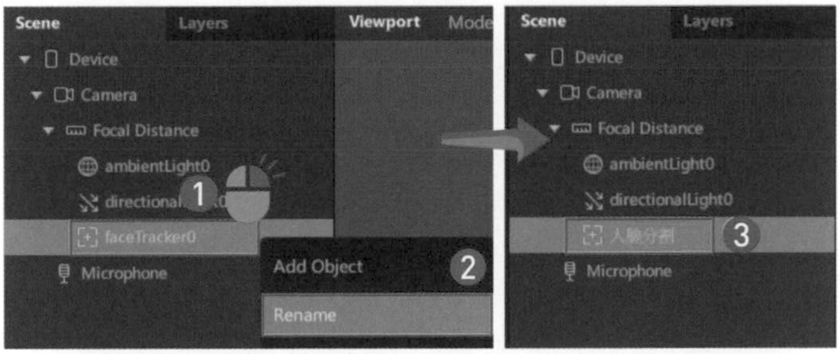

STEP03 點選「人臉分割」物件，並點擊「滑鼠右鍵 > Add Object > Null Object」以增加空物件。

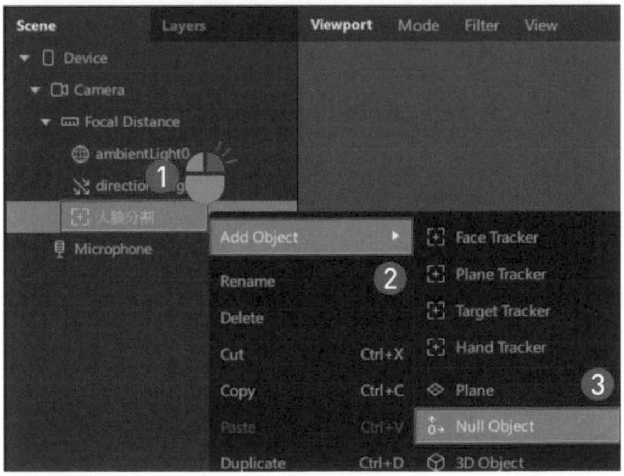

STEP 04 點選「nullObject0」物件，並點擊「滑鼠右鍵 > Rename」，重新命名為「人臉群組」。

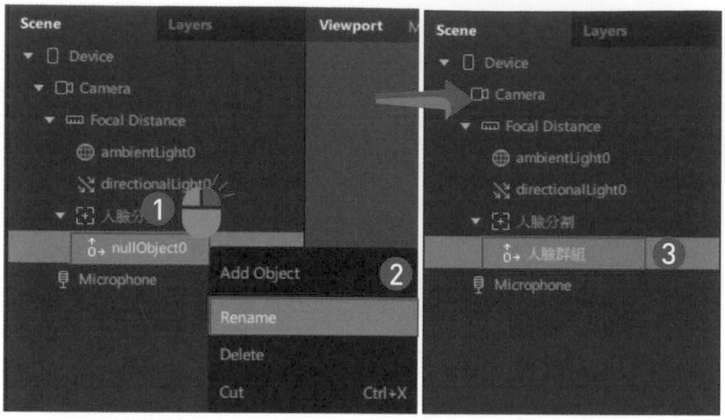

STEP 05 點選「人臉群組」物件，並點擊「滑鼠右鍵 > Add Object > Face Mesh」以增加臉部遮罩。

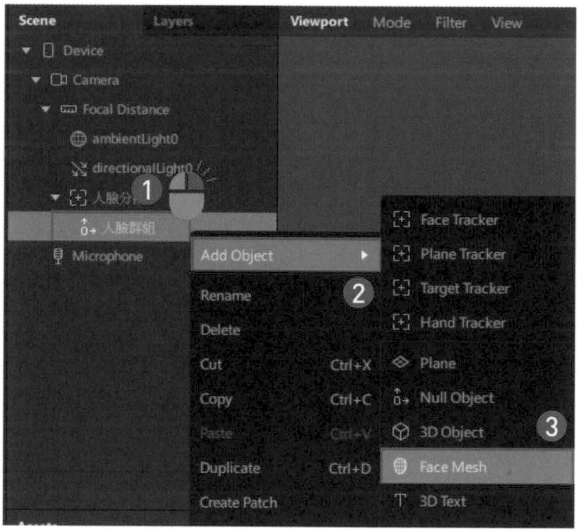

STEP 06 點選「faceMesh0」物件後，點擊「滑鼠右鍵 > Duplicate」，並執行兩次，使複製出兩個相同物件。

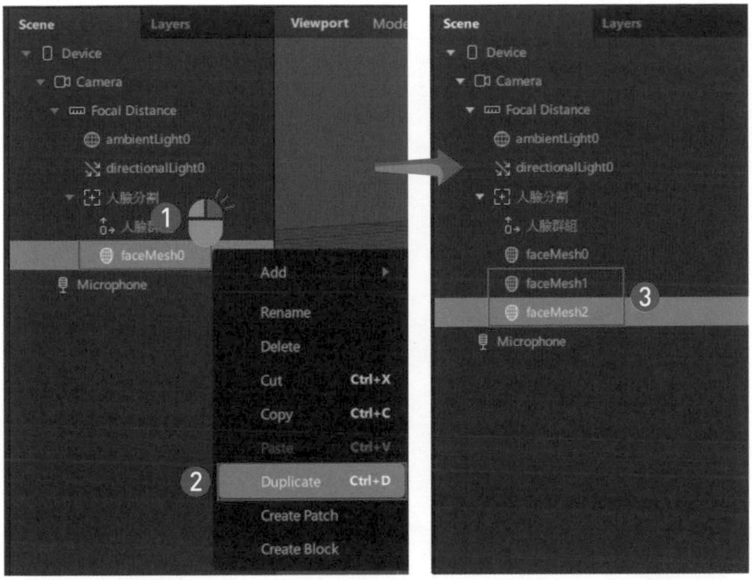

STEP 07 點選「faceMesh0」物件，並點擊「滑鼠右鍵 > Rename」，重新命名為「全臉」。

STEP 08 接續，將「faceMesh1」與「faceMesh2」兩物件名稱改為「左臉」與「右臉」。

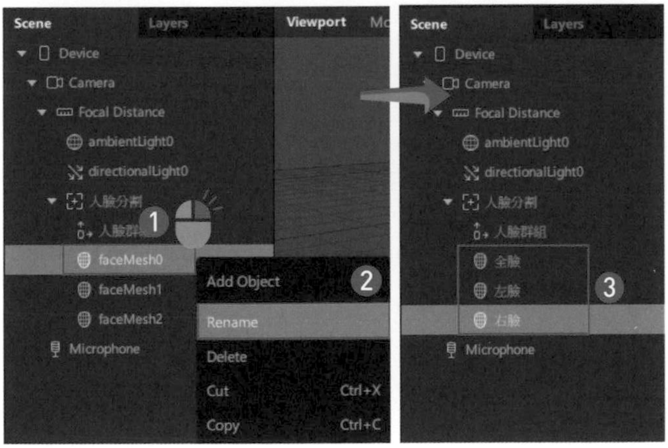

STEP 09 於 Scene 面板中，選取「全臉」、「左臉」與「右臉」三個物件後，拖曳至「人臉群組」物件中。

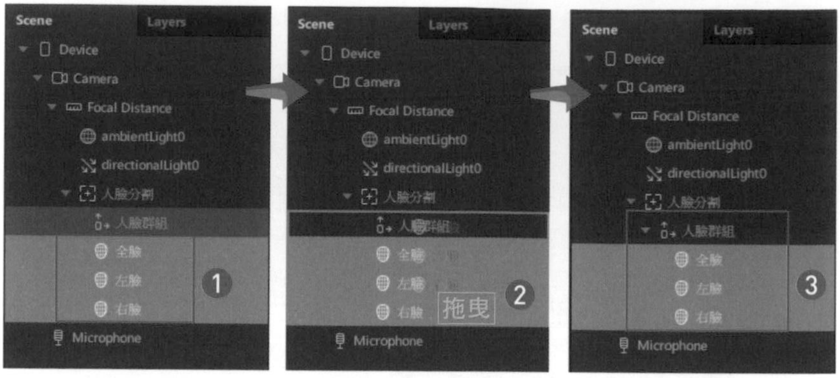

STEP 10 選取「人臉分割」物件，於右側 Inspector 面板中，點擊 Texture Extraction 標籤中之「+」按鈕，將目前的臉部網格追蹤器所偵測到的人臉做為材質。

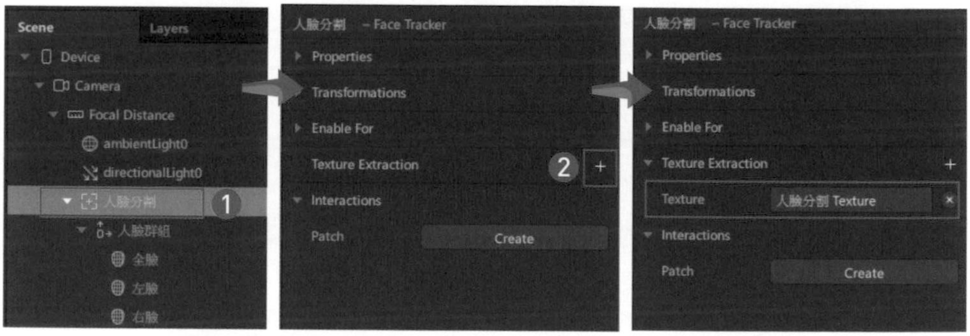

補充說明

人臉分割的原理為，新增三個臉部遮罩，其各自作用說如下：

- 全臉：新增一個材質並覆蓋於正常人臉之上。
- 左臉與右臉：於全臉之上新增左臉與右臉，在材質的設計上只有半張臉，想遮罩的部分為白色，其餘為透明。

8.2.2 全臉

STEP 01 於 Scene 面板中，點選「全臉」物件後，於右側 Inspector 面板中，點擊 Materials 標籤中之「+」按鈕以新增材質球。

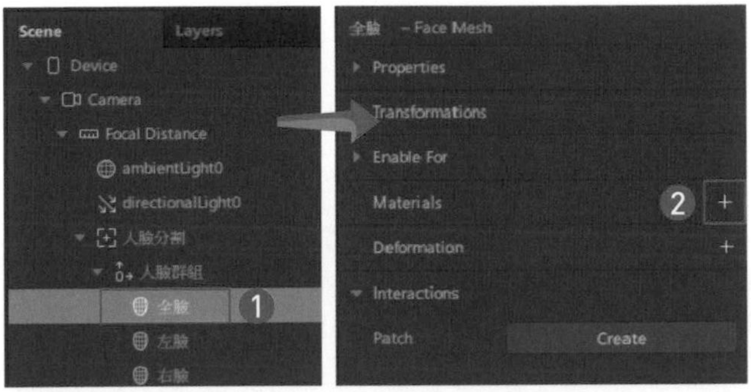

STEP 02 於 Assets 面板中，點選「material0」材質球，並點擊「滑鼠右鍵 > Rename」，重新命名為「全臉」。

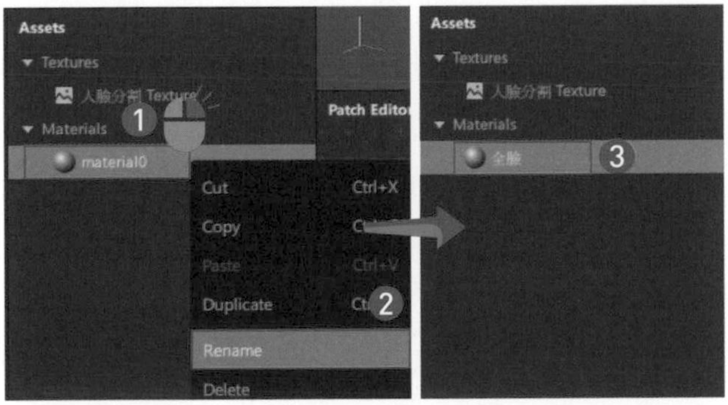

STEP 03 於 Assets 面板中，點選「全臉」材質球的狀態下，於右側 Inspector 面板中，將其 Shader Type 屬性值調整為「Flat」。

STEP 04 接續，點擊「Texture 屬性 > New Texture」以開啟載入檔案視窗。

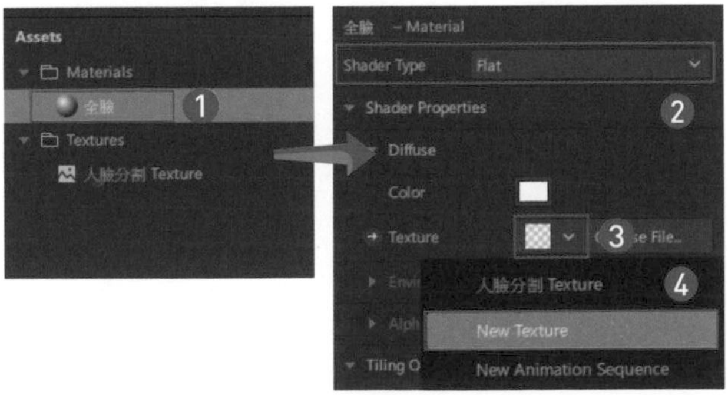

STEP05 載入「dark-galaxy-background.jpg」檔案。

➢ 檔案路徑：ch8 人臉分割 > 素材

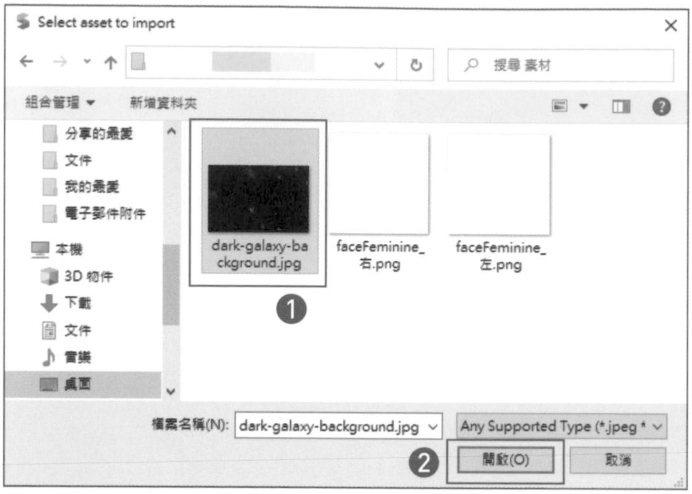

STEP06 於Scene面板中，點選「全臉」臉部遮罩物件狀態下，首先於右側Inspector面板中，將其 Properties 標籤中之「Eyes」與「Mouth」兩屬性值「取消勾選」，使其遮罩效果不包含眼睛與嘴巴。

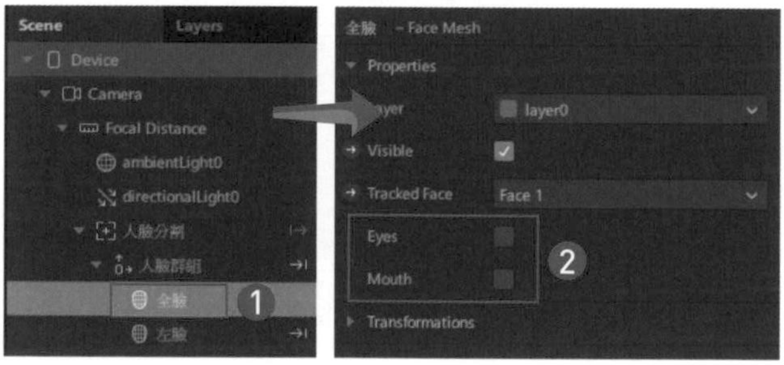

STEP07 於 Viewport 面板與模擬器中可看到臉部貼上的新材質效果。

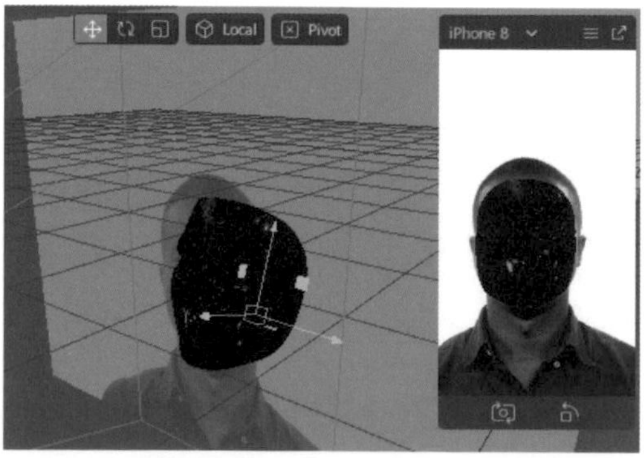

8.2.3 左臉

STEP01 於 Scene 面板中，點選「左臉」物件後，於右側 Inspector 面板中，點擊 Materials 標籤中之「+」按鈕以新增材質球。

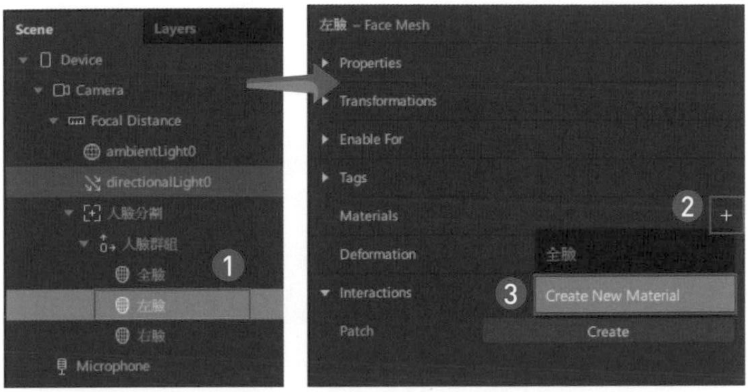

STEP02 於 Assets 面板中，點選「material0」材質球，並點擊「滑鼠右鍵 > Rename」，重新命名為「左臉」。

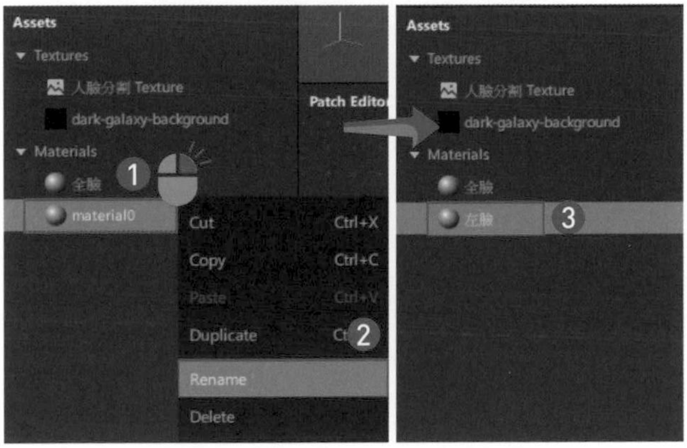

STEP 03 於 Assets 面板中，點選「左臉」材質球的狀態下，於右側 Inspector 面板中，將其 Shader Type 屬性值調整為「Flat」。

STEP 04 接續，點擊「Texture 屬性 > 人臉分割 Texture」選項。

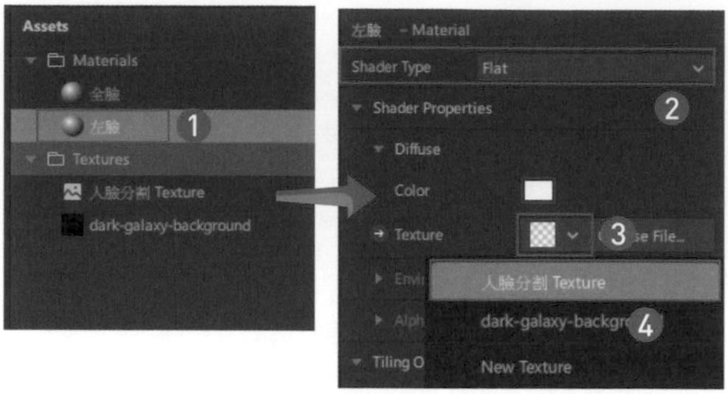

STEP 05 接續，「勾選」Alpha 標籤，使展開該標籤選項。

STEP 06 於 Alpha 標籤中，點擊「Texture 屬性 > New Texture」以開啟載入檔案視窗。

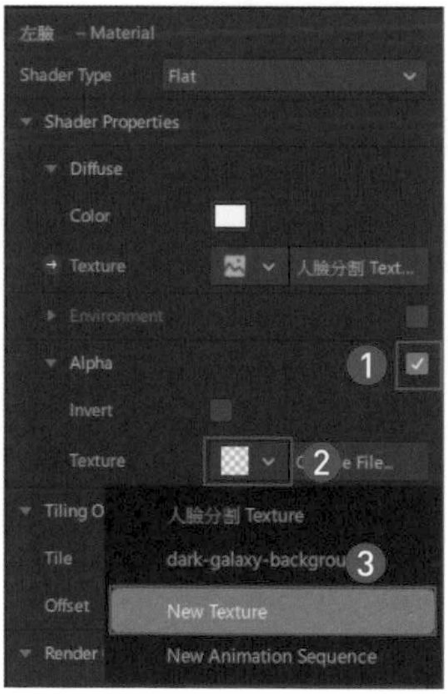

STEP 07 載入「face_ 左 .png」檔案。

➢ 檔案路徑：ch8 人臉分割 > 素材

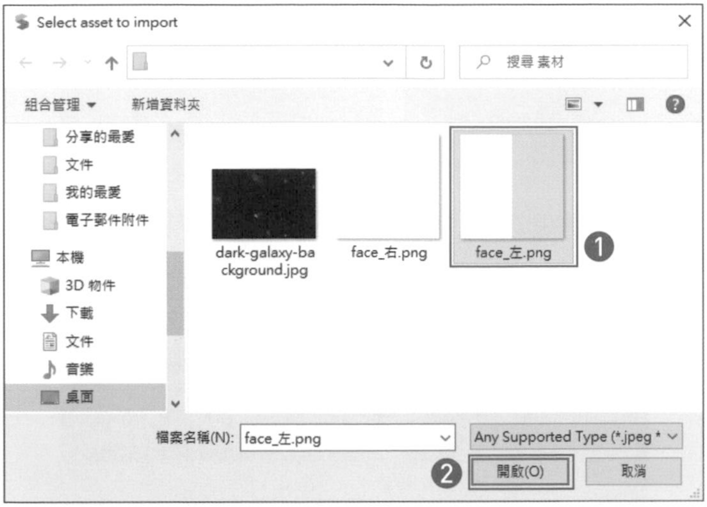

STEP 08 於 Scene 面板中，點選「左臉」臉遮罩物件狀態下，於右側 Inspector 面板中，將其 Properties 標籤中之「Eyes」與「Mouth」兩屬性值「取消勾選」，使其臉部遮罩不包含眼睛與嘴巴。

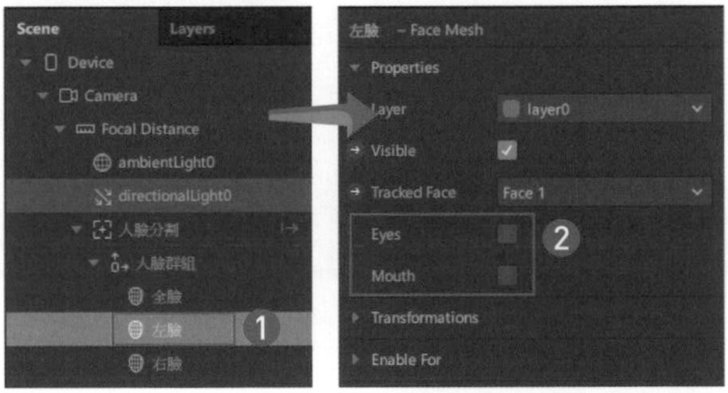

STEP 09 於 Viewport 面板與模擬器中可看到左臉效果覆蓋在全臉遮罩之上。

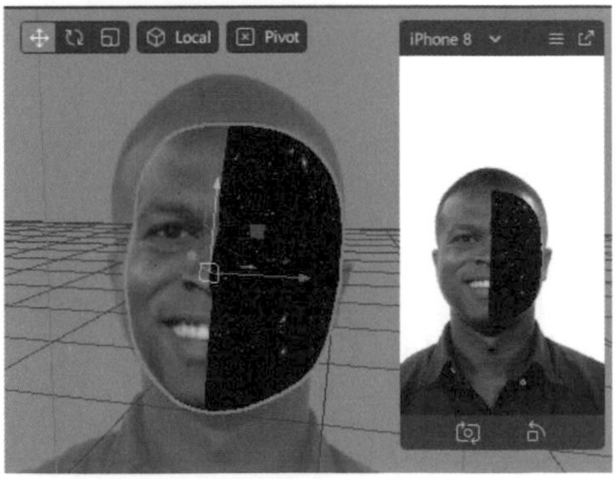

8.2.4 右臉

STEP 01 於 Scene 面板中，點選「右臉」物件後，於右側 Inspector 面板中，點擊 Materials 標籤中之「+」按鈕以新增材質球。

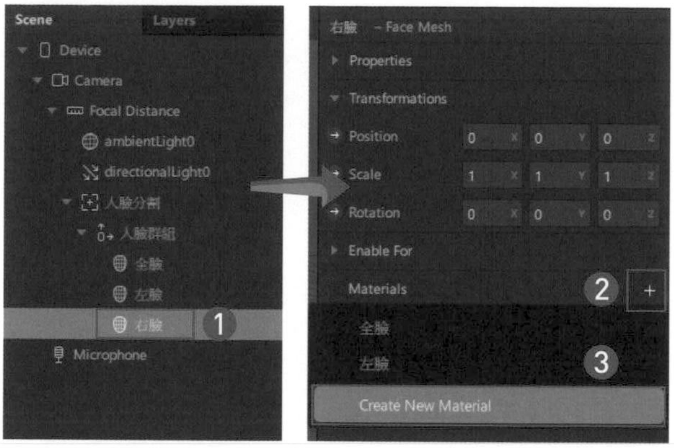

STEP 02 於 Assets 面板中，點選「material0」材質球，並點擊「滑鼠右鍵 > Rename」，重新命名為「右臉」。

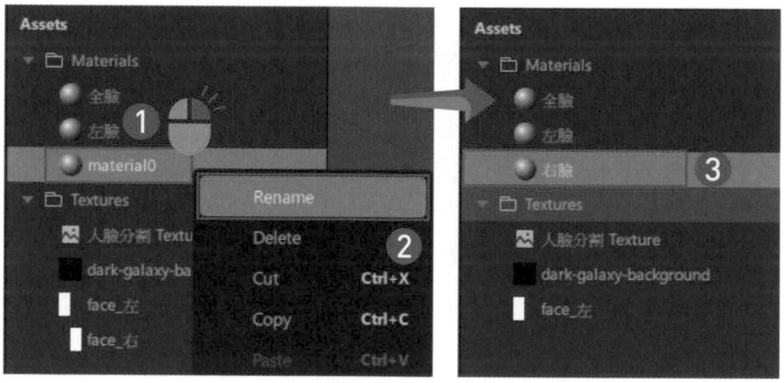

STEP 03 於 Assets 面板中，點選「左臉」材質球的狀態下，於右側 Inspector 面板中，將其 Shader Type 屬性值調整為「Flat」。

STEP 04 接續，點擊「Texture 屬性 > 人臉分割 Texture」選項。

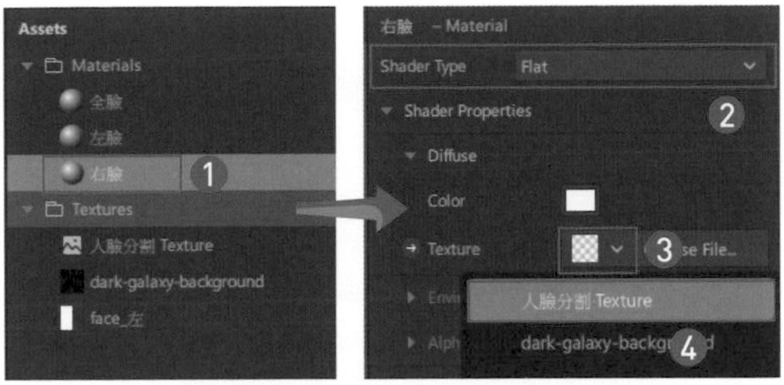

STEP 05 接續，「勾選」Alpha 標籤，使展開該標籤選項。

STEP 06 於 Alpha 標籤中，點擊「Texture 屬性 > New Texture」以開啟載入檔案視窗。

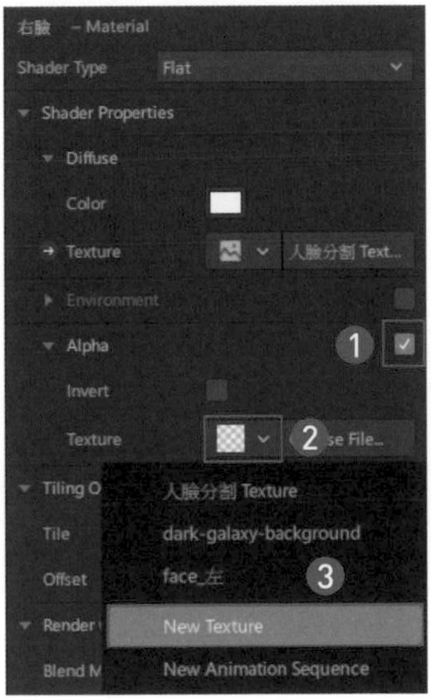

STEP 07 載入「face_ 右 .png」檔案。

➢ 檔案路徑：ch8 人臉分割 > 素材

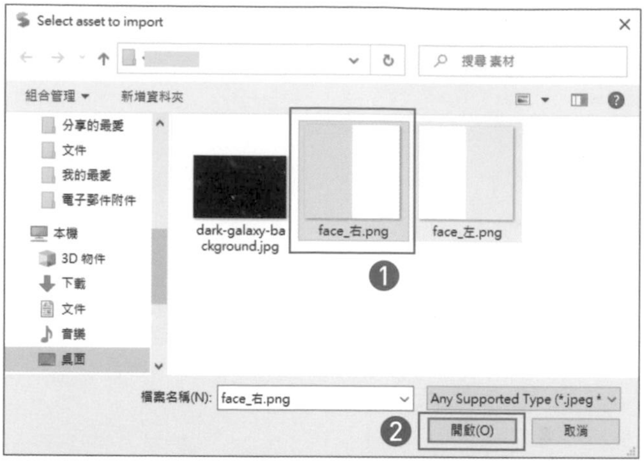

STEP 08 於 Scene 面板中，點選「右臉」臉遮罩物件狀態下，於右側 Inspector 面板中，將其 Properties 標籤中之「Eyes」與「Mouth」兩屬性值「取消勾選」，使其臉部遮罩不包含眼睛與嘴巴。

STEP 09 於 Viewport 面板與模擬器中可看到右臉效果覆蓋在全臉遮罩之上。

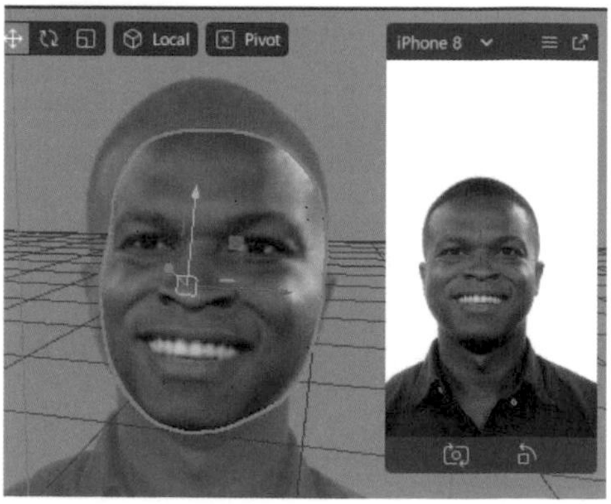

8.3 邏輯設計

8.3.1 顯示與隱藏的控制

此小節在邏輯編排的主要需求為，當濾鏡開啟時，全臉、左臉與右臉三個臉部遮罩初始狀態均為隱藏，因此利用嘴巴張開作為觸發事件，使對人臉分割物件進行顯示與隱藏的控制。

STEP01 於 Scene 面板中，點選「人臉分割」物件，且於右側 Inspector 面板中，點擊 Patch 屬性的「Create 按鈕 > Mouth Open」，使自動產生張開嘴巴時的對應模塊內容。

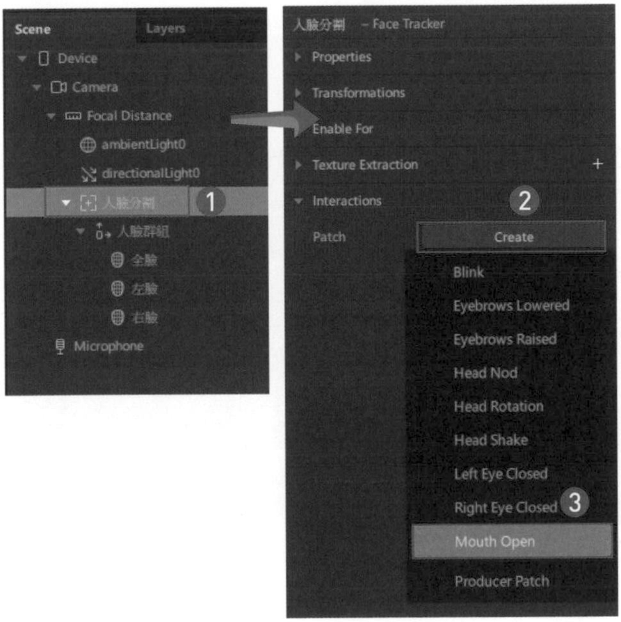

STEP02 於 Patch Editor 面板中，可看見「Mouth Open」的邏輯組合。

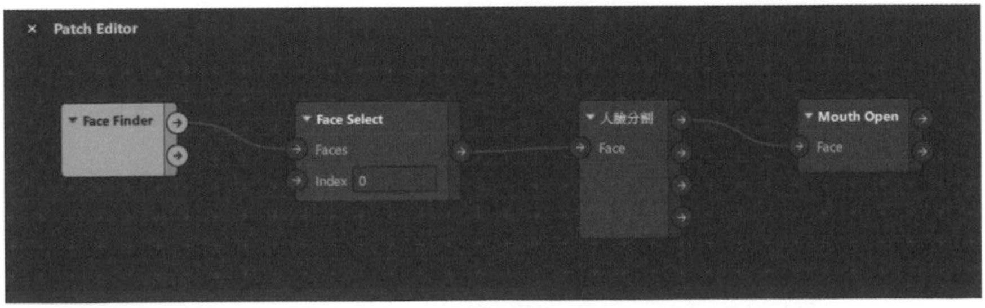

STEP 03 於 Patch Editor 面板中，點擊滑鼠左鍵兩下新增模塊，所需新增模塊與數量如下：

- Pulse：1 個。
- Switch：1 個。

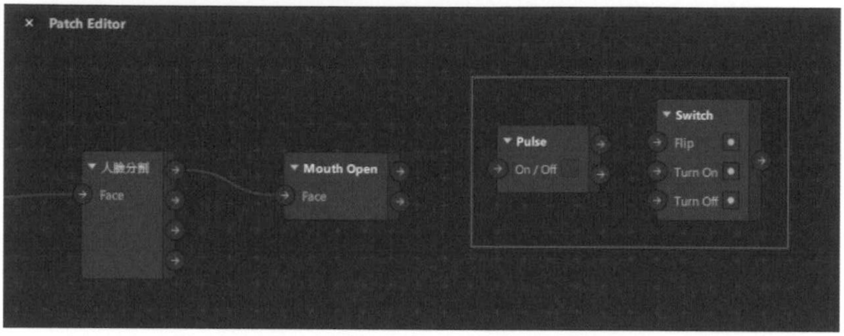

STEP 04 於 Scene 面板中，選取「人臉群組」物件，且於右側 Inspector 面板中，點擊 Visible 屬性旁的 ➔ 按鈕，將該屬性改由模塊進行控制。

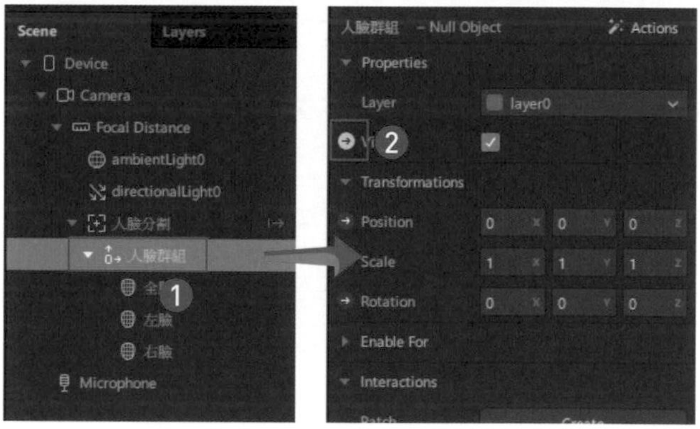

STEP05 調整 Patch Editor 面板中各模塊的位置，並將彼此間進行連線以完成運算邏輯的編排，結果如圖所示。

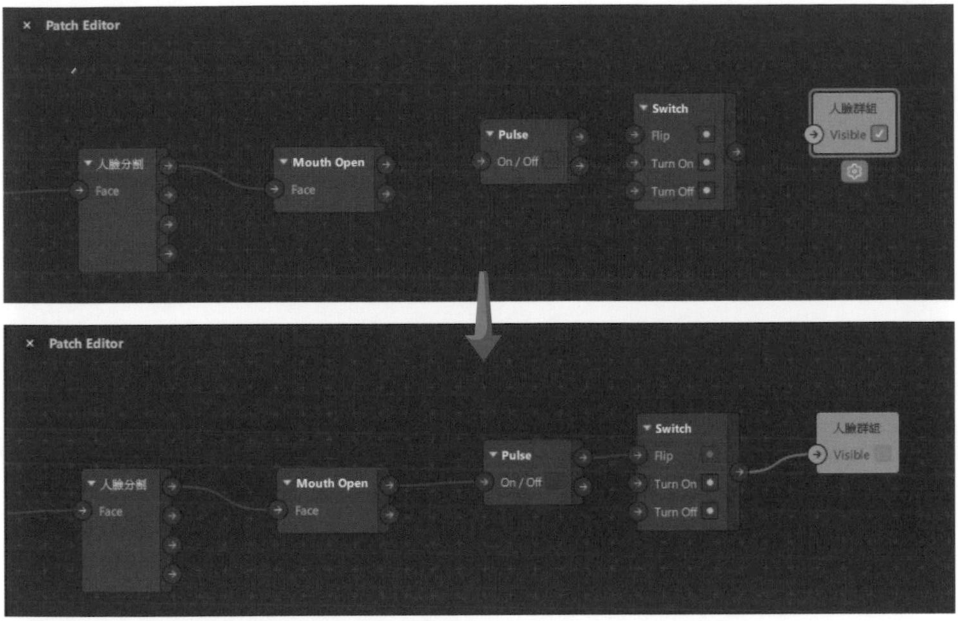

8.3.2 觸發分割動作與還原

此小節在邏輯編排的主要需求為，當張開嘴巴後，同時會觸發左臉與右臉的分割動畫，此時點擊螢幕則會將分割的左臉與右臉還原到初始位置。

STEP01 於 Patch Editor 面板中，點擊滑鼠左鍵兩下新增模塊，所需新增模塊與數量如下：

- Screen Tap：1 個。
- Animation：1 個。
- Transition：2 個。

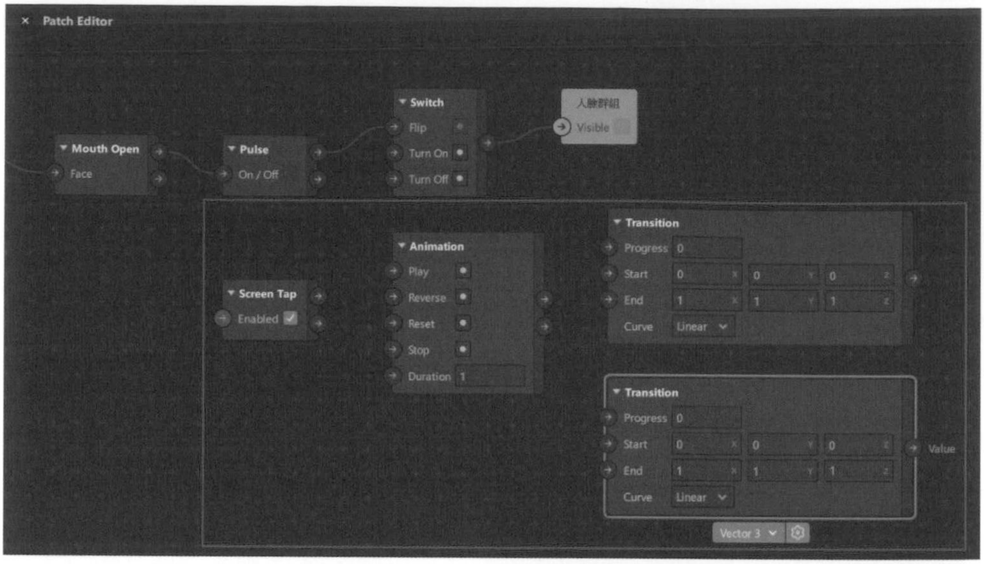

STEP02 於 Viewport 面板中，點擊「View > Back」，藉此調整攝影機畫面使方便調整分割的人臉位置。

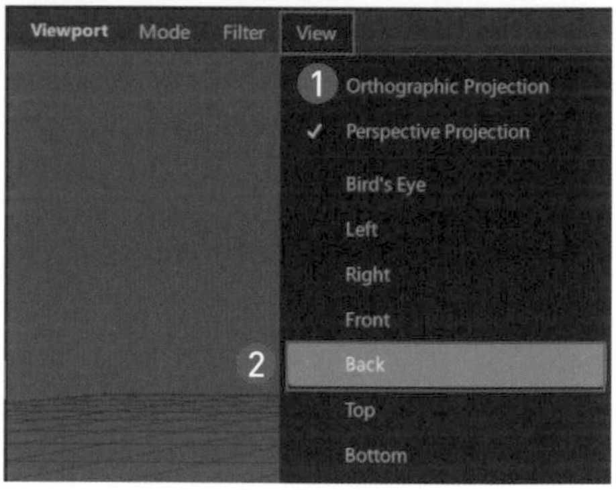

STEP03 於 Scene 面板中，選取「左臉」物件，且於 Viewport 面板中選取「✥」按鈕，並將其左臉向左移動到超出全臉的位置。

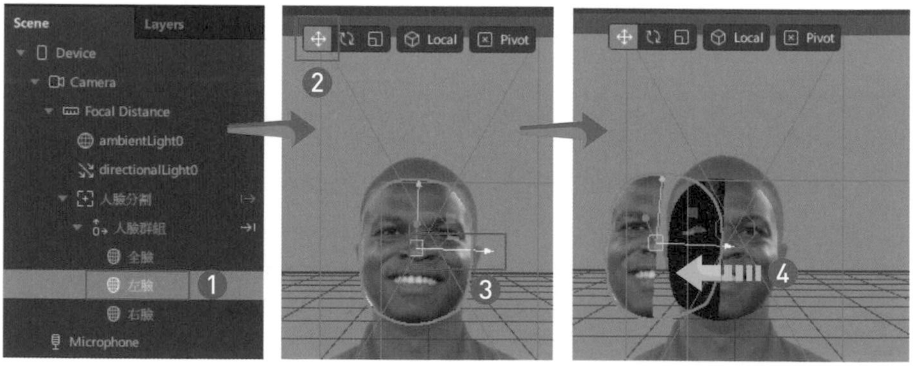

STEP 04 此時，於右側 Inspector 面板中，將其 Position 屬性值輸入到 Patch Editor 面板之上方的 Transition 模塊的「End」屬性中，作為移動後的終止位置。

STEP 05 接續，調整 Transition 相關屬性，調整屬性如下：

- Start：0、0、0.001。
- End：-0.08146、0、0.001。
- Curve：Quartic Out。

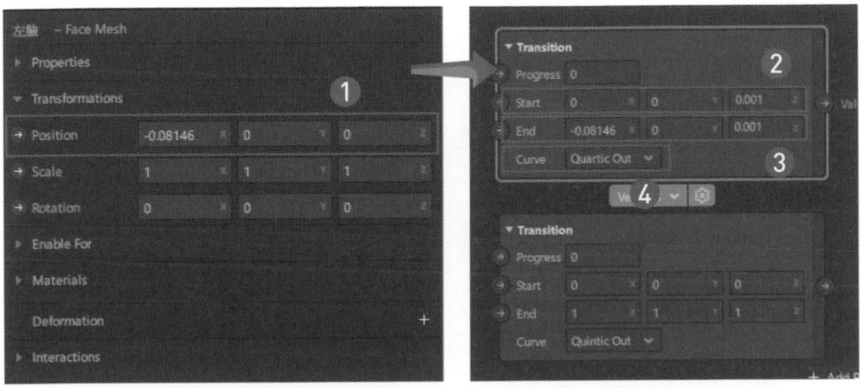

STEP 06 同理，於 Scene 面板中，選取「右臉」物件，且於 Viewport 面板中選取「」按鈕，並將其右臉向右移動到超出全臉的位置。

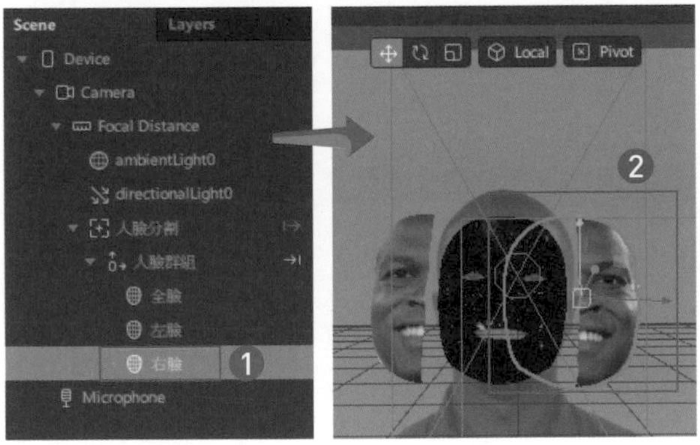

STEP 07 此時，於右側 Inspector 面板中，將其 Position 屬性值輸入到 Patch Editor 面板中之上方的 Transition 模塊的「End」屬性中，作為移動後的終止位置。

STEP 08 接續，調整 Transition 相關屬性，調整屬性如下：

- Start：0、0、0.002。
- End：0.08146、0、0.002。
- Curve：Quartic Out。

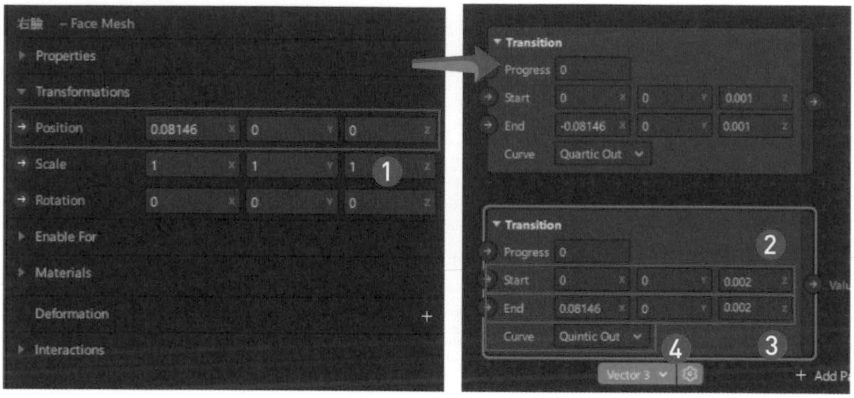

STEP 09 於 Patch Editor 面板中，將點擊上方 Transition 模塊的標題兩下後進行重新命名，名稱為「左臉」。

STEP 10 接續，點擊下方 Transition 模塊的標題兩下後進行重新命名，名稱為「右臉」。

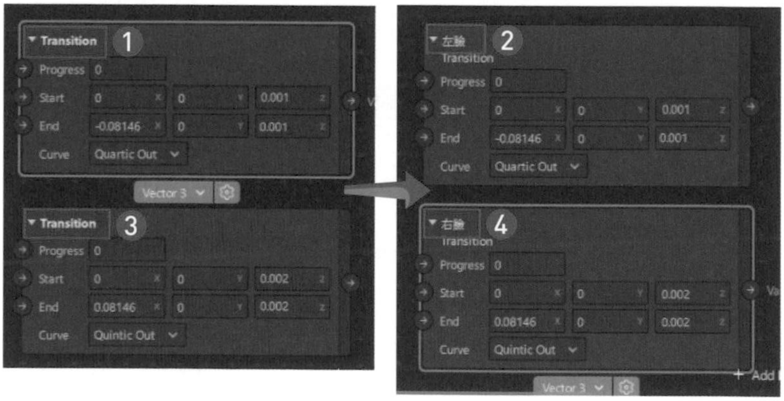

STEP 11 於 Scene 面板中，點選「左臉」物件，且於右側 Inspector 面板中，點擊 Position 屬性旁的 ➔ 按鈕，將該屬性改由模塊進行控制。

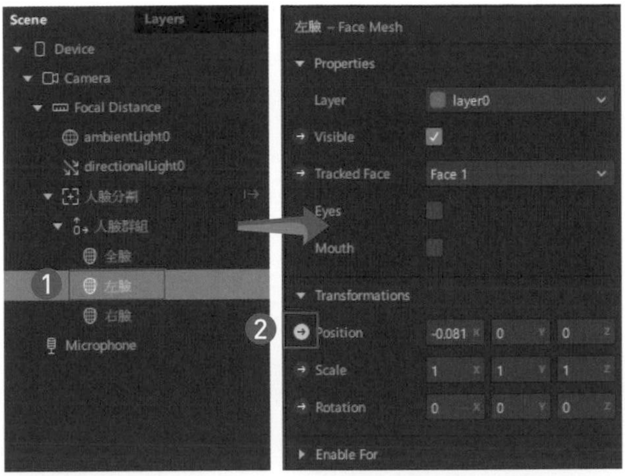

STEP 12 接續，於 Scene 面板中，點選「右臉」物件，且於右側 Inspector 面板中，點擊 Position 屬性旁的 ➔ 按鈕，將該屬性改由模塊進行控制。

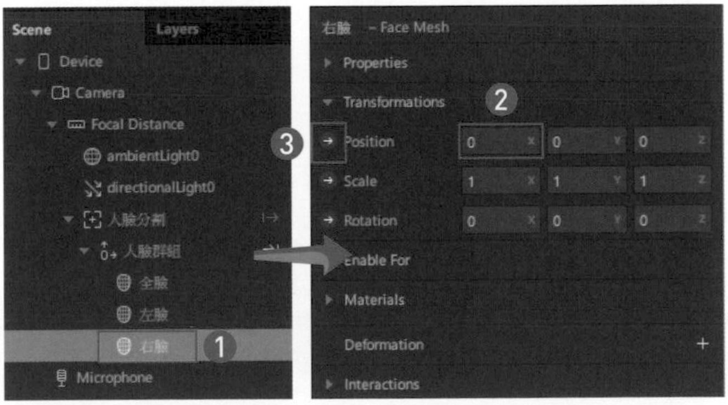

STEP 13 調整 Patch Editor 面板中各模塊的位置。

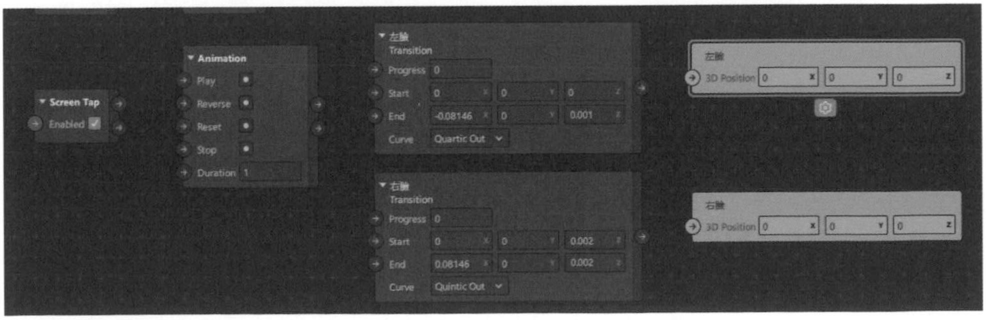

STEP 14 將彼此間進行連線以完成運算邏輯的編排，結果如圖所示。當中需在 Switch 模塊之輸出值與 Animation 模塊的 Play 值進行連接，使當嘴巴張開時會一併執行分割效果，連接過程中 Pules 模塊會自動產生。

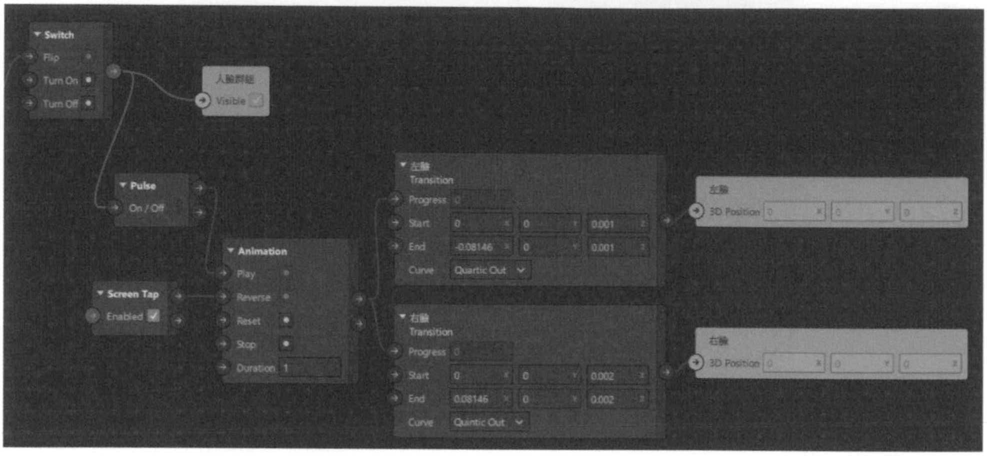

8.4 濾鏡測試

STEP 01 點擊「File > Save」或快速鍵 (Ctrl + S) 來儲存專案。

STEP 02 點擊「Test on device」按鈕後，於 Test on device 面板中選擇要測試的平台或方式。本節以點擊 Facebook 的「Send」按鈕進行測試為例，待發佈成功後可於 Facebook App 中進行濾鏡特效測試。

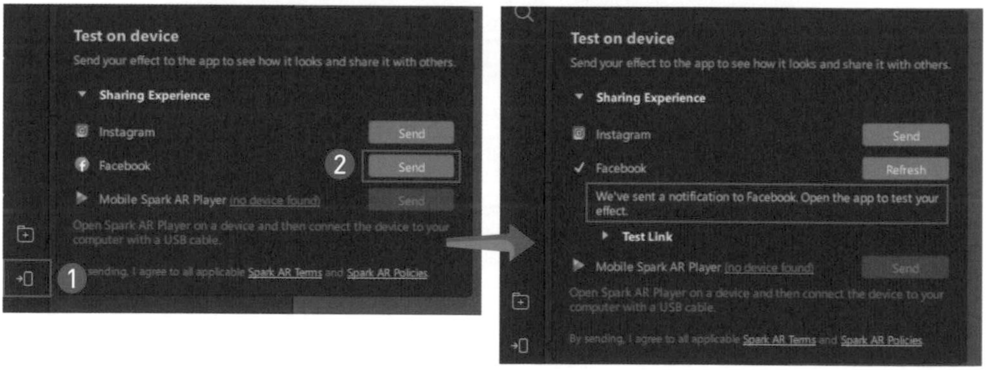

STEP 03 專案製作完畢，發佈上架流程請參考第 19 章。

CHAPTER 09

吸血鬼

★★★★★

每當萬聖節的腳步愈來愈近，各種化妝派對也如雨後春筍般冒出，此時就是互相較勁化妝效果的擬真度、驚嚇指數、創意度的時候了。透過簡單的特效來看看自己適合哪種裝扮吧！還可以先嚇嚇朋友喔！

學習重點

(1) 頭髮紋理。

(2) 美肌。

(3) AR Library 中 Blocks 的使用。

(4) 瞳孔變色。

(5) 牙齒與嘴巴的對位。

SPARK AR 範例效果下載

9.1 建立專案

STEP01 開啟 Spark AR Studio 軟體。

STEP02 於 Spark AR Studio 中點擊「Sharing Experience」以建立新專案。

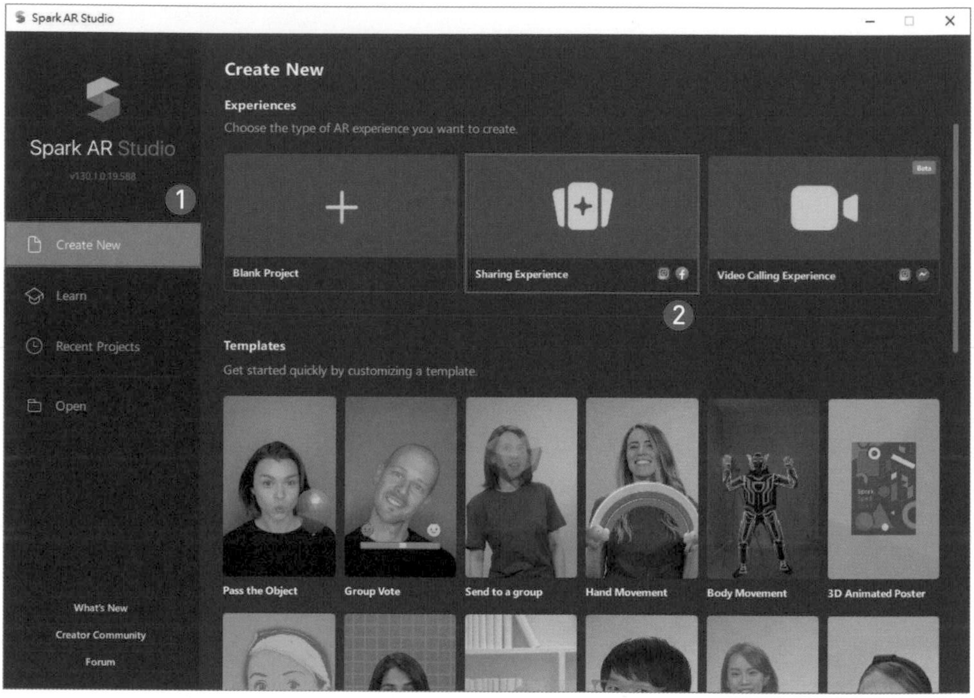

STEP03 點擊「File > Save」或快速鍵 (Ctrl + S) 以儲存專案。

STEP04 儲存名稱為「吸血鬼」。

9.2 內容建立

9.2.1 背景

STEP01 於 Scene 面板中，點選「Focal Distance」物件，並點擊「滑鼠右鍵 > Add Object > Canvas」以增加畫布物件。

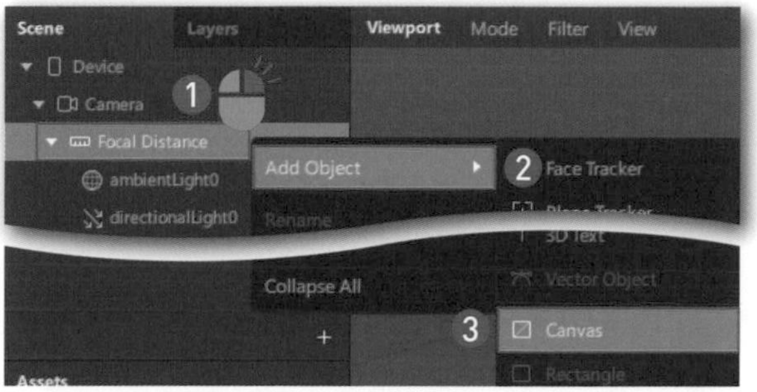

STEP02 點選「canvas0」物件，並點擊「滑鼠右鍵 > Rename」，重新命名為「框」。

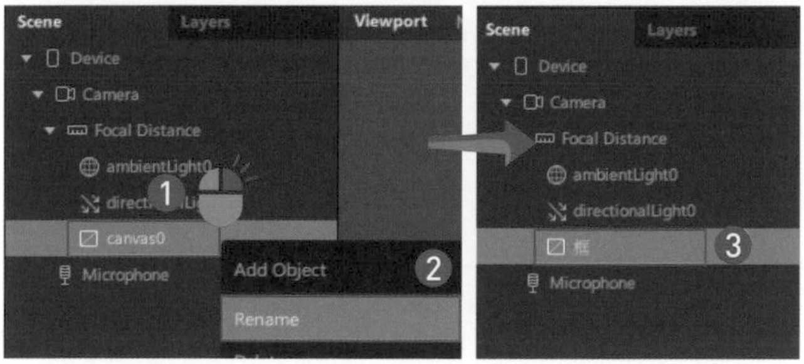

STEP03 點選「框」畫布物件，並點擊「滑鼠右鍵 > Add Object > Rectangle」以增加矩形物件。

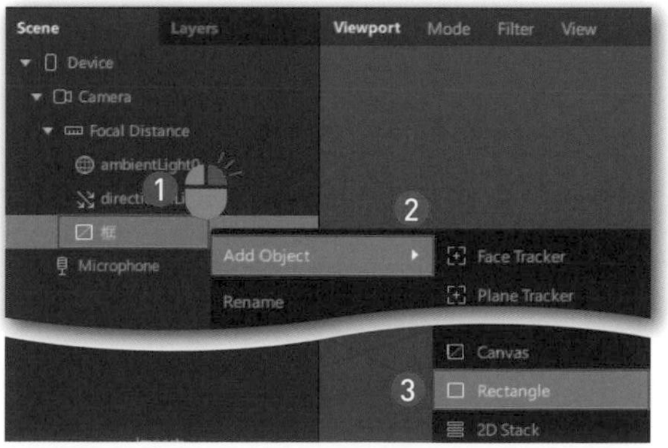

STEP 04 點選「rectangle0」物件，並點擊「滑鼠右鍵 > Rename」，重新命名為「外框」。

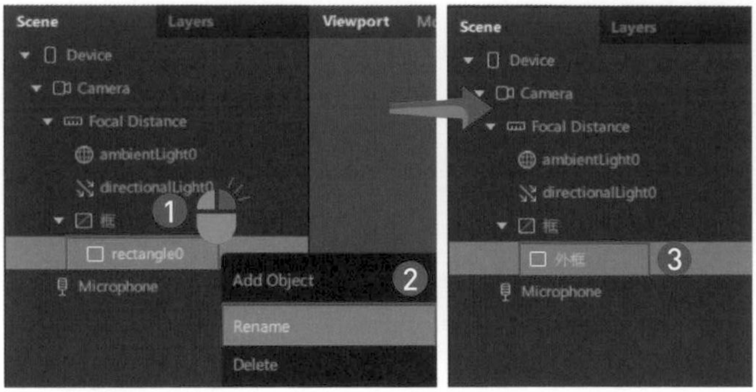

STEP 05 點選「外框」物件狀態下，於右側 Inspector 面板中，分別點擊 Width 與 Height 兩者屬性值，並逐步選取「Fill Width」與「Fill Height」，使其物件的尺寸會自動填滿整個 Canvas 畫布大小。

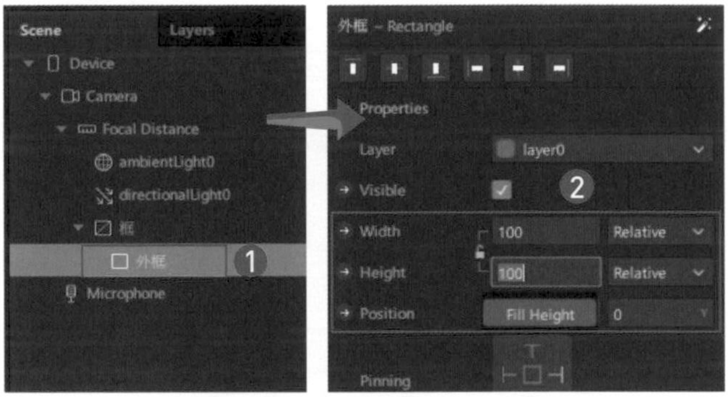

STEP 06 接續，點擊 Materials 標籤中之「+」按鈕以新增材質球。

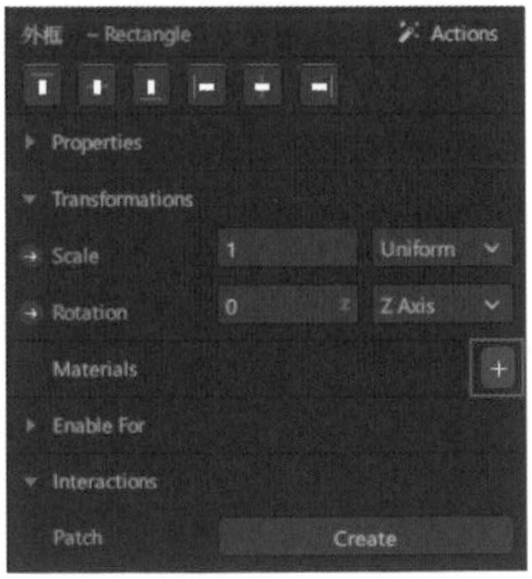

STEP07 於 Assets 面板中，點選「material0」材質球，並點擊「滑鼠右鍵 > Rename」，重新命名為「外框」。

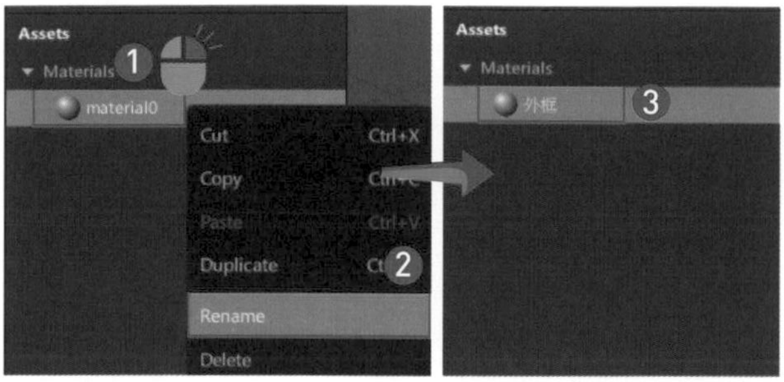

STEP08 點選「外框」材質球的狀態下，於右側 Inspector 面板中，將其 Shader Type 屬性值調整為「Flat」。

STEP09 接續，點擊「Texture 屬性 > New Texture」以開啟載入檔案視窗。

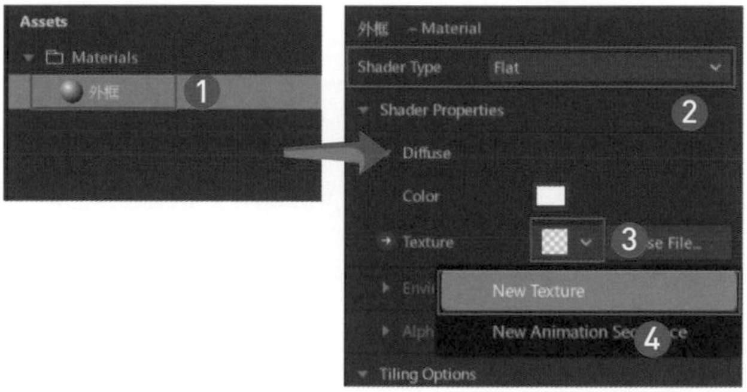

STEP10 載入「蝙蝠 .png」檔案。

➢ 檔案路徑：ch9 吸血鬼 > 素材

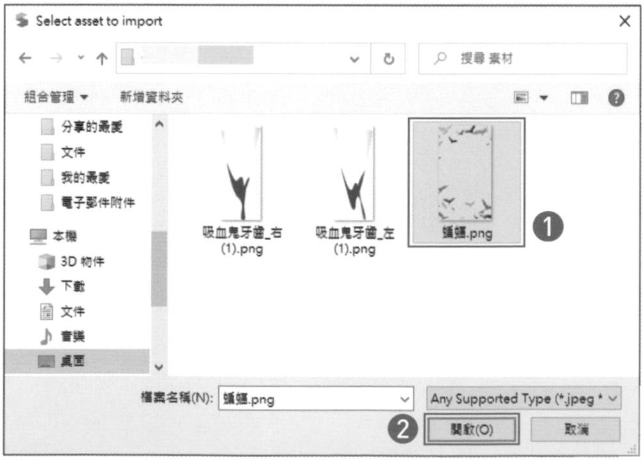

STEP11 於 Viewport 面板與模擬器中可看到蝙蝠背景的效果。

9.2.2 頭髮

STEP01 點選「框」畫布物件，並點擊「滑鼠右鍵 > Add Object > Rectangle」以增加矩形物件。

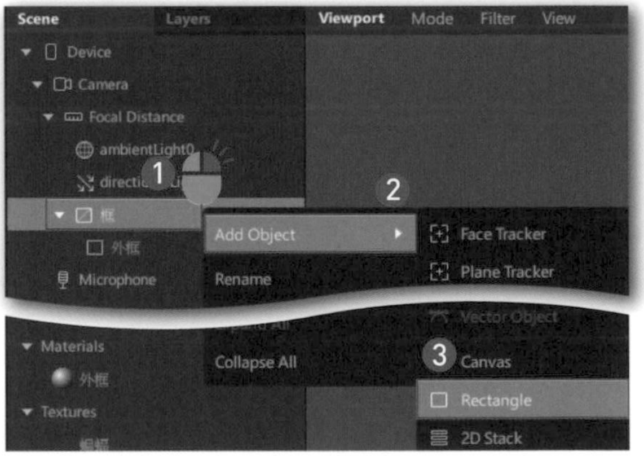

STEP02 點選「rectangle0」物件，並點擊「滑鼠右鍵 > Rename」，重新命名為「頭髮」。

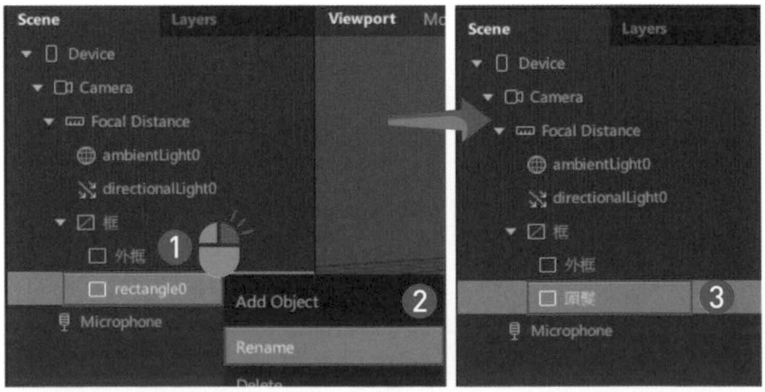

STEP03 點選「頭髮」物件狀態下，於右側 Inspector 面板中，分別點擊 Width 與 Height 兩者屬性值，並逐步選取「Fill Width」與「Fill Height」，使其物件的尺寸會自動填滿整個 Canvas 畫布大小。

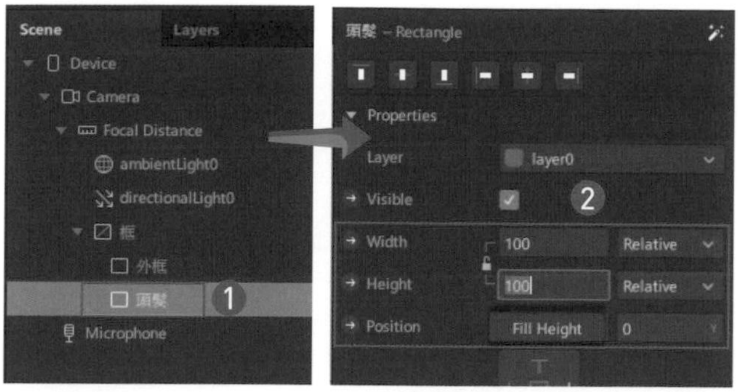

STEP04 於 Scene 面板中，點選「Camera」物件，於右側 Inspector 面板中，點擊 Texture Extraction 標籤中之 Texture 的「+」按鈕，將目前的鏡頭紋理作為材質。

STEP05 接續，點擊 Segmentation 的「+ > Hair」按鈕，將目前的鏡頭中的頭髮作為相互作用之來源。

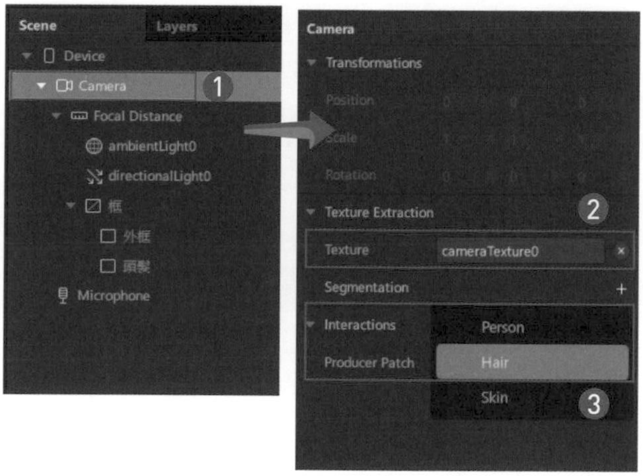

STEP06 點擊「Remove Facebook」按鈕，使該範例移除發佈成 Facebook 濾鏡的選項。

補充說明

Instagram 雖然是 Facebook 旗下的品牌，且濾鏡功能上也很類似，但某些追蹤器只能在特定的平台使用，如 Hair 僅能在 Instagram 中使用。或者同樣的功能在兩平台間的表現結果卻大不相同，如 Gallery Texture。

STEP07 於 Scene 面板中，點選「頭髮」物件，於右側 Inspector 面板中，點擊 Materials 標籤中之「+ > Create New Material」選項以新增材質球。

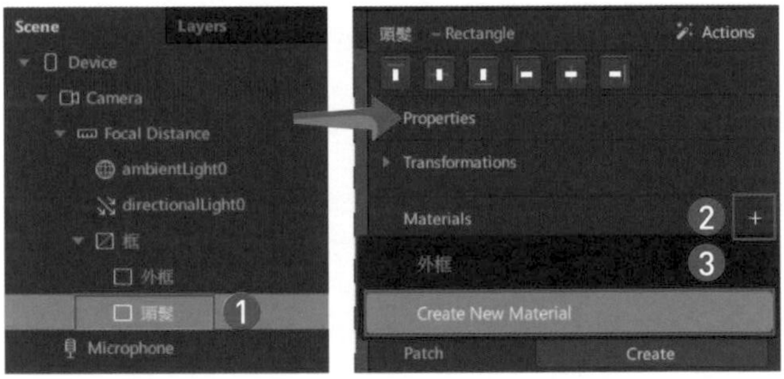

STEP08 於 Assets 面板中，點選「material0」材質球，並點擊「滑鼠右鍵 > Rename」，重新命名為「頭髮」。

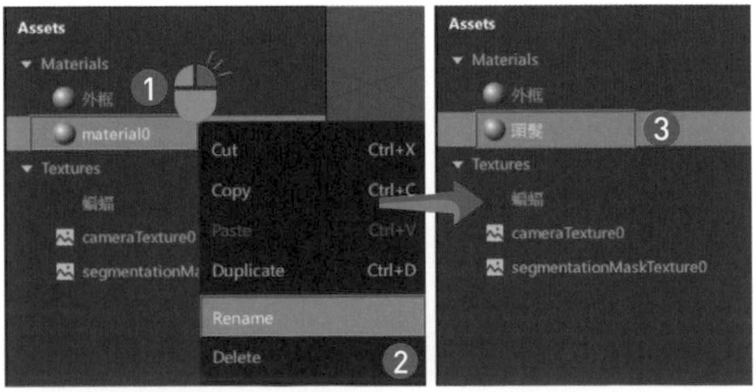

STEP 09 點選「頭髮」材質球的狀態下，於右側 Inspector 面板中，將其 Shader Type 屬性值調整為「Flat」。

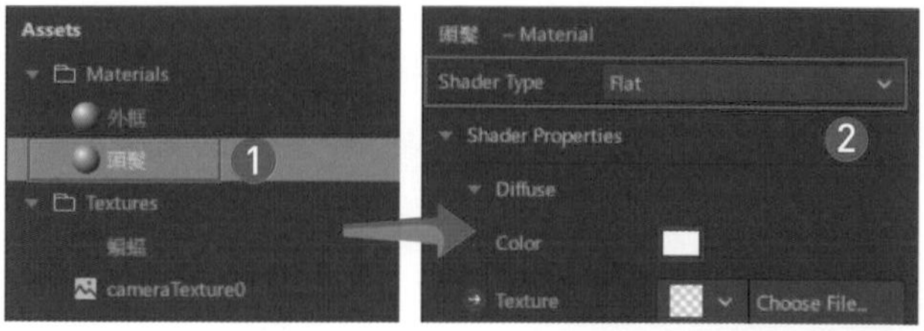

STEP 10 接續，「勾選」Alpha 標籤，使展開該標籤選項。

STEP 11 於 Alpha 標籤中，點擊「Texture 屬性 > segmentationMaskTexture0」以套用其材質。

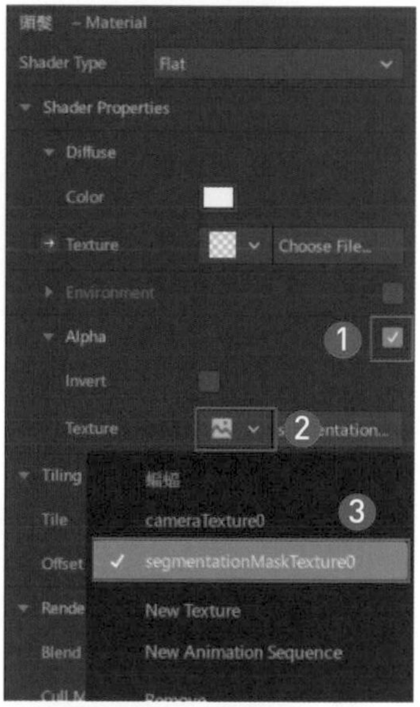

STEP 12 於模擬器中可看見人物頭髮變為白色的效果。

9.2.3 美肌

STEP01 於 Scene 面板中，點選「Focal Distance」物件，並點擊「滑鼠右鍵 > Add Object > Face Mesh」以增加臉部網格追蹤器與臉部遮罩。

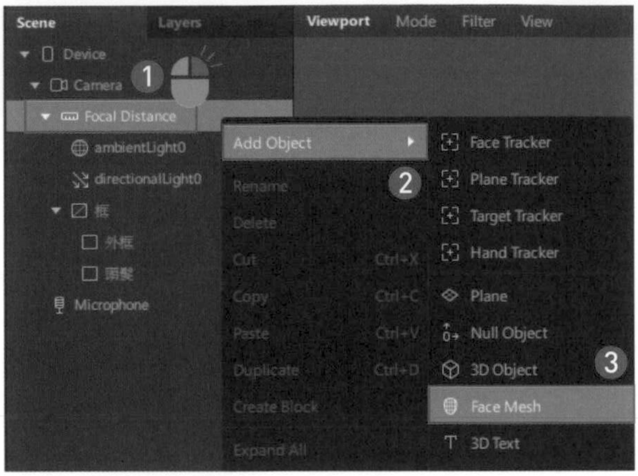

STEP02 點選「faceMesh0」物件，並點擊「滑鼠右鍵 > Rename」，重新命名為「美肌」。

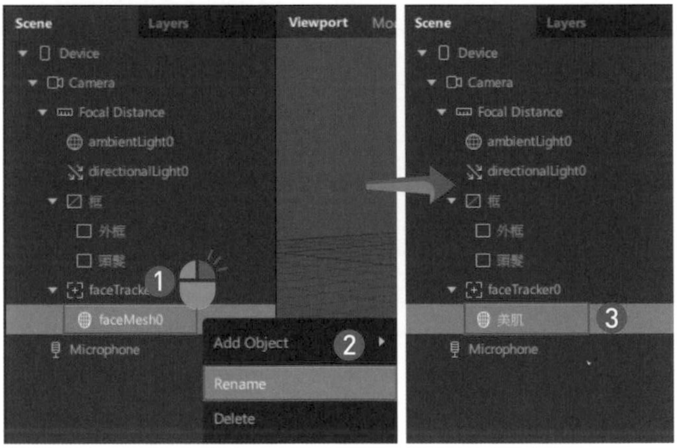

STEP03 點選「美肌」物件後，於右側 Inspector 面板中，點擊 Materials 標籤中之「+ > Create New Material」按鈕以新增材質球。

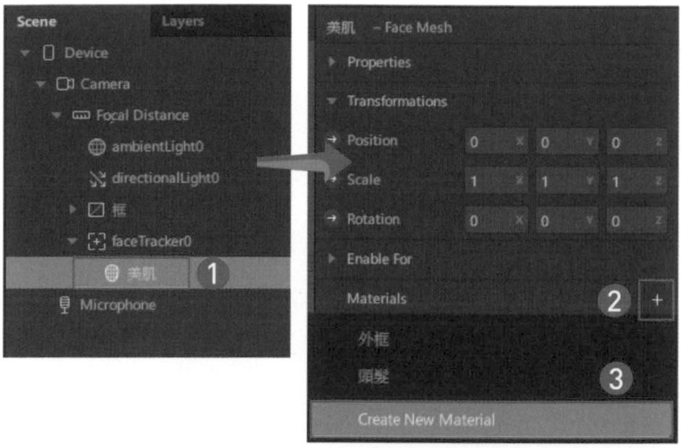

STEP04 於 Assets 面板中，點選「material0」材質球，並點擊「滑鼠右鍵 > Rename」，重新命名為「美肌」。

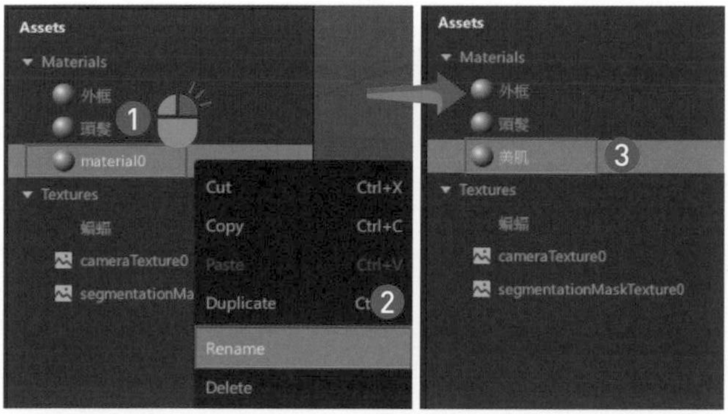

STEP05 點選「美肌」材質球的狀態下，於右側 Inspector 面板中，將其 Shader Type 屬性值調整為「Retouching」。

STEP06 接續，將 Skin Smoothing 屬性值調整至「85」，使臉部肌膚看起來較平滑。

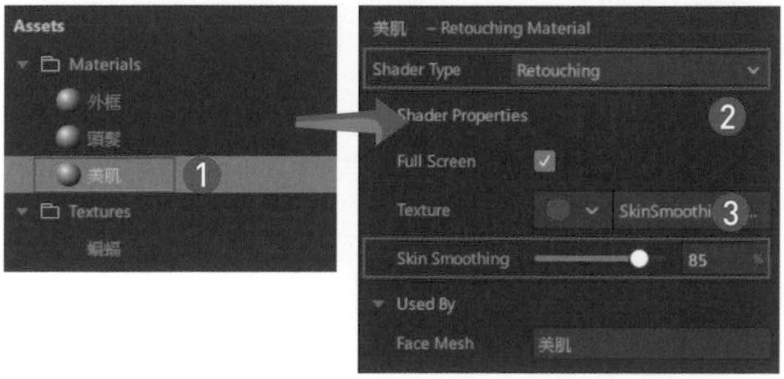

9.2.4 瞳孔

Spark AR Studio 在 AR Library 部分提供了眾多的資源供創作者使用，藉此方式可大幅縮短尋找素材、模塊開發及擔心版權等問題。在此小節中會運用到 Blocks 中的功能，使我們輕鬆就能改變瞳孔的顏色。

STEP 01 於工具欄中，點擊「AR Library」按鈕。

STEP 02 點擊左側「Blocks」選項，並於右側 Blocks 頁面中點擊「View All」按鈕，查閱所有內容。

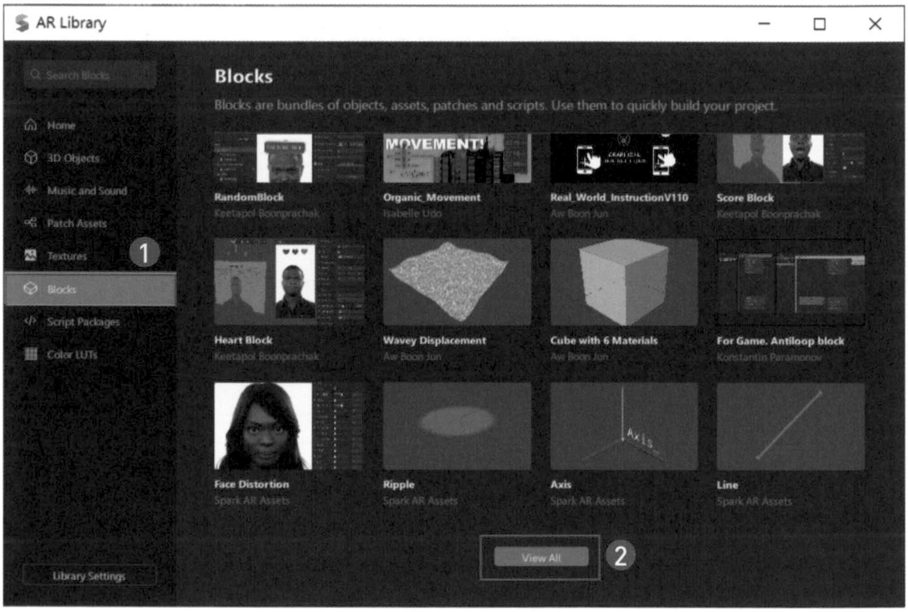

STEP03 從列表中尋找並點擊「Eye Color」進入該說明頁面。

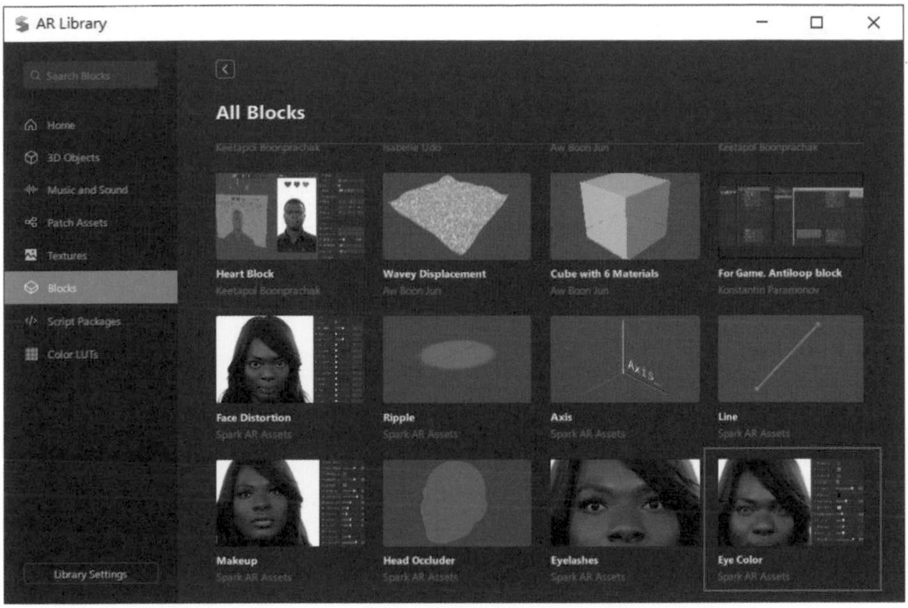

STEP04 點擊「Import Free」按鈕，將該「Eye Color」Blocks 載入至專案中。

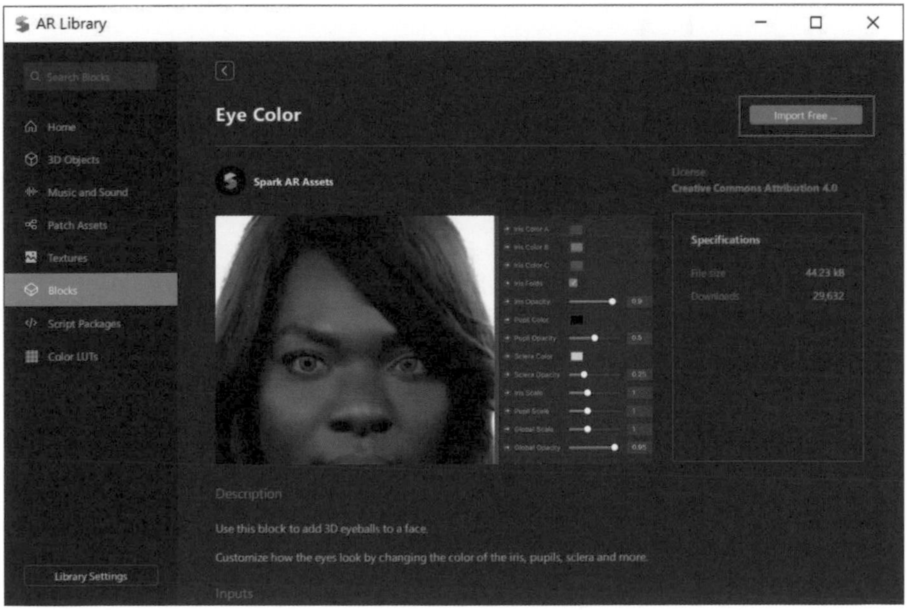

STEP 05 於 Assets 面板中，點選「eyeColor」Blocks 後，將其拖曳至 Scene 面板中的「Focal Distance」物件下，使其成為可使用的物件。

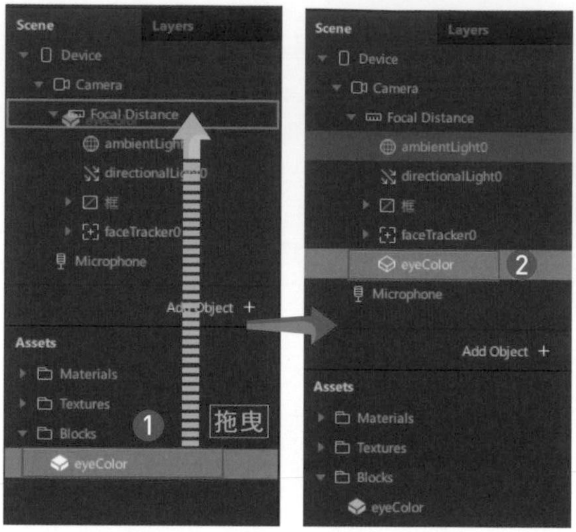

STEP 06 於 Scene 面板中，點選「eyeColor」物件，於右側 Inspector 面板中，調整 Inputs 標籤中的三個顏色，調整顏色如下：

- Iris Color A：#ff0004。
- Iris Color B：#fdff53。
- Iris Color C：#ff0004。

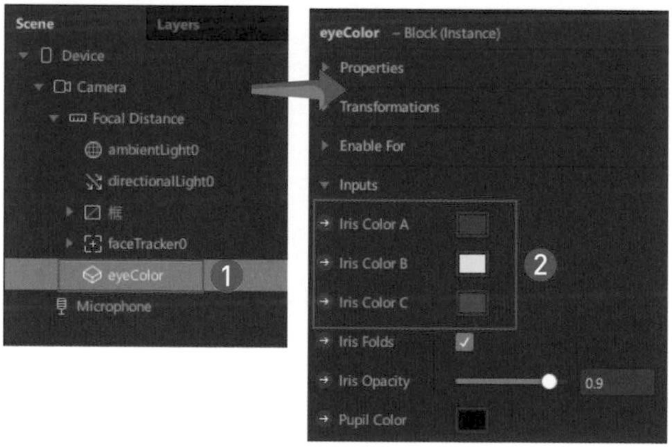

STEP 07 於模擬器中可看見人物瞳孔的效果。

9.2.5 右邊牙齒

STEP 01 於 Scene 面板中，點選「Focal Distance」物件，並點擊「滑鼠右鍵 > Add Object > Null Object」以增加空物件。

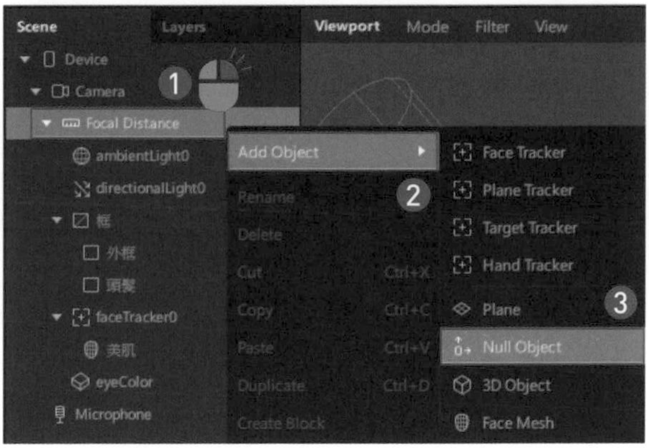

STEP 02 點選「nullObject0」物件，並點擊「滑鼠右鍵 > Rename」，重新命名為「牙齒 _ 右」。

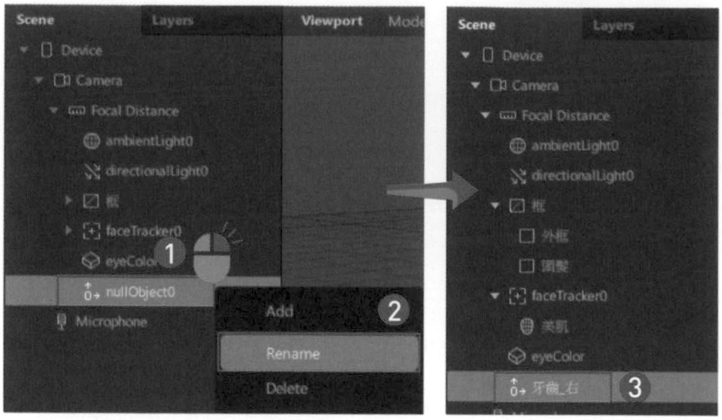

STEP 03 點選「牙齒 _ 右」物件，並點擊「滑鼠右鍵 > Add Object > Plane」以增加平面物件。

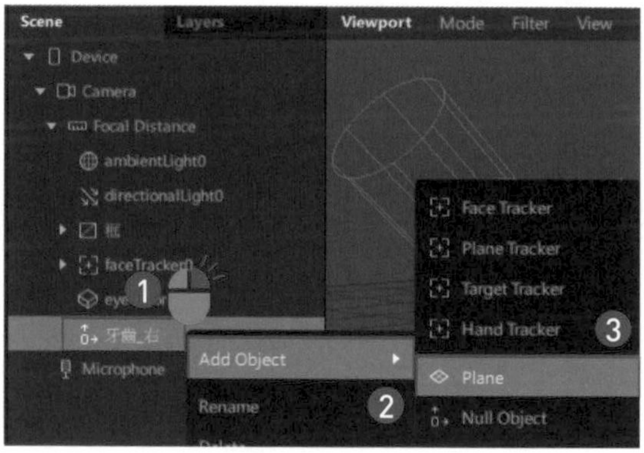

STEP 04 點選「plane0」物件，並點擊「滑鼠右鍵 > Rename」，重新命名為「牙齒_右」。

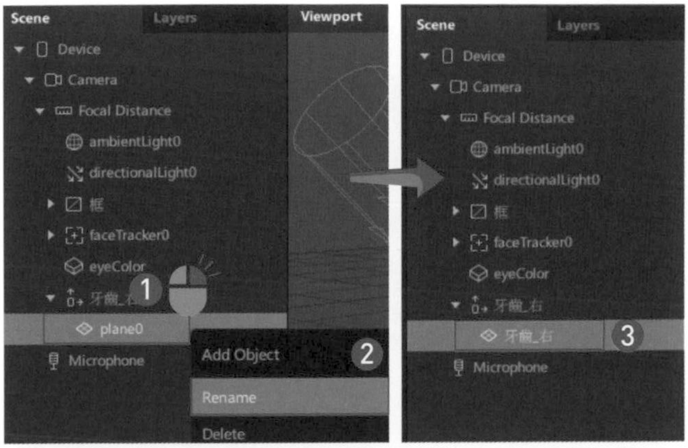

STEP 05 點選「牙齒_右」平面物件後，於右側 Inspector 面板中，點擊 Materials 標籤中之「+ > Create New Material」按鈕以新增材質球。

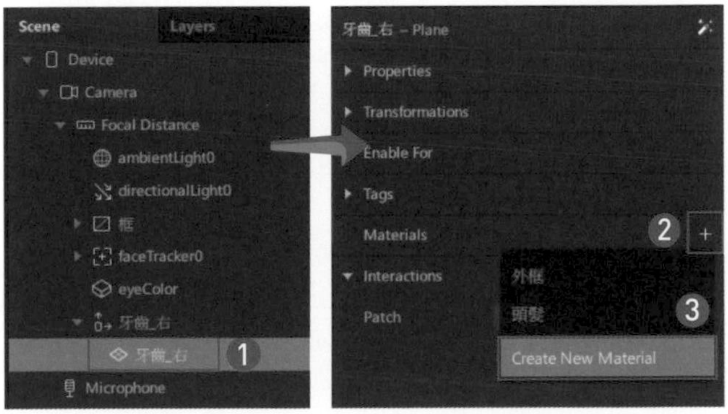

STEP 06 於 Assets 面板中，點選「material0」材質球，並點擊「滑鼠右鍵 > Rename」，重新命名為「牙齒_右」。

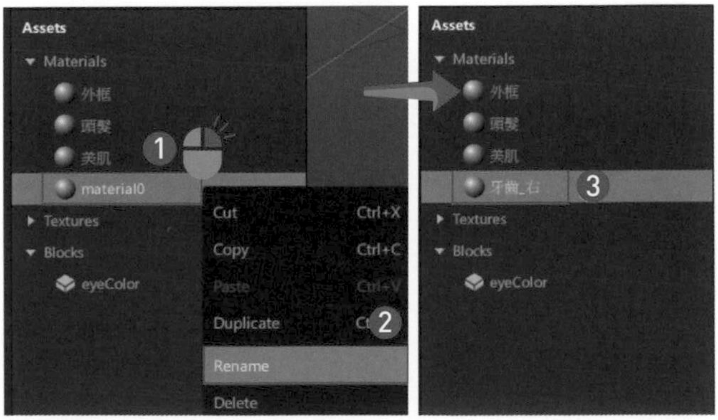

STEP 07 點選「牙齒 _ 右」材質球的狀態下，於右側 Inspector 面板中，將其 Shader Type 屬性值調整為「Flat」。

STEP 08 接續，點擊「Texture 屬性 > New Texture」以開啟載入檔案視窗。

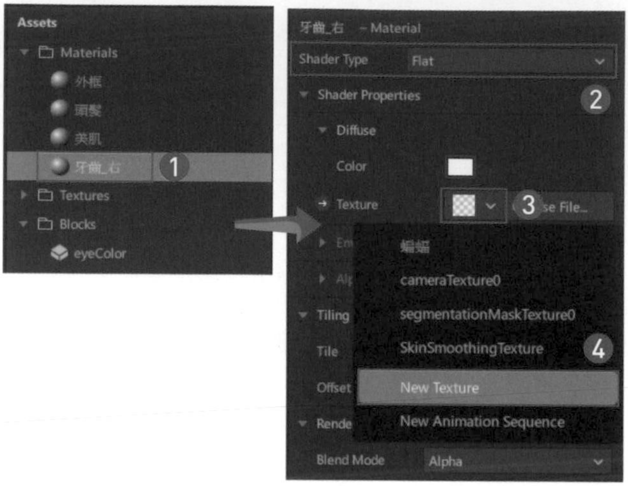

STEP 09 載入「吸血鬼牙齒 _ 右 .png」檔案。

➢ 檔案路徑：ch9 吸血鬼 > 素材

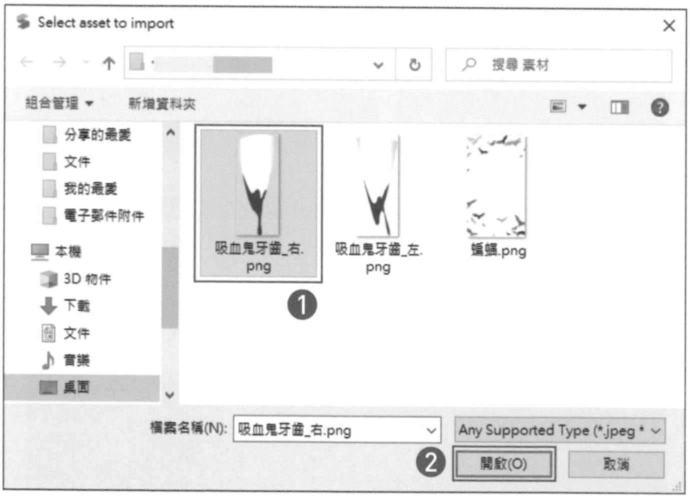

9.2.6 左邊牙齒

STEP01 於 Scene 面板中，點選「Focal Distance」物件，並點擊「滑鼠右鍵 > Add Object > Null Object」以增加空物件。

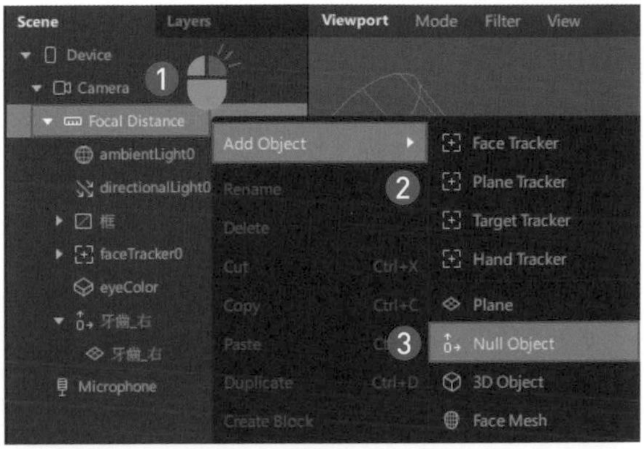

STEP02 點選「nullObject0」物件，並點擊「滑鼠右鍵 > Rename」，重新命名為「牙齒 _ 左」。

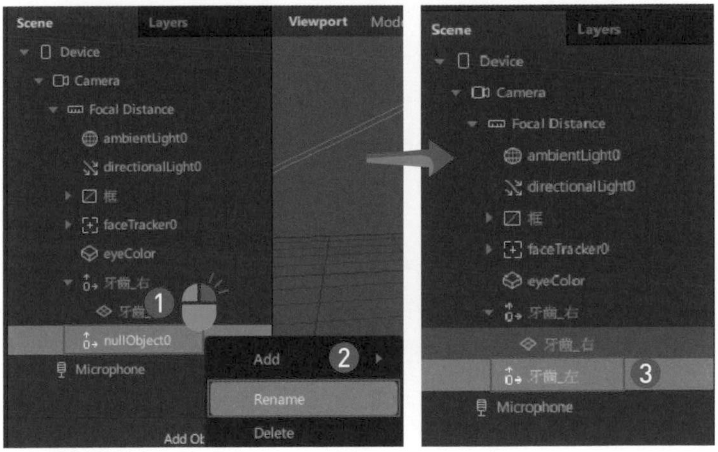

STEP03 點選「牙齒_左」物件，並點擊「滑鼠右鍵 > Add Object > Plane」以增加平面物件。

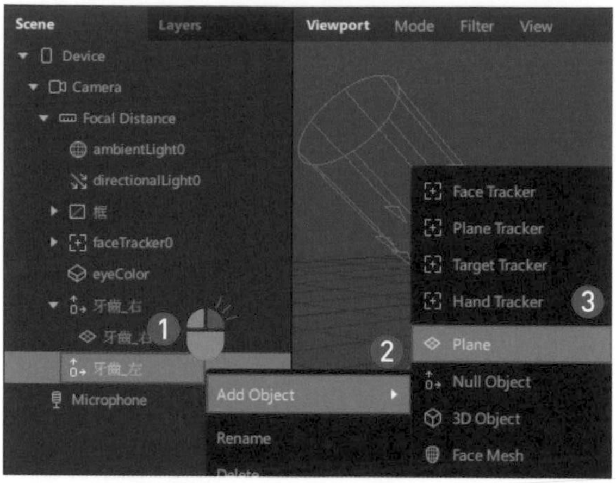

STEP04 點選「plane0」物件，並點擊「滑鼠右鍵 > Rename」，重新命名為「牙齒_左」。

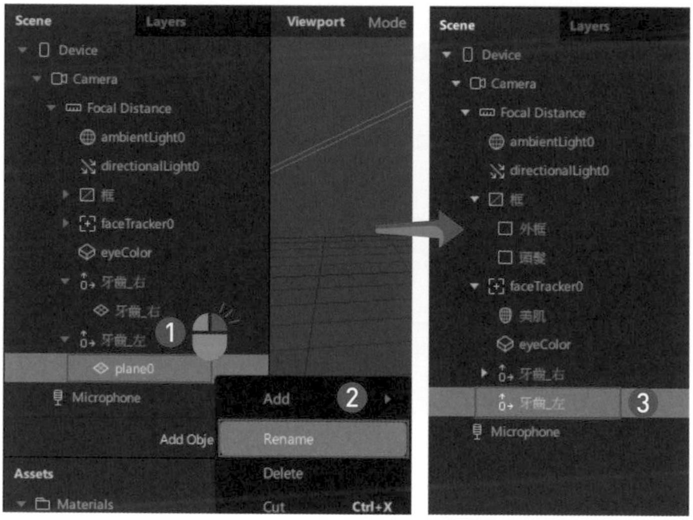

STEP 05 點選「牙齒 _ 左」平面物件後，於右側 Inspector 面板中，點擊 Materials 標籤中之「+ > Create New Material」按鈕以新增材質球。

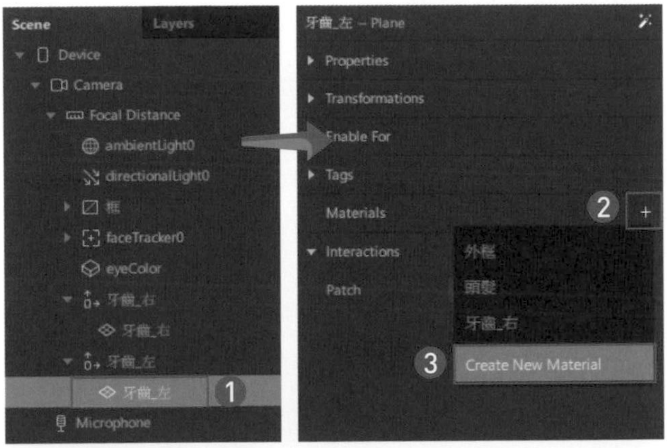

STEP 06 於 Assets 面板中，點選「material0」材質球，並點擊「滑鼠右鍵 > Rename」，重新命名為「牙齒 _ 左」。

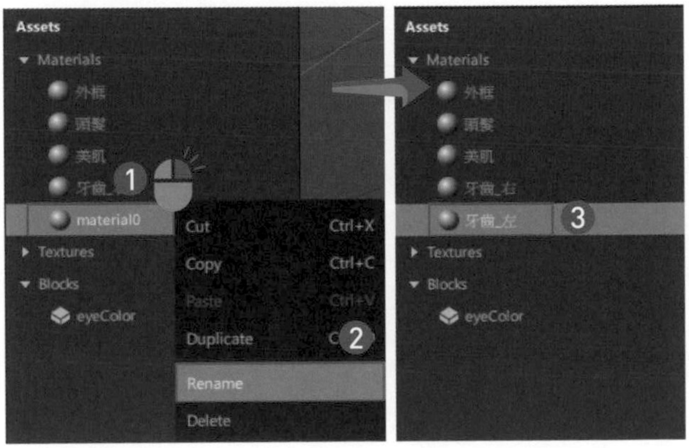

STEP 07 點選「牙齒 _ 左」材質球的狀態下，於右側 Inspector 面板中，將其 Shader Type 屬性值調整為「Flat」。

STEP 08 接續，點擊「Texture 屬性 > New Texture」以開啟載入檔案視窗。

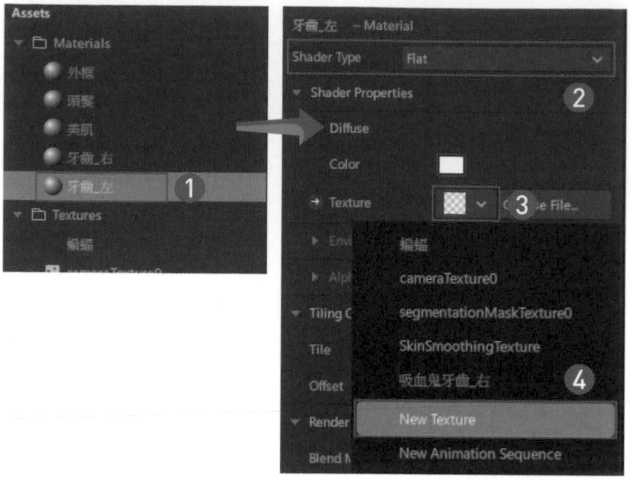

STEP 09 載入「吸血鬼牙齒 _ 左 .png」檔案。

➢ 檔案路徑：ch9 吸血鬼 > 素材

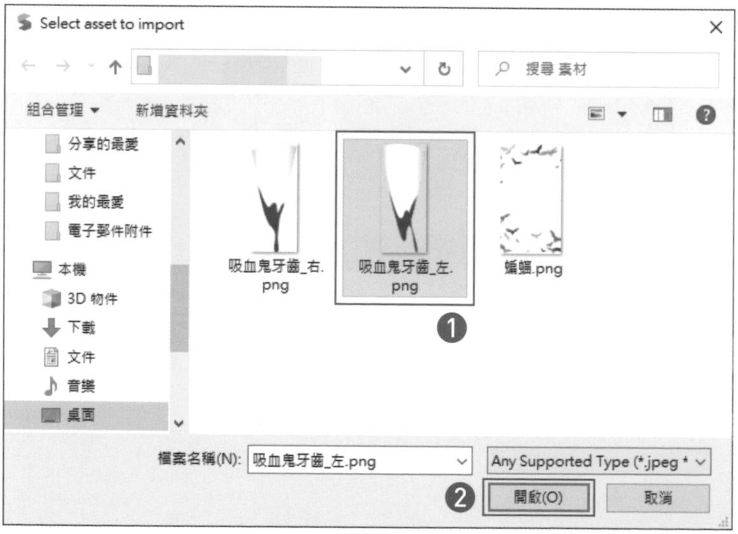

9.2.7 微調

STEP01 於 Scene 面板中，按住鍵盤 Ctrl 鍵，並選取「牙齒 _ 右」與「牙齒 _ 左」兩個 Null Object 物件，並拖曳至「faceTracker0」物件內，作為臉部追蹤器底下的物件。

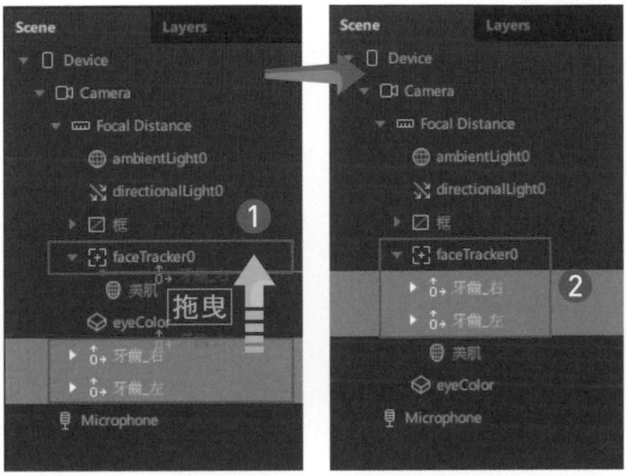

STEP02 於 Scene 面板中，點選「牙齒 _ 右」平面物件狀態下，於右側 Inspector 面板中，調整 Transformations 標籤中之相關屬性，調整屬性如下：

- Position：-0.02142、-0.04763、-0.0053。
- Scale：0.1、0.3、1。

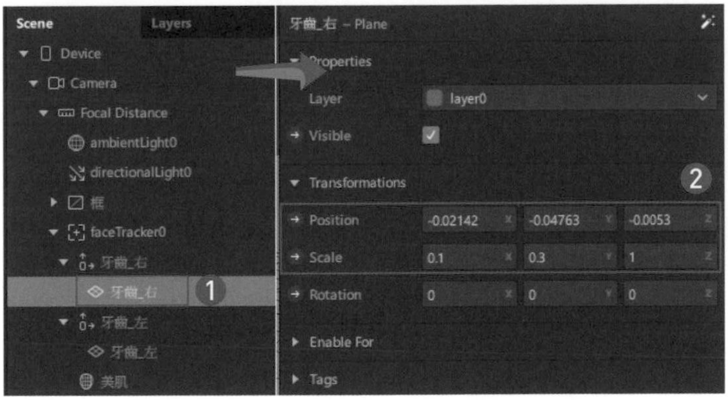

STEP03 於 Scene 面板中，點選「牙齒 _ 左」平面物件狀態下，於右側 Inspector 面板中，調整 Transformations 標籤中之相關屬性，調整屬性如下：

- Position：0.019、-0.04914、-0.00905。
- Scale：0.1、0.3、1。

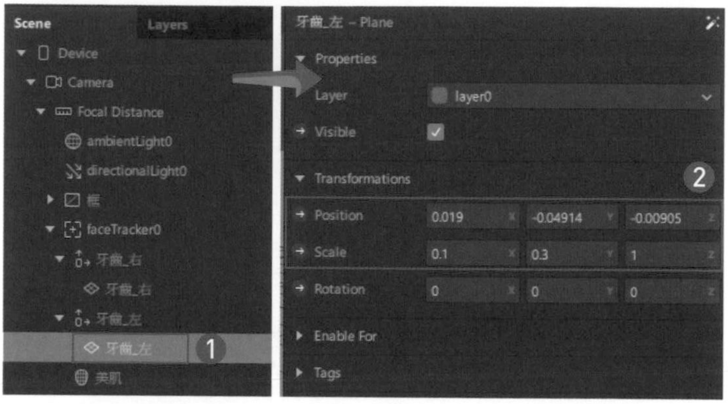

STEP04 於 Viewport 面板與模擬器中可看見左、右兩牙齒的相關位置。

9.3 邏輯設計

此小節在邏輯編排的主要需求為，頭髮的顏色希望是以疊加的方式呈現，使呈現上看起來有挑染的效果。

STEP 01 於 Patch Editor 面板中，點擊滑鼠左鍵兩下新增模塊，需新增模塊與數量如下：

- Value：1 個。
- Blend：1 個。

STEP 02 於 Assets 面板中，選取「cameraTexture0」物件後拖曳至 Patch Editor 面板中。

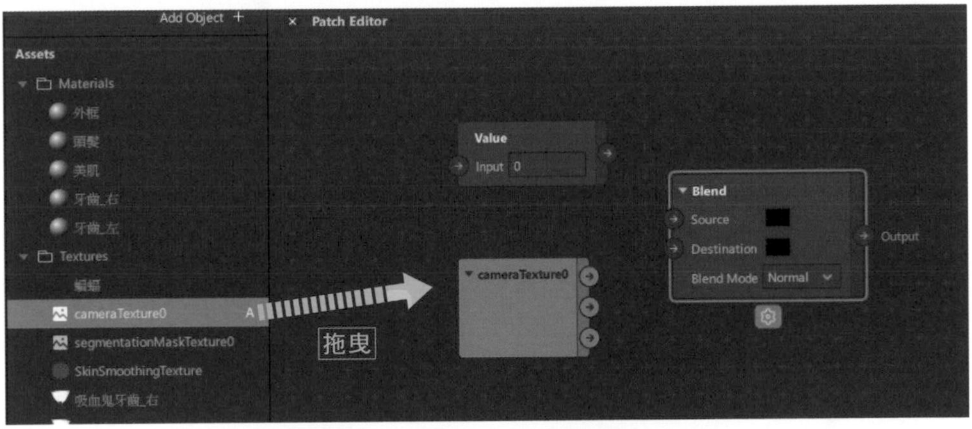

STEP 03 將 Value Picker 的屬性類別調整為「Color」模式。

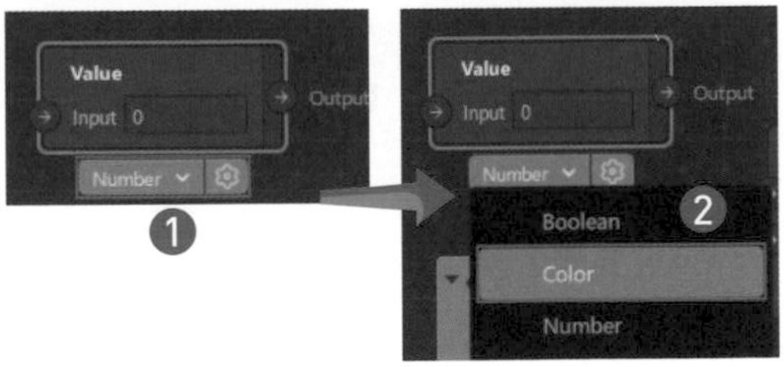

STEP 04 點擊 Value 模塊中的 Input 屬性值，以開啟顏色面板。

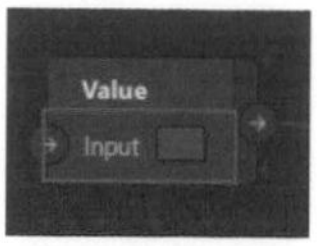

STEP 05 將顏色設為「#ff0000」。

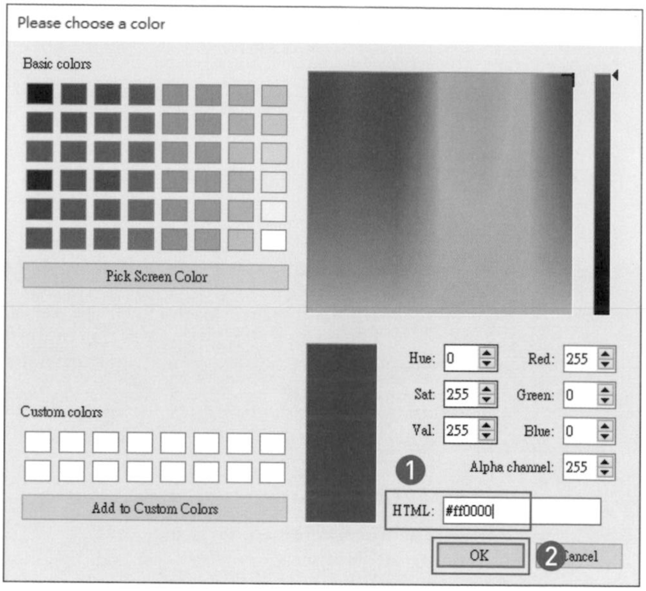

STEP 06 調整 Blend 模塊的屬性，調整屬性值如下：

- Source：#FF0000。
- Blend Mode：Multiply。

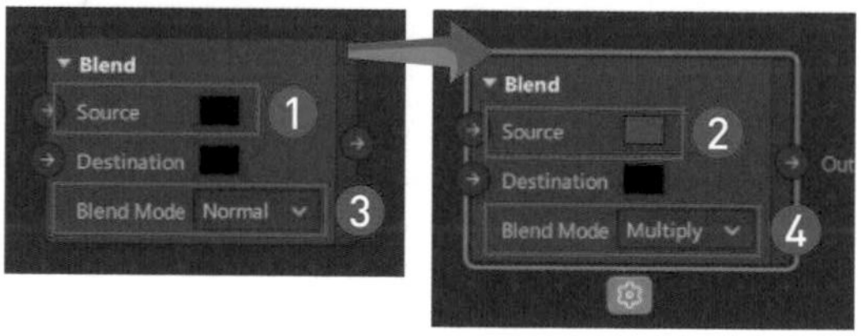

STEP 07 於 Assets 面板中，點選「頭髮」材質球，且於右側 Inspector 面板中，點擊 Texture 屬性旁的 ➔ 按鈕，將該屬性改由模塊進行控制。

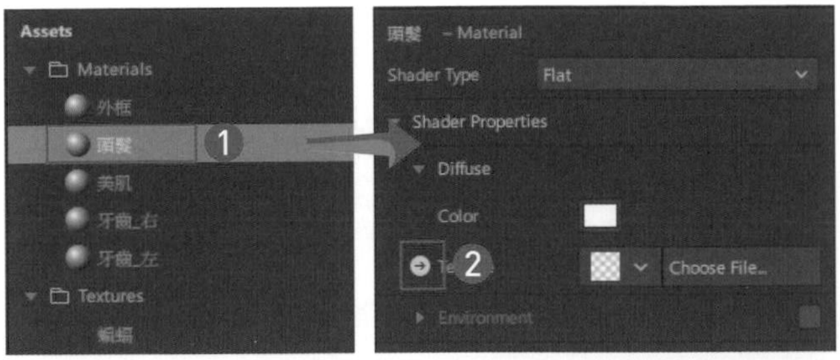

STEP 08 調整 Patch Editor 面板中各模塊的位置，並將彼此間進行連線以完成運算邏輯的編排，結果如圖所示。

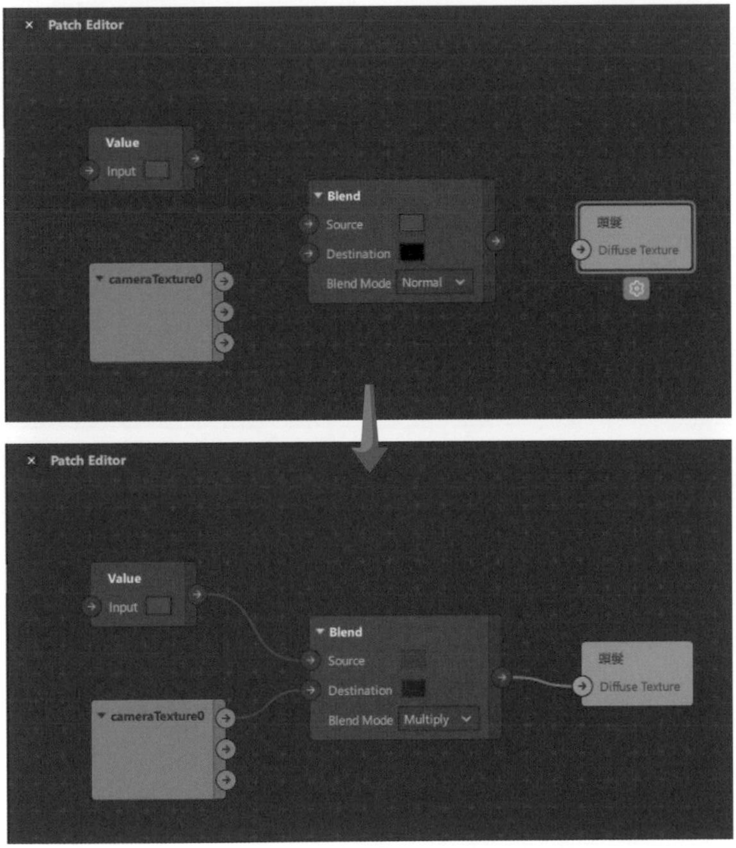

9.4 濾鏡測試

STEP01 點擊「File > Save」或快速鍵 (Ctrl + S) 來儲存專案。

STEP02 點擊「Test on device」按鈕後，於 Test on device 面板中選擇要測試的平台或方式。本節以點擊 Instagram 的「Send」按鈕進行測試為例，待發佈成功後可於 Instagram App 中進行濾鏡特效測試。

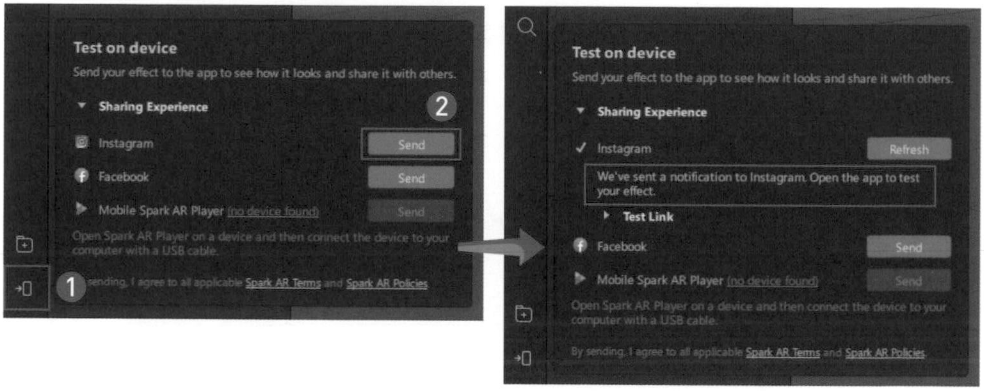

STEP03 專案製作完畢，發佈上架流程請參考第 19 章。

CHAPTER 10

動物口罩

★★★★★

疫情當前，出入公共場所都要隨時配戴口罩，口罩儼然變成穿搭必備的小物了，當然也要有更多創意的變化囉！不過那些時尚的口罩都賣得好貴喔…沒關係，現在就下載這款動物口罩濾鏡吧，超級可愛的喔！

學習重點

(1) 人臉材質。

(2) 美肌。

(3) 頭部行為觸發材質切換的方式。

互動方式

點頭可切換不同的口罩。

SPARK AR 範例效果下載

10.1 建立專案

STEP01 開啟 Spark AR Studio 軟體。

STEP02 於 Spark AR Studio 中點擊「Sharing Experience」以建立新專案。

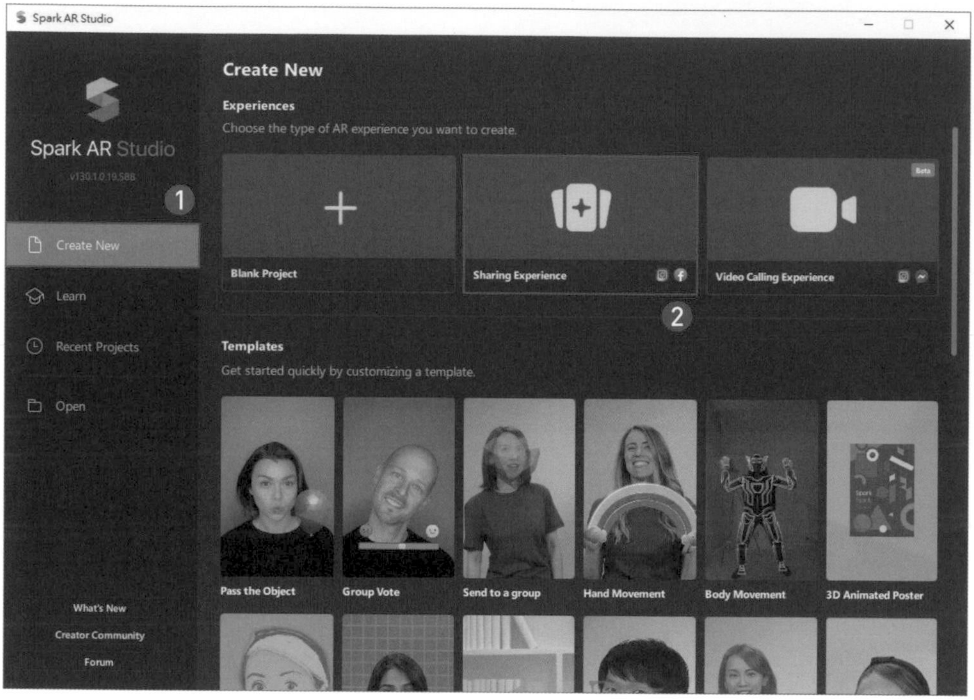

STEP03 點擊「File > Save」或快速鍵 (Ctrl + S) 以儲存專案。

STEP04 儲存名稱為「動物口罩」。

10.2 內容建立

10.2.1 口罩

STEP 01 於 Scene 面板中，點選「Focal Distance」物件，並點擊「滑鼠右鍵 > Add Object > Face Tracker」以增加臉部網格追蹤器。

STEP 02 於 Scene 面板中，點選「faceTracker0」物件，並點擊「滑鼠右鍵 > Add Object > Face Mesh」，於臉部網格追蹤器中增加臉部遮罩。

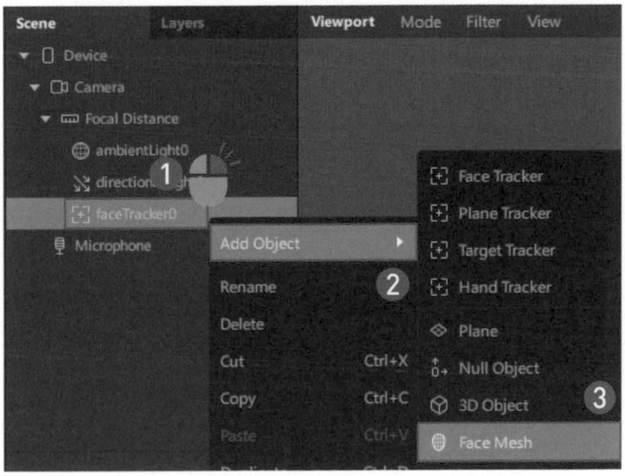

STEP 03 點選「faceMesh0」物件，並點擊「滑鼠右鍵 > Rename」，重新命名為「口罩」。

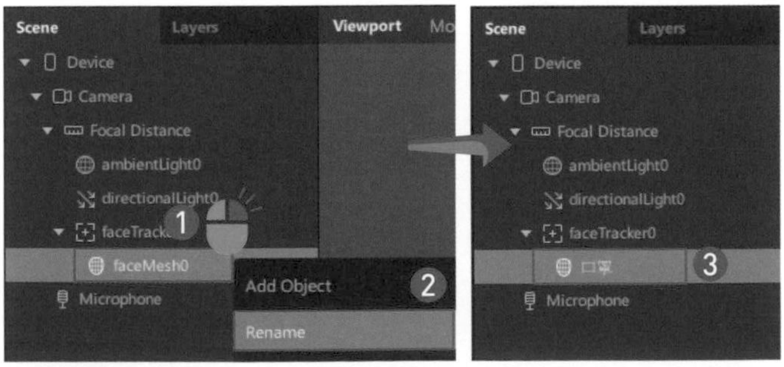

STEP04 於Scene面板中，點選「口罩」臉部遮罩物件狀態下，首先於右側Inspector面板中，將其Properties標籤中之「Mouth」屬性值「取消勾選」，使其遮罩效果不包含嘴巴。

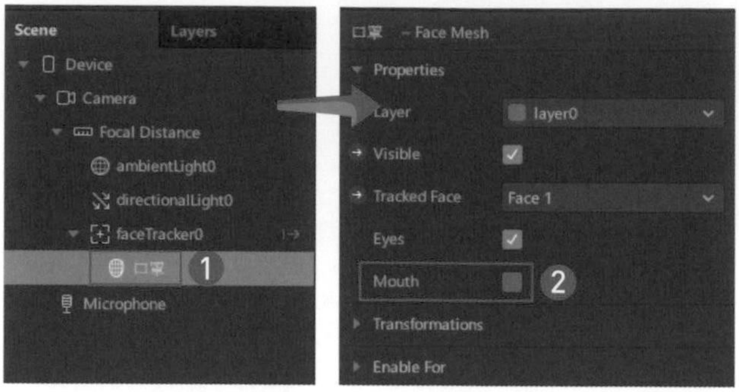

STEP05 於Assets面板中，點擊「+ > Import > Form Computer」選項，將本章節所會運用到的素材做一次性匯入。

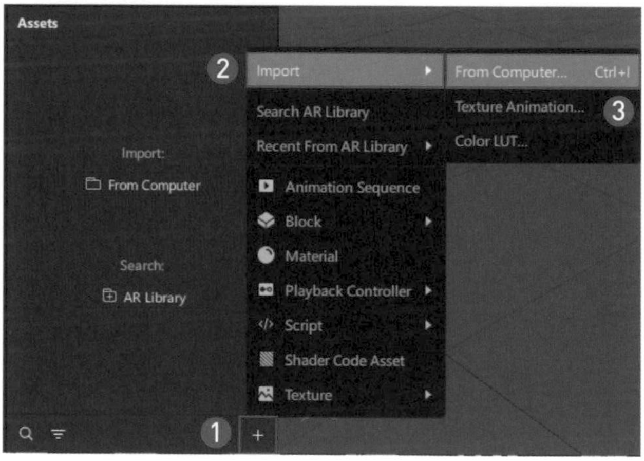

STEP 06 載入所有圖片檔案。

➢ 檔案路徑：ch10 動物口罩 > 素材

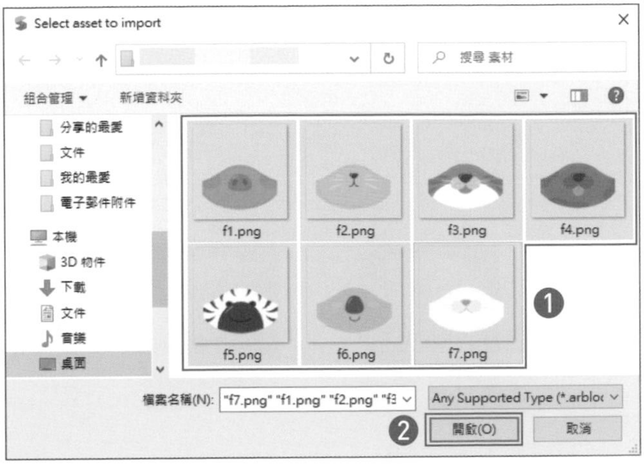

補充說明

Spark AR Studio 針對臉的部分提供免費下載的相關資源，如可支援的 3D 模型及材質圖等，使創作者可在符合規格的情況下盡情創作，本書中對於臉部的紋理設計均使用此資源。

人臉資源可於官網 Learn 頁面中，搜尋「Using the Face Reference Assets」。

網 址：https://sparkar.facebook.com/ar-studio/learn/articles/people-tracking/face-reference-assets/#whats-included-in-the-face-reference-assets

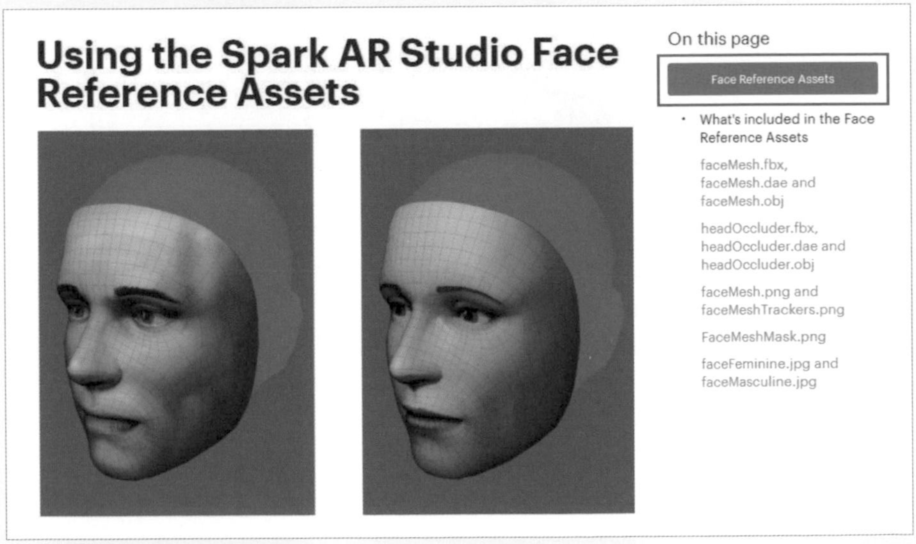

（接下頁）

補充說明（承上）

在人臉材質的設計上，為了使各種素材可精準對應到指定的部位以及檔案尺寸的符合，故可利用「Using the Face Reference Assets」檔案中所提供的臉部材質圖做為設計的參考圖片。

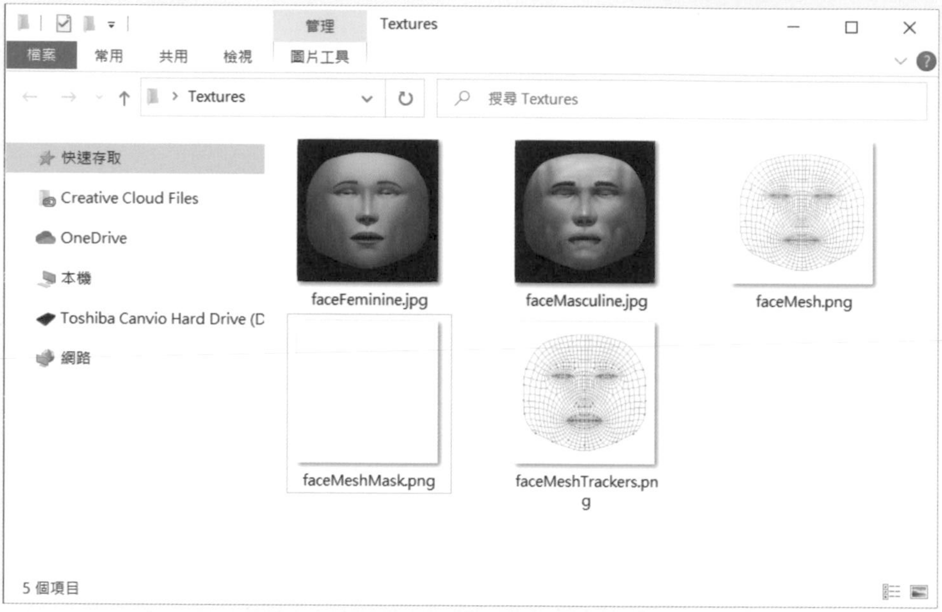

另外，當利用影像軟體設計完畢後記得將參考的臉部材質圖層隱藏或刪除，並儲存為透明的「.png」格式，如此在 Spark AR 中作為材質貼到臉上後，才可符合需求的顯示。

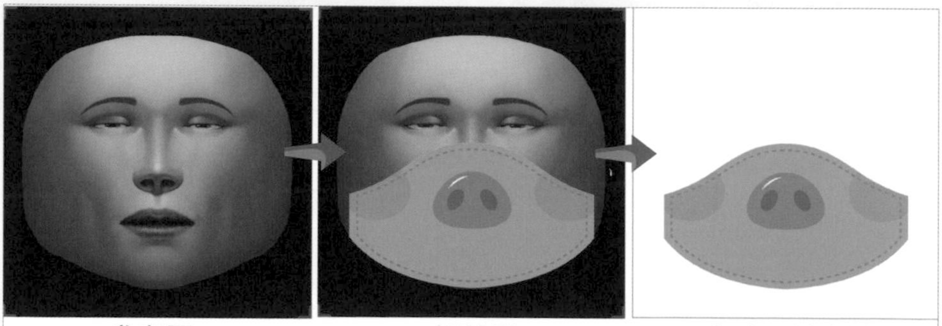

參考圖　設計圖　完成圖並存檔

STEP 07 於 Scene 面板中，點選「口罩」物件後，於右側 Inspector 面板中，點擊 Materials 標籤中之「+」按鈕以新增材質球。

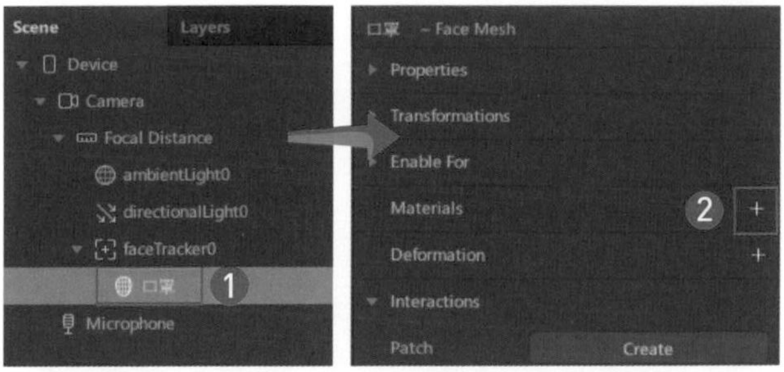

STEP 08 於 Assets 面板中，點選「material0」材質球，並點擊「滑鼠右鍵 > Rename」，重新命名為「口罩」。

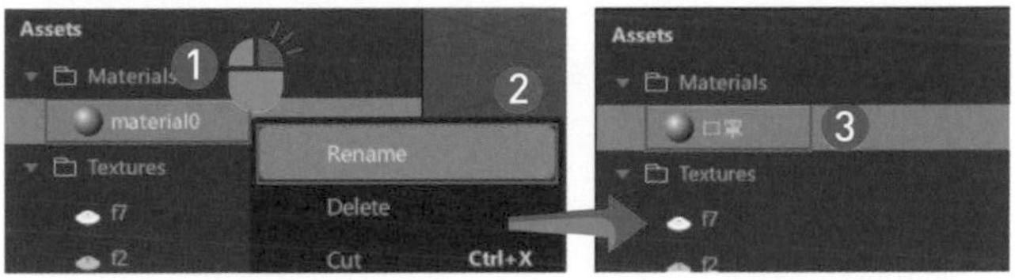

STEP 09 點選「口罩」材質球的狀態下，於右側 Inspector 面板中，將其 Shader Type 屬性值調整為「Flat」。

STEP 10 接續，點擊「Texture 屬性 > f1」以套用該材質。

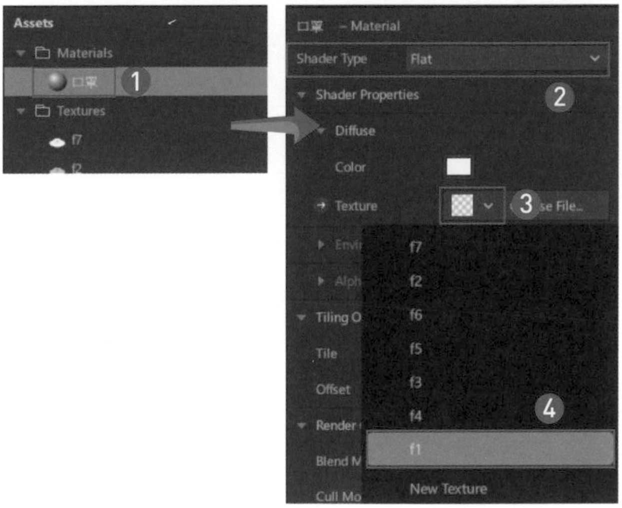

STEP 11 於 Viewport 面板與模擬器中可看到人臉貼上口罩材質後的效果。

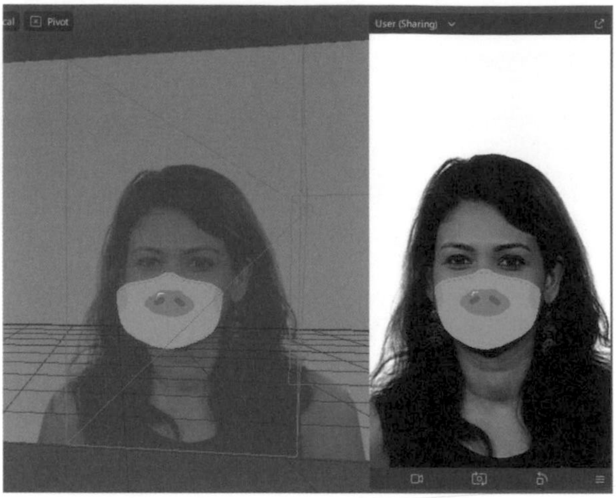

10.2.2 美肌

STEP 01 於 Scene 面板中，點選「faceTracker0」物件，並點擊「滑鼠右鍵 > Add Object > Face Mesh」，於臉部網格追蹤器中增加臉部遮罩。

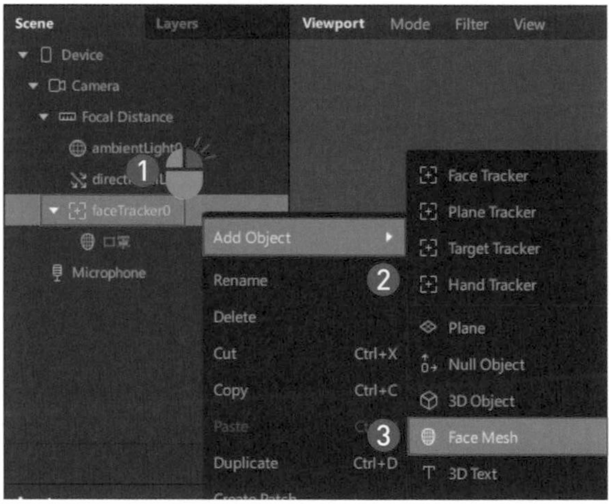

STEP02 點選「faceMesh0」物件，並點擊「滑鼠右鍵 > Rename」，重新命名為「美肌」。

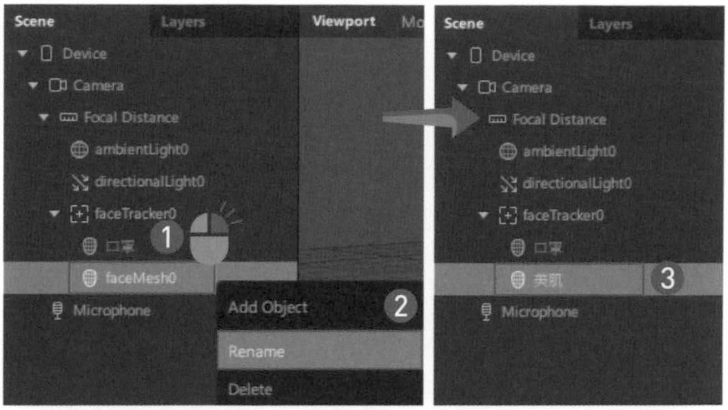

STEP03 點選「美肌」物件後，於右側 Inspector 面板中，點擊 Materials 標籤中之「+ > Create New Material」按鈕以新增材質球。

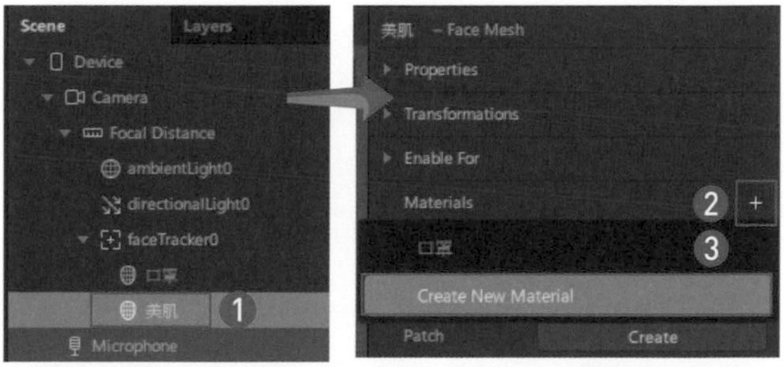

STEP04 於 Assets 面板中，點選「material0」材質球，並點擊「滑鼠右鍵 > Rename」，重新命名為「美肌」。

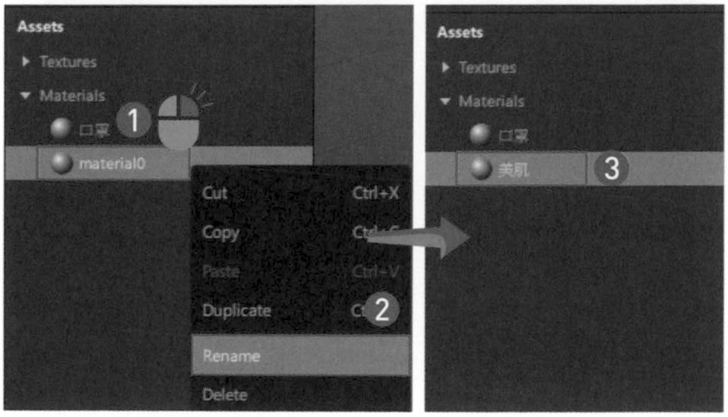

STEP05 點選「美肌」材質球的狀態下，於右側 Inspector 面板中，將其 Shader Type 屬性值調整為「Retouching」。

STEP06 接續，將 Skin Smoothing 屬性值調整至「100」，使臉部肌膚看起來更加平滑。

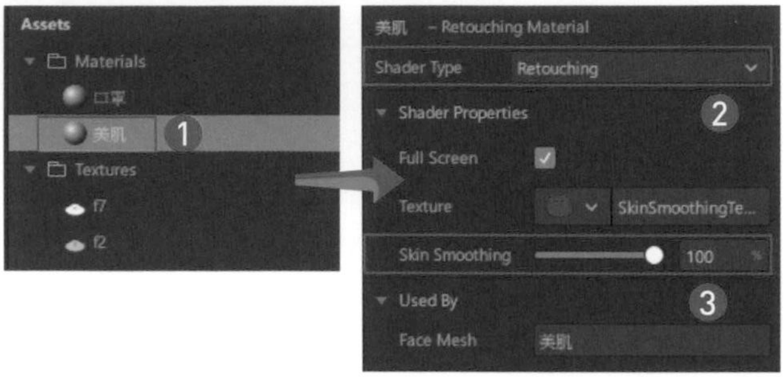

10.3 邏輯設計

此小節在邏輯編排的主要需求為，當偵測到點頭行為時會執行換圖動作。

STEP01 於 Scene 面板中，點選「faceTracker0」物件，且於右側 Inspector 面板中，點擊 Patch 屬性的「Create 按鈕 > Head Nod」，以自動產生點頭時的對應模塊內容。

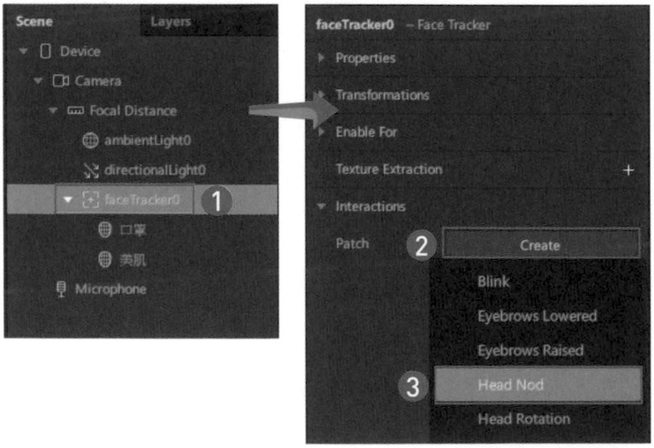

STEP02 於 Patch Editor 面板中，可看見「Head Nod」的邏輯組合。

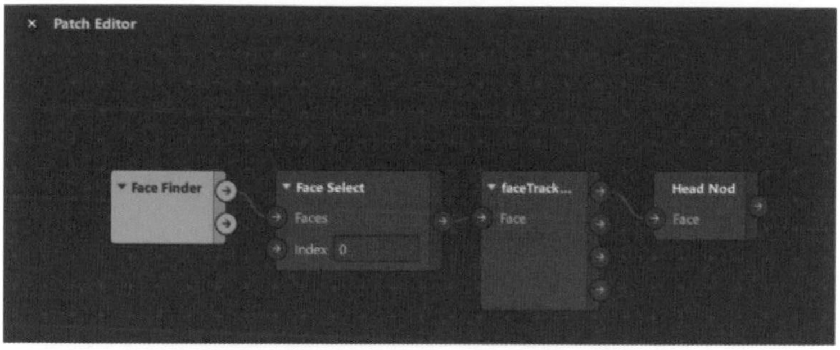

STEP03 於 Patch Editor 面板中，點擊滑鼠左鍵兩下新增模塊，需新增模塊與數量如下：

- Counter：1 個。
- Option Picker：1 個。

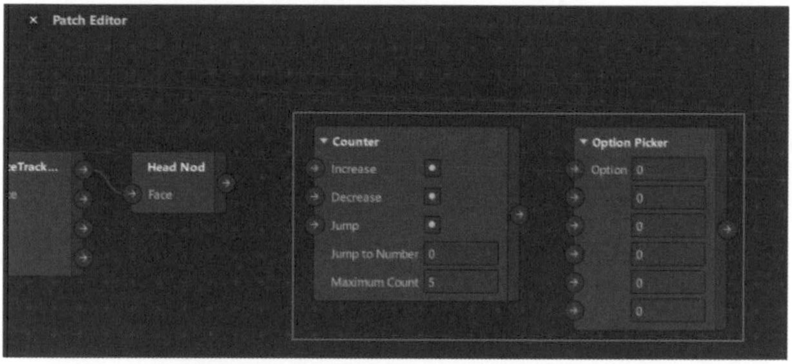

STEP04 將 Counter 的 Maximum Count 屬性值修改為「7」，表示要切換的物件數量有七個。

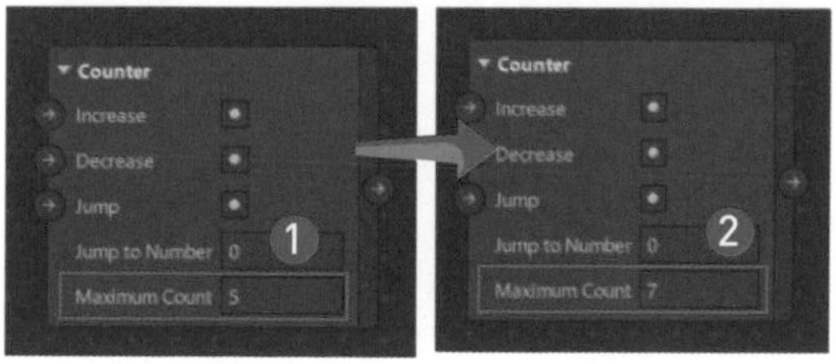

STEP05 接續，將 Option Picker 的屬性類別調整為「Texture」。

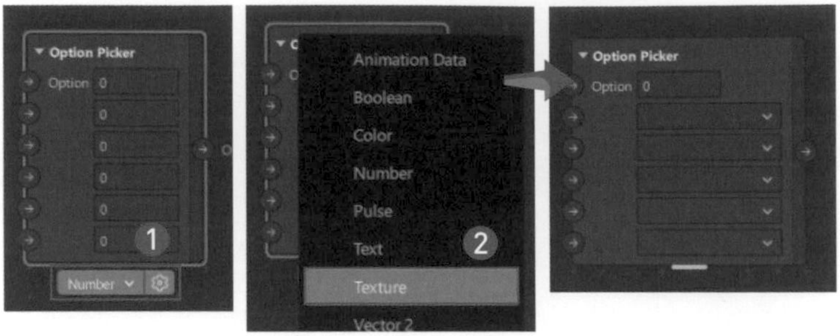

STEP06 點選 Option Picker 底下的白色粗線，將其往上或往下拉取可調整屬性欄位數量，此時將屬性欄位數量調整為 7 個。

STEP07 於七個屬性欄位中依序指定 7 個口罩材質。

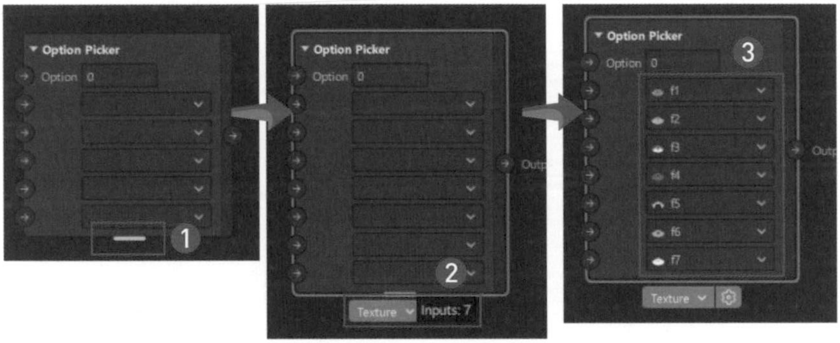

STEP08 調整 Patch Editor 面板中各模塊的位置。

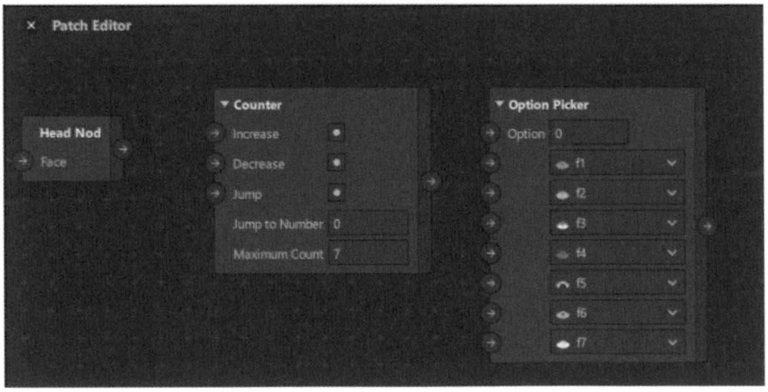

STEP 09 於 Assets 面板中，點選「口罩」材質球，且於右側 Inspector 面板中，點擊 Texture 屬性旁的 ➔ 按鈕，將該屬性改由模塊進行控制。

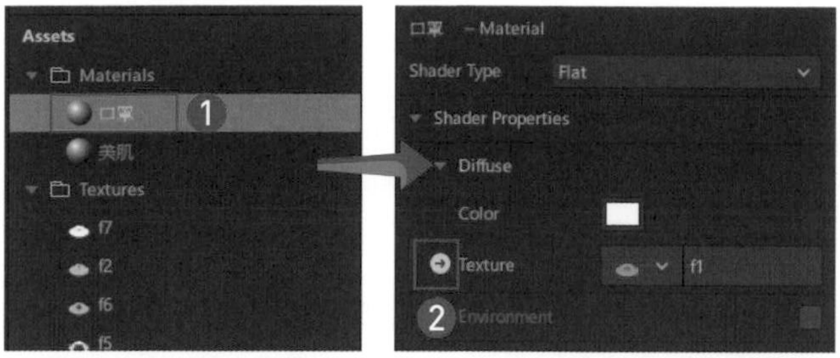

STEP 10 調整 Patch Editor 面板中各模塊的位置。

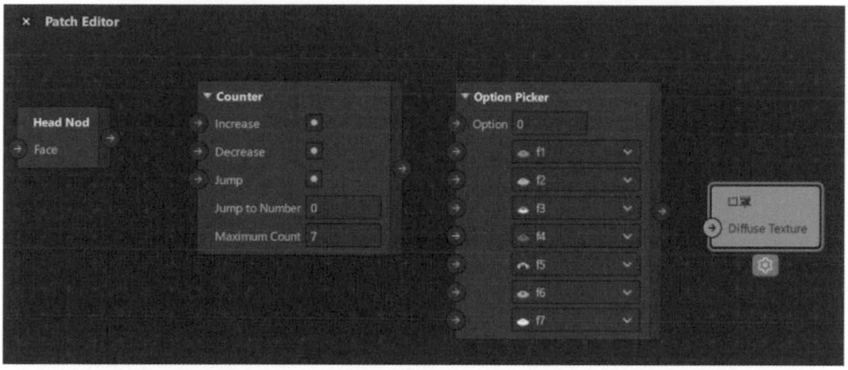

STEP 11 將彼此間進行連線以完成運算邏輯的編排，結果如圖所示。

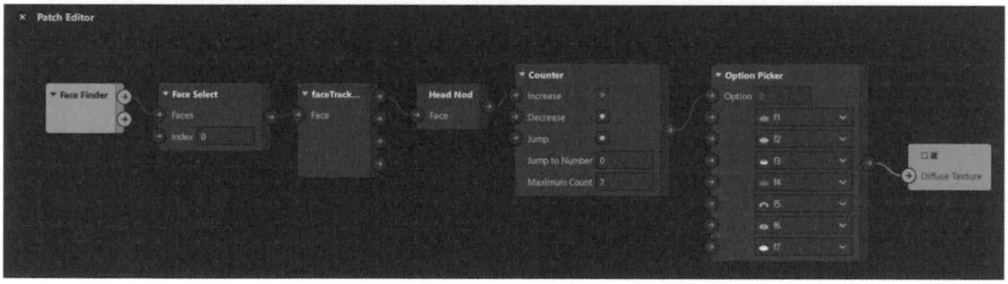

10.4 濾鏡測試

STEP 01 點擊「File > Save」或快速鍵 (Ctrl + S) 來儲存專案。

STEP 02 點擊「Test on device」按鈕後，於 Test on device 面板中選擇要測試的平台或方式。本節以點擊 Facebook 的「Send」按鈕進行測試為例，待發佈成功後可於 Facebook App 中進行濾鏡特效測試。

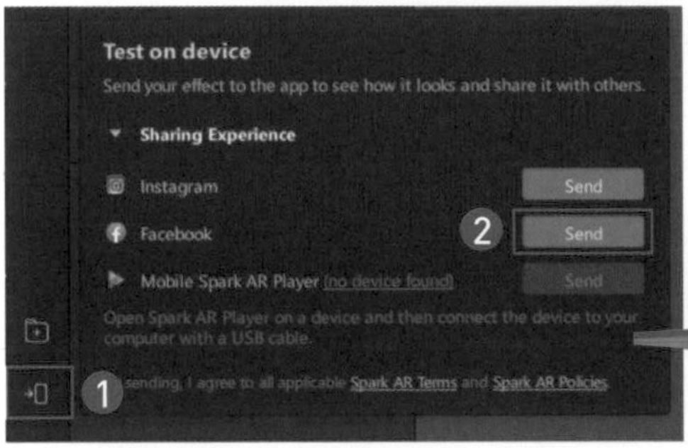

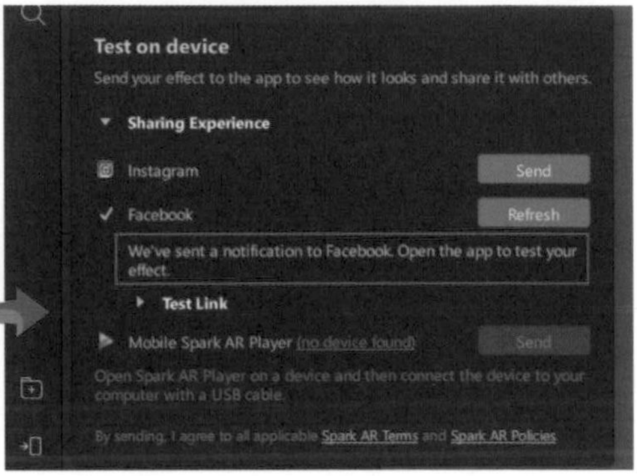

STEP 03 專案製作完畢，發佈上架流程請參考第 19 章。

CHAPTER

11

花冠

★★★★★

常看到朋友的限時動態中會用濾鏡來呈現可愛的一面，自己是否也想要耍個可愛我耍萌一下但又不想使用相同濾鏡呢？這時就可以自己製作款濾鏡讓自己與眾不同。

學習重點

(1) 3D 人臉模型的使用。

(2) 頭飾 3D 模型的使用。

(3) 人臉材質。

(4) 美肌。

(5) 多人偵測。

互動方式

鏡頭內，最多可同時讓三人套用效果。

SPARK AR 範例效果下載

11.1 建立專案

STEP01 開啟 Spark AR Studio 軟體。

STEP02 於 Spark AR Studio 中點擊「Sharing Experience」以建立新專案。

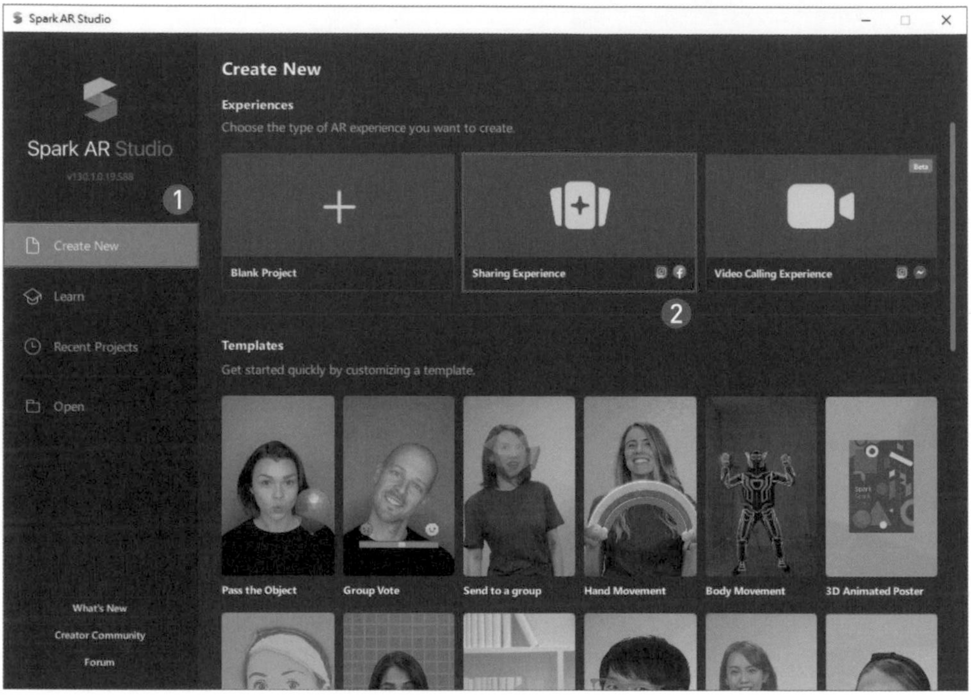

STEP03 點擊「File > Save」或快速鍵 (Ctrl + S) 以儲存專案。

STEP04 儲存名稱為「花冠」。

11.2 內容建立

11.2.1 花冠頭飾

STEP01 於 Scene 面板中，點選「Focal Distance」物件，並點擊「滑鼠右鍵 > Add Object > Face Tracker」以增加臉部網格追蹤器。

STEP02 點選「faceMesh0」物件，並點擊「滑鼠右鍵 > Rename」，重新命名為「花冠 _1」。

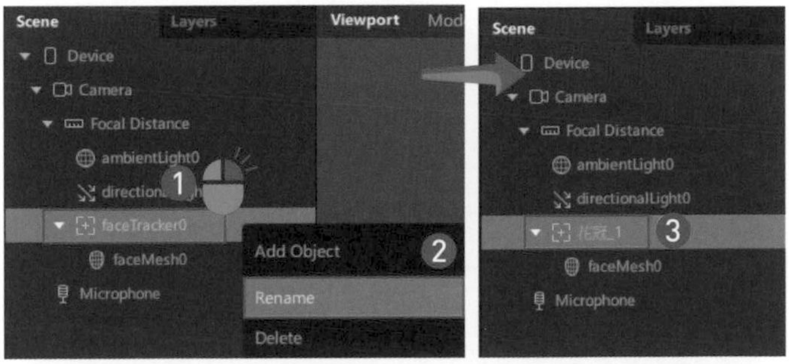

STEP03 於 Assets 面板中，點擊「+ > Import > Form Computer」選項，匯入多個素材。

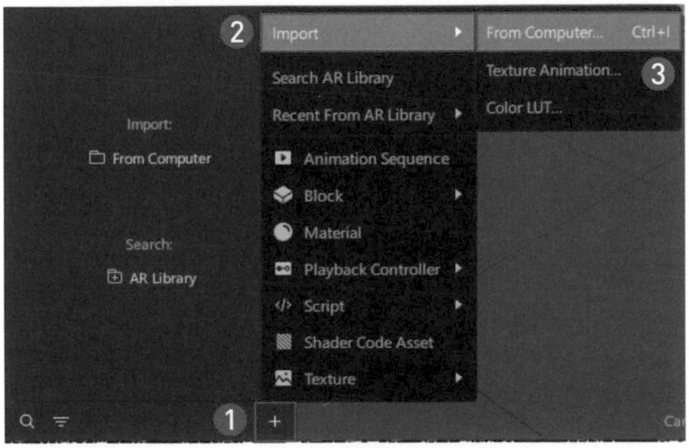

STEP 04 載入「花冠 .png」與「臉 _ 花 .png」兩檔案。

➤ 檔案路徑：ch11 花冠 > 素材

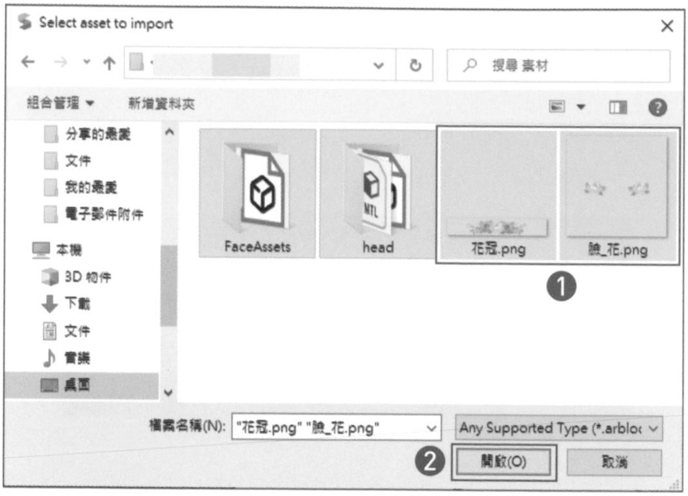

STEP 05 接續，點擊「+ > Import > Form Computer」選項。

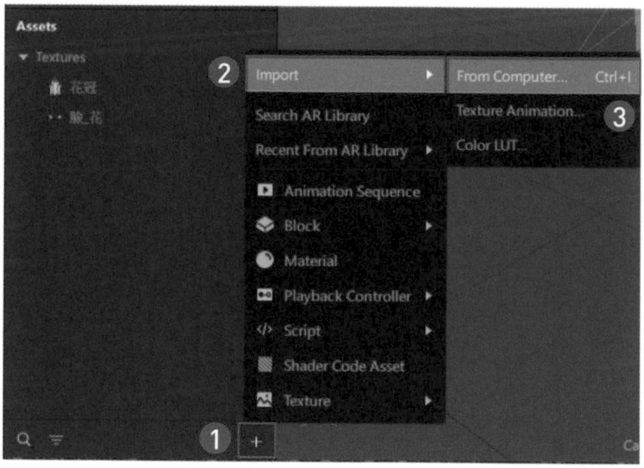

STEP 06 載入「headOccluder.obj」檔案。

➢ 檔案路徑：ch11 花冠 > 素材 > FaceAssets

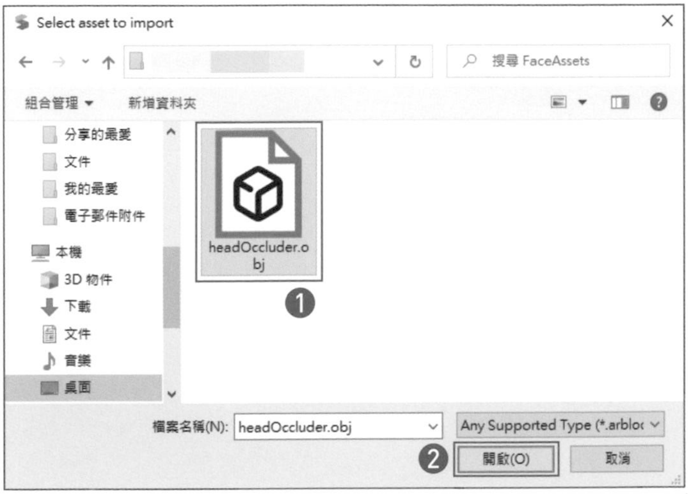

補充說明

head.obj 非 Spark AR 所提供的模型，此為筆者根據範例需求所製作。

STEP 07 再次，點擊「+ > Import > Form Computer」選項。

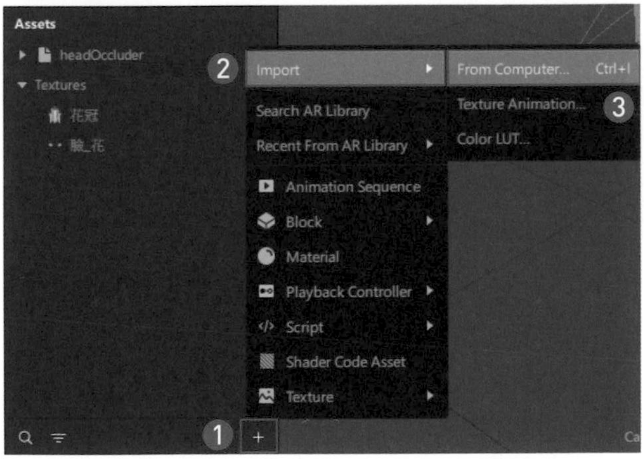

STEP08 載入「head.obj」檔案。

➢ 檔案路徑：ch11 花冠 > 素材 > head

補充說明

headOccluder.obj 模型在本範例中的作用是利於 head.obj 模型的對齊使用，若將 head.obj 模型直接以人臉網格追蹤器作為對齊的依據，在整體位置與相關軸向的對齊上會有失精準，故須藉由 headOccluder.obj 模型來輔助。

STEP09 於 Assets 面板中，將「headOccluder」3D 物件拖曳到 Scene 面板中的「花冠_1」物件中，使其成為子物件。

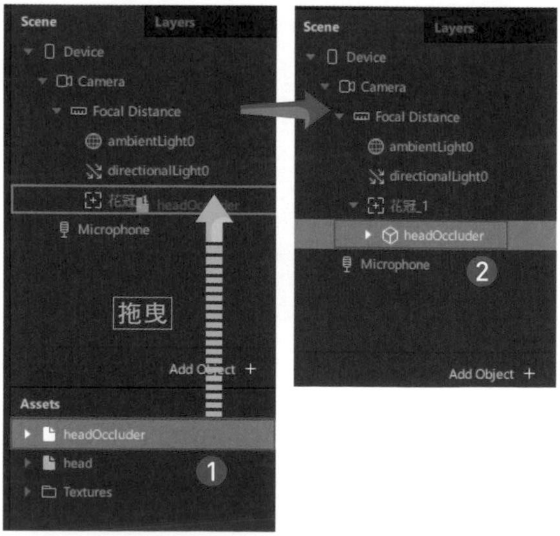

STEP 10 於 Scene 面板中，點選「headOccluder」3D 物件後，於右側 Inspector 面板中，調整 Transformations 標籤中之相關屬性，調整屬性如下：

- Scale：0.13、0.13、0.1。

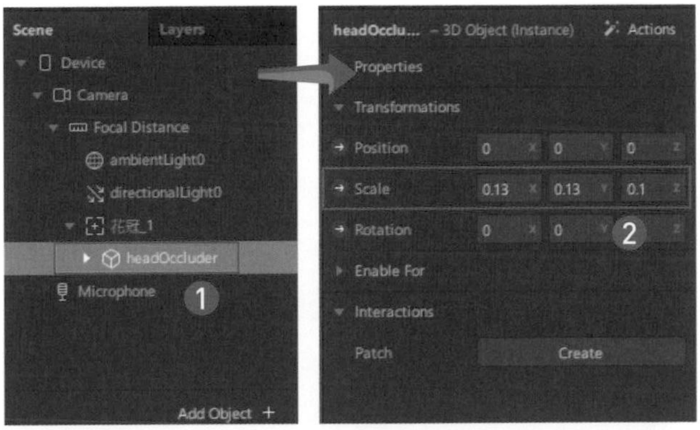

STEP 11 於 Viewport 面板與模擬器中可看見「headOccluder」3D 物件尺寸符合模擬中人臉大小。

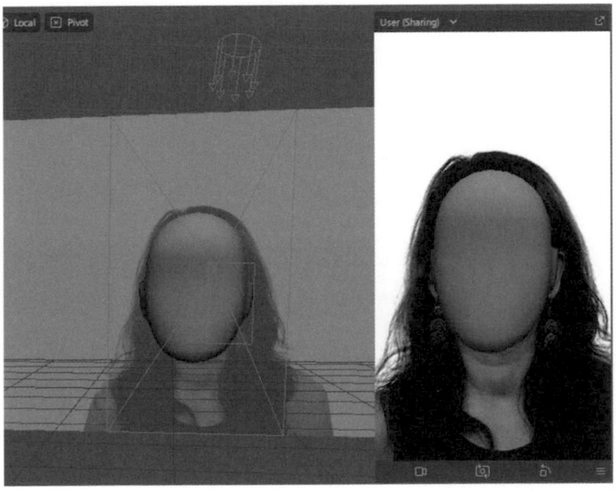

11

花冠

STEP 12 於 Assets 面板中，將「head」3D 物件拖曳到 Scene 面板中的「花冠 _1」物件中，使其成為子物件。

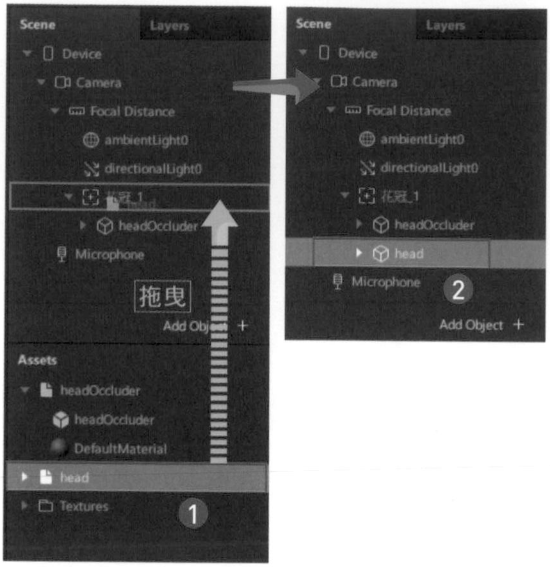

STEP 13 於 Scene 面板中，點選「head」3D 物件後，於右側 Inspector 面板中，調整 Transformations 標籤中之相關屬性，調整屬性如下：

- Position：0、0.10066、-0.10367。
- Scale：0.48、0.91645、0.48。

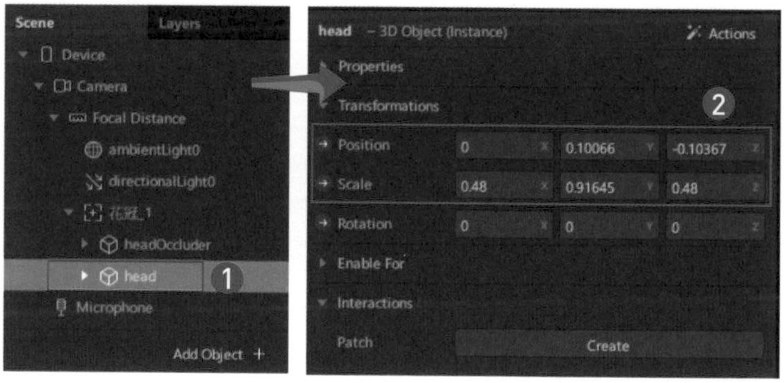

STEP 14 於 Assets 面板中，將「head」3D 物件展開並選取「None」材質球，並於右側 Inspector 面板中，將其 Shader Type 屬性值調整為「Flat」。

STEP 15 接續，點擊「Texture 屬性 > 花冠」使套用其材質。

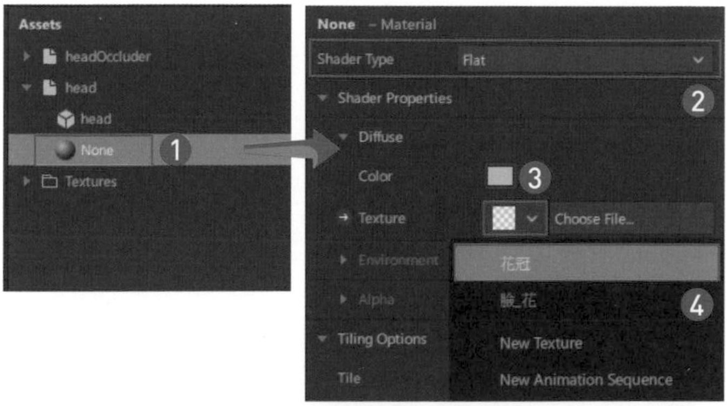

STEP 16 接續，點擊「Color」屬性並將顏色調整為「#ffffff」。

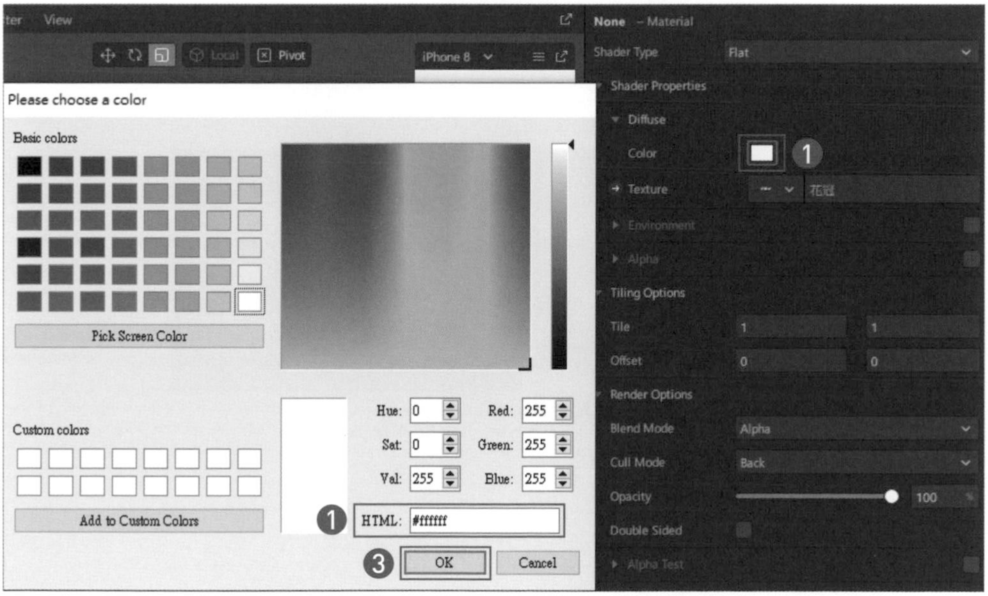

STEP 17 於 Render Options 標籤中將「Blend Mode」屬性調整為「Alpha」。

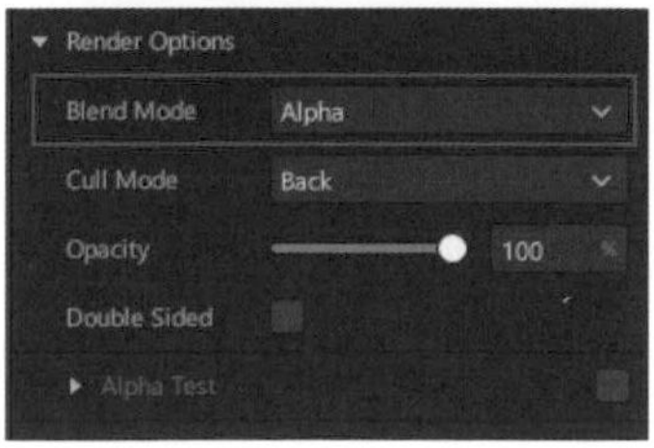

STEP 18　於 Viewport 面板與模擬器中可看見花冠頭飾位於人頭之上的效果。

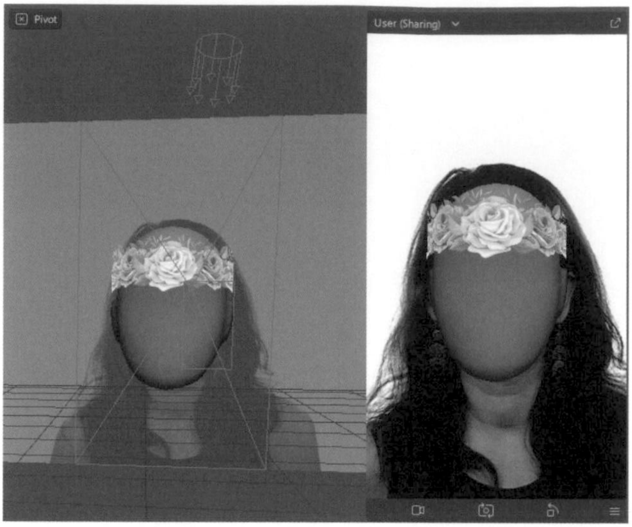

STEP 19　於 Scene 面板中，點選「headerOccluder」3D 物件狀態下，於右側 Inspector 面板中，將 Visible 屬性值「取消」勾選，使「headerOccluder」3D 物件呈現隱藏效果。

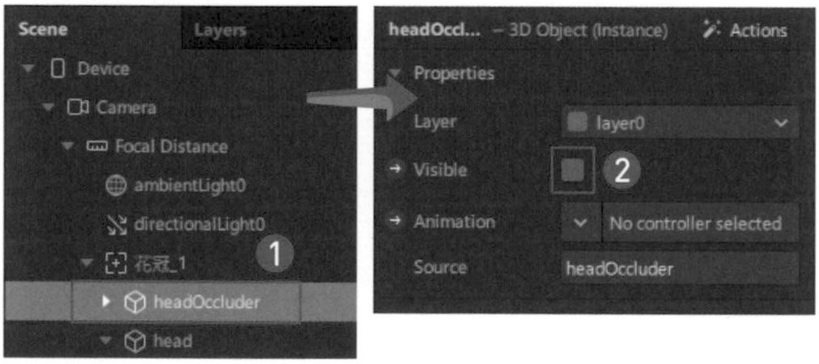

11.2.2 臉上紋理

STEP01 於 Scene 面板中，點選「花冠 _1」物件，並點擊「滑鼠右鍵 > Add Object > Face Mesh」，於臉部網格追蹤器中增加臉部遮罩。

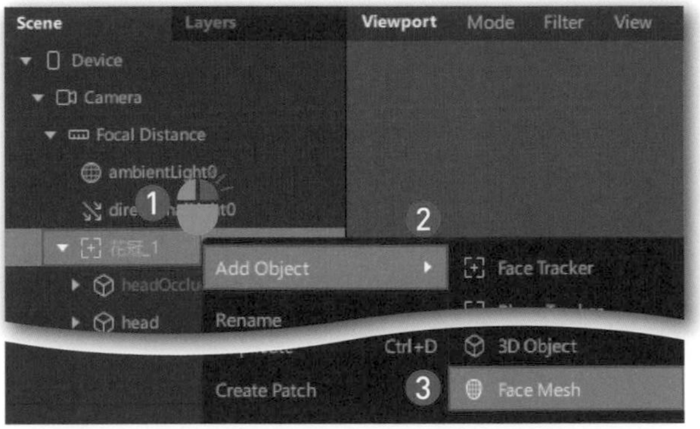

STEP02 點選「faceMesh0」物件，並點擊「滑鼠右鍵 > Rename」，重新命名為「臉上花」。

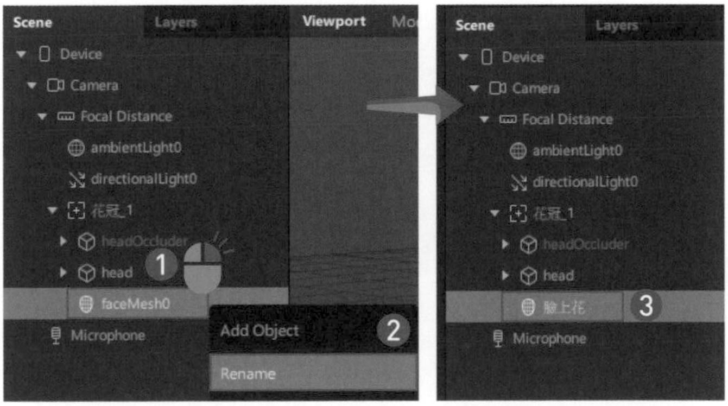

STEP03 點選「臉上花」物件後，於右側 Inspector 面板中，點擊 Materials 標籤中之「+ > Create New Material」按鈕以新增材質球。

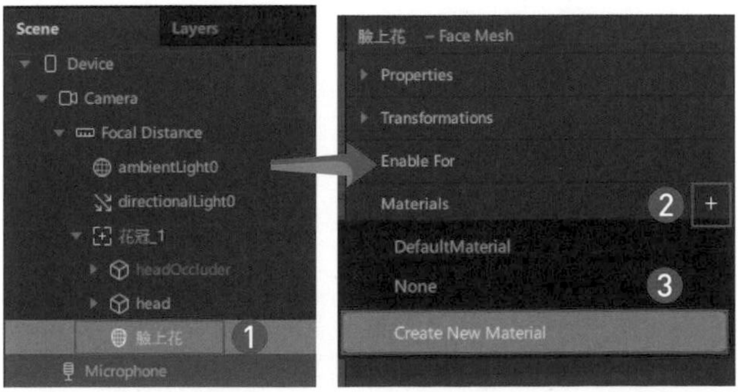

STEP04 於 Assets 面板中，點選「material0」材質球，並點擊「滑鼠右鍵 > Rename」，重新命名為「臉上花」。

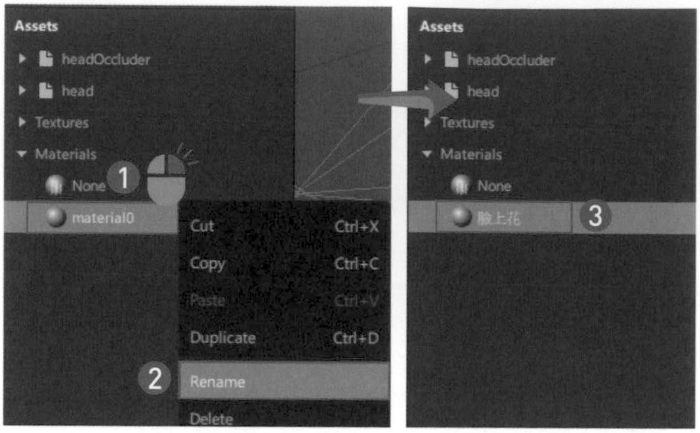

STEP05 於 Assets 面板中，點選「臉上花」材質球的狀態下，於右側 Inspector 面板中，將其 Shader Type 屬性值調整為「Flat」。

STEP06 接續，點擊「Texture 屬性 > 臉 _ 花」使套用其材質。

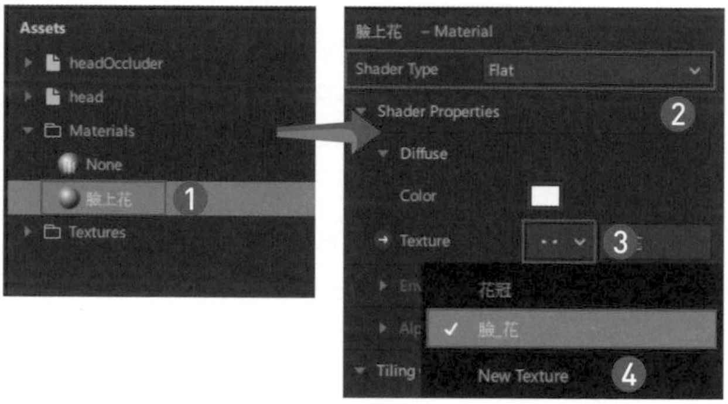

STEP07 於 Viewport 面板與模擬器中可看到人臉貼上花材質後的效果。

11.2.3 美肌

STEP01 於 Scene 面板中，點選「花冠 _1」物件，並點擊「滑鼠右鍵 > Add Object > Face Mesh」，於臉部網格追蹤器中增加臉部遮罩。

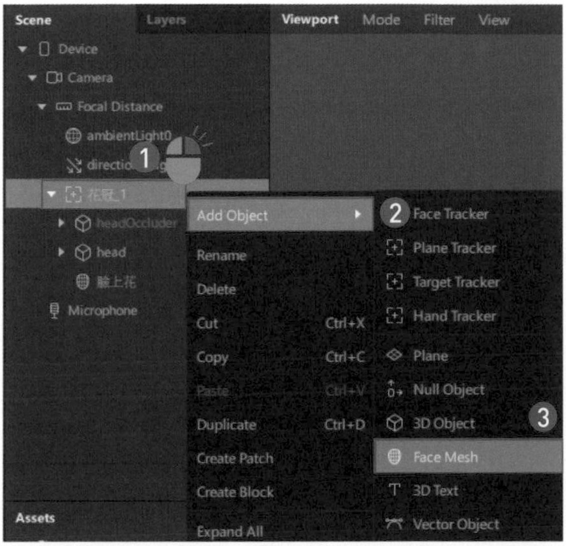

STEP02 點選「faceMesh0」物件，並點擊「滑鼠右鍵 > Rename」，重新命名為「美肌」。

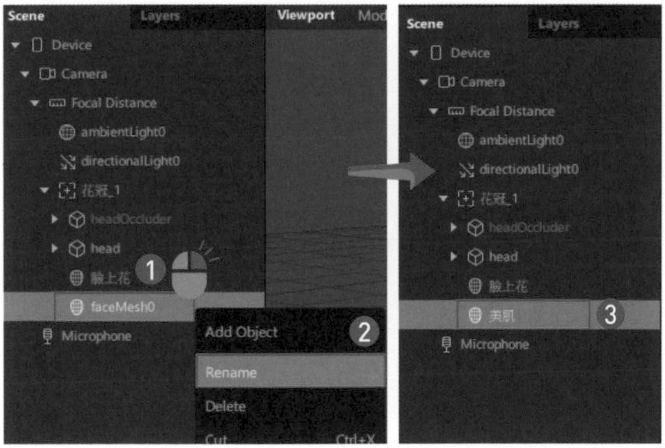

STEP03 點選「美肌」物件後，於右側 Inspector 面板中，點擊 Materials 標籤中之「+ > Create New Material」按鈕以新增材質球。

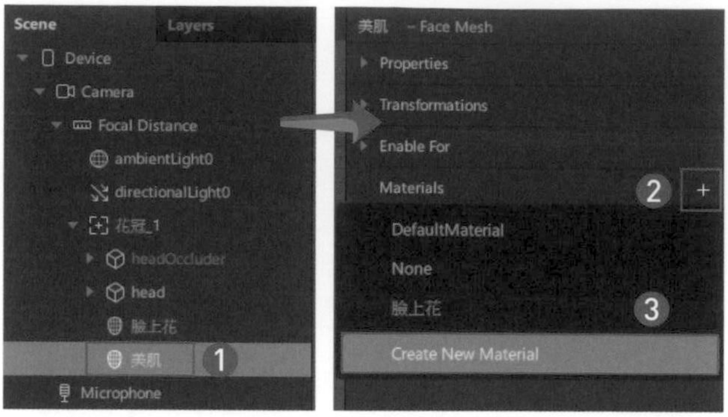

STEP04 於 Assets 面板中，點選「material0」材質球，並點擊「滑鼠右鍵 > Rename」，重新命名為「美肌」。

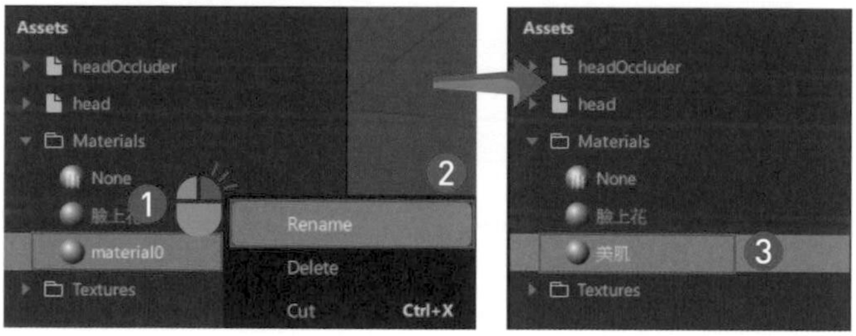

STEP05 點選「美肌」材質球的狀態下，於右側 Inspector 面板中，將其 Shader Type 屬性值調整為「Retouching」。

STEP06 接續，將 Skin Smoothing 屬性值調整至「100」，使臉部肌膚看起來更加平滑。

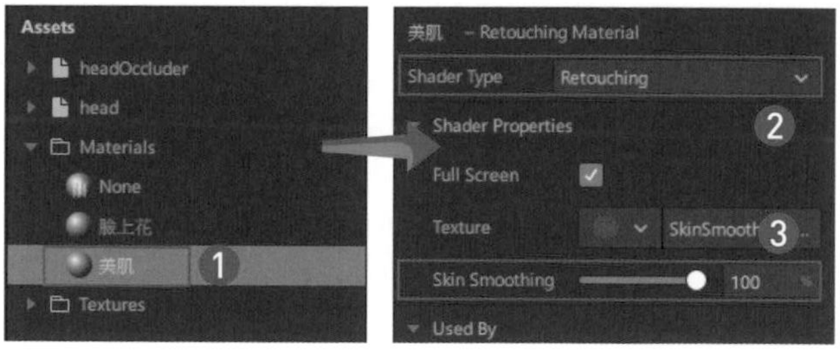

11.2.4　多臉偵測

STEP01 於 Scene 面板中，點選「花冠_1」物件，並點擊「滑鼠右鍵 > Duplicate」使複製一組相同內容物件。

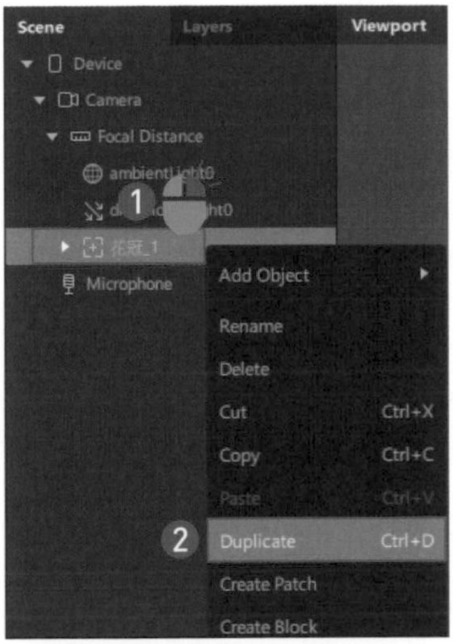

STEP02 點選「花冠_2」物件狀態下，於右側 Inspector 面板中，將「Tracked Face」標籤的屬性值調整為「Face2」。

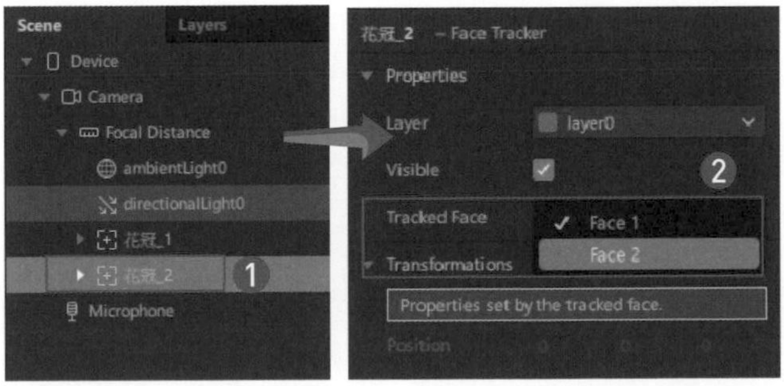

補充說明

Sparker AR Studio 中所追蹤的人臉預設僅 1 組，若要符合本範例的多人臉偵測需求，須將製作好的物件重新指向新的 Tracked Face。

當然物件的內容不見得都要相同，可以製作出數種效果，只要將其指定對應的追蹤人臉即可。

Spark AR Studio 在 Tracked Face 數量上最多只能同時支援 5 個。手機鏡頭中若同時有 5 人時不見得全都能偵測到，因為會考量到手機鏡頭畫素、人臉與鏡頭距離及是否有遮蔽狀況等因素。

STEP03 同理，再複製一組相同花冠物件，並於 Tracked Face 屬性中將值調整為「Face 3」，作為第三個人臉使用。

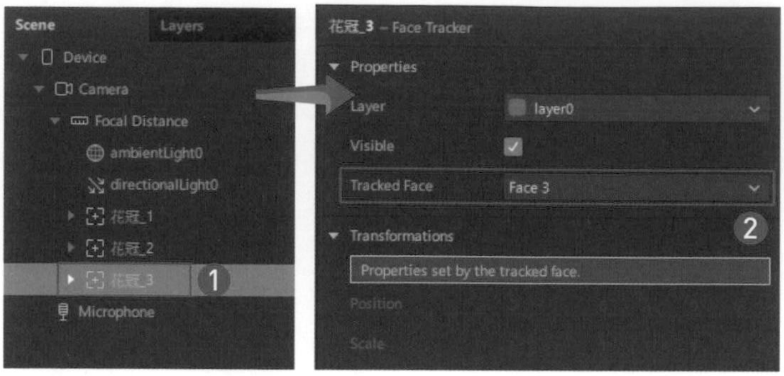

11.3 濾鏡測試

STEP01 點擊「File > Save」或快速鍵 (Ctrl + S) 來儲存專案。

STEP02 點擊「Test on device」按鈕後，於 Test on device 面板中選擇要測試的平台或方式。本節以點擊 Facebook 的「Send」按鈕進行測試為例，待發佈成功後可於 Facebook App 中進行濾鏡特效測試。

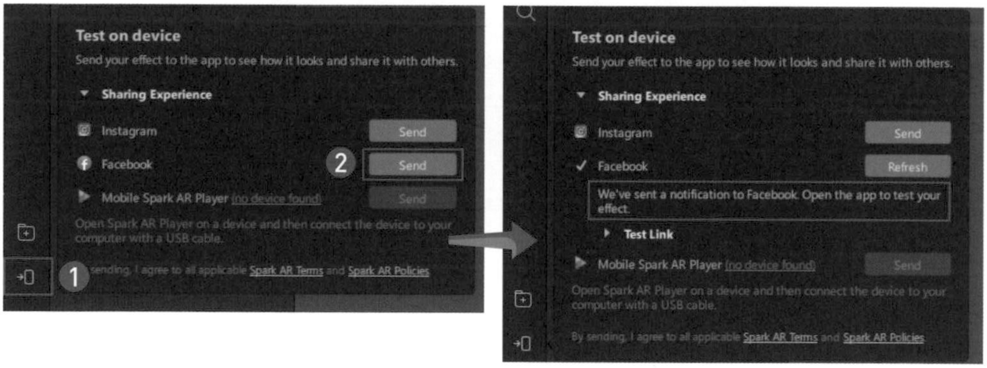

STEP03 專案製作完畢，發佈上架流程請參考第 19 章。

CHAPTER 12

黑白電影

★★★★★

多數人都會對照片的顏色進行調整，如調整飽和度、黑白等效果，使照片呈現出煥然一新的感覺。想使照片呈現不同感覺的效果免不了得搭配修圖App。現在就讓您在使用濾鏡拍照同時就可調整黑白比例，輕鬆拍出不一樣感覺的照片。

學習重點

(1) 材質的近些屬性控制。
(2) 3D 文件建立。
(3) Camera 紋理與 LUT 的搭配方式，進行畫面顏色的調整。
(4) 使用 Slider UI 模塊來控制材質透明程度。

互動方式

可透過螢幕中右側的拉桿調整黑白程度。

SPARK AR 範例效果下載

12.1 建立專案

STEP 01 開啟 Spark AR Studio 軟體。

STEP 02 於 Spark AR Studio 中點擊「Sharing Experience」以建立新專案。

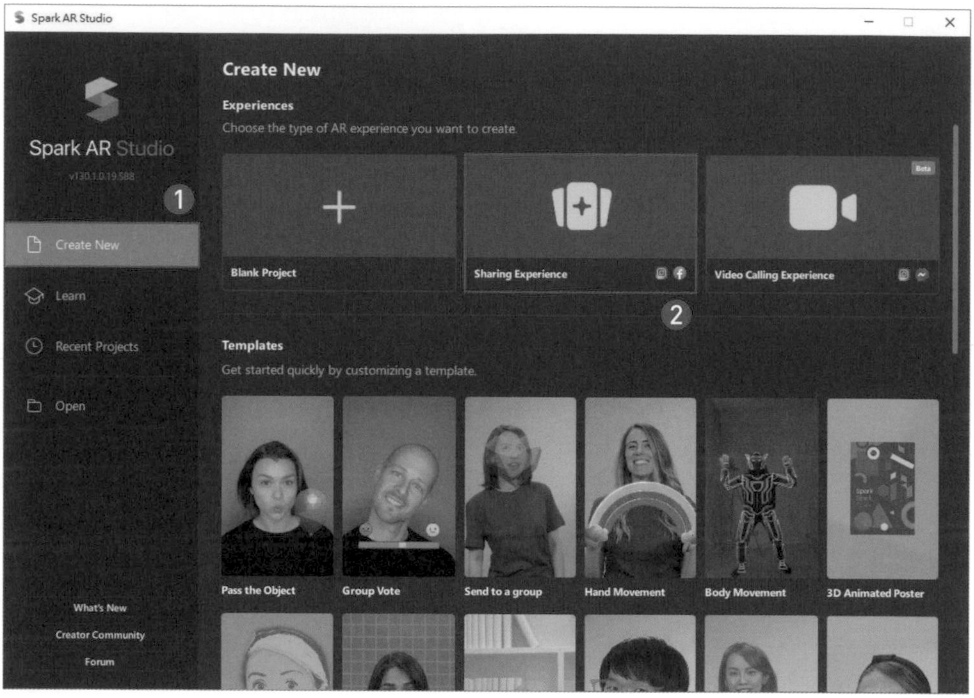

STEP 03 點擊「File > Save」或快速鍵 (Ctrl + S) 以儲存專案。

STEP 04 儲存名稱為「黑白電影」。

12.2 內容建立

12.2.1 基礎內容

STEP 01 於 Scene 面板中，點選「Focal Distance」物件，並點擊「滑鼠右鍵 > Add Object > Canvas」以增加畫布物件。

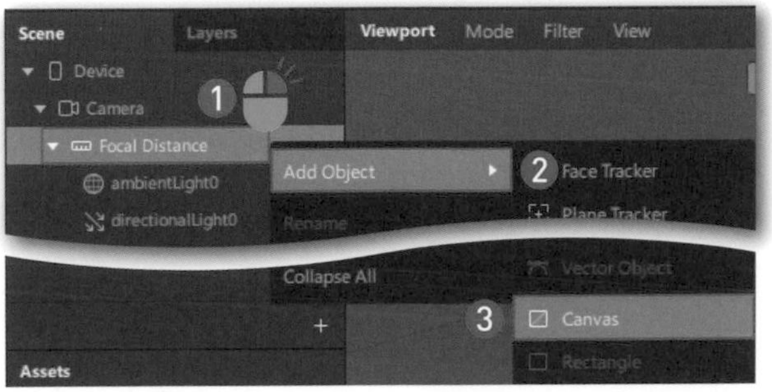

STEP 02 點選「canvas0」物件，並點擊「滑鼠右鍵 > Rename」，重新命名為「風格」。

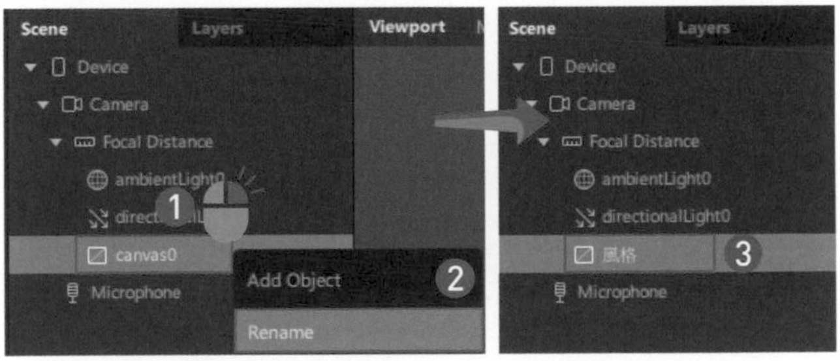

STEP 03 點選「風格」畫布物件，並點擊「滑鼠右鍵 > Add Object > Rectangle」以增加矩形物件。

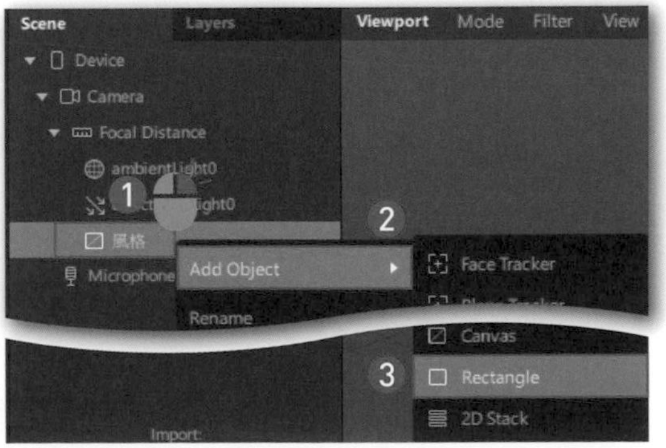

STEP 04 點選「rectangle0」物件，並點擊「滑鼠右鍵 > Rename」，重新命名為「背景」。

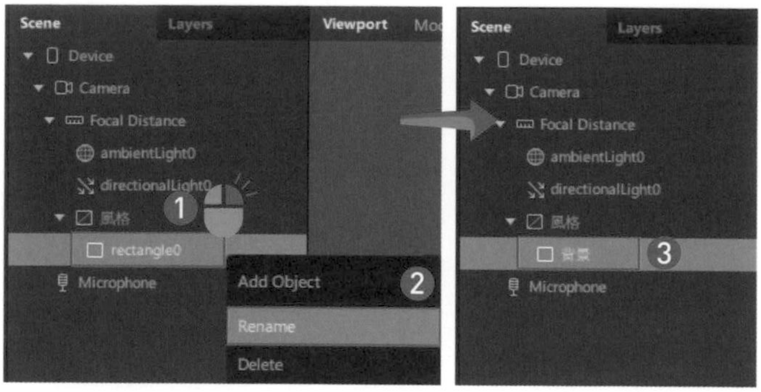

STEP 05 點選「背景」物件狀態下，於右側 Inspector 面板中，分別點擊 Width 與 Height 兩者屬性值，並逐步選取「Fill Width」與「Fill Height」，使其物件的尺寸會自動填滿整個 Canvas 畫布大小。

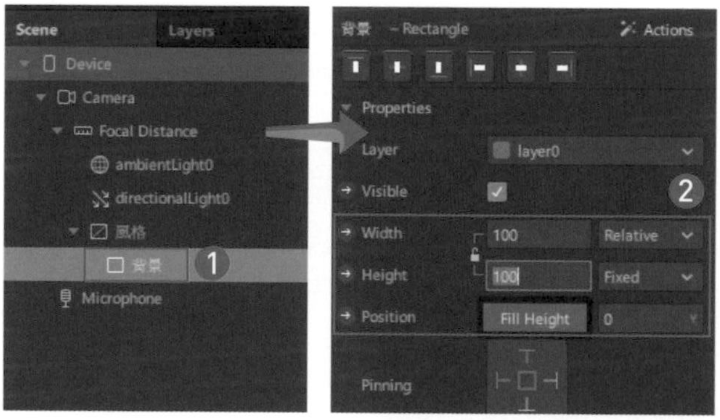

STEP 06 點選「背景」物件狀態下，點擊「滑鼠右鍵 > Duplicate」使複製出一個相同物件。

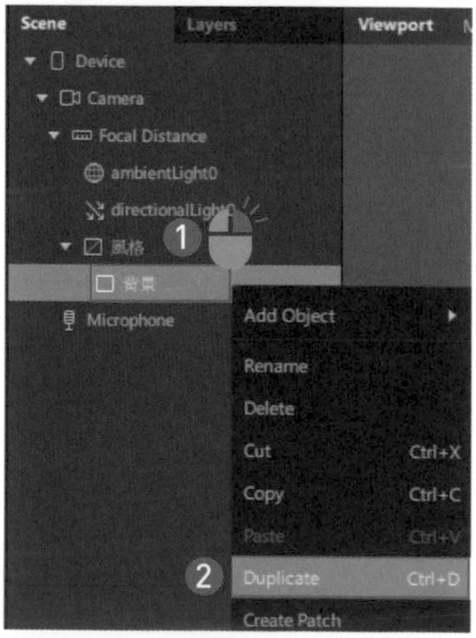

STEP 07 點選「背景 0」物件，並點擊「滑鼠右鍵 > Rename」，重新命名為「雜訊」。

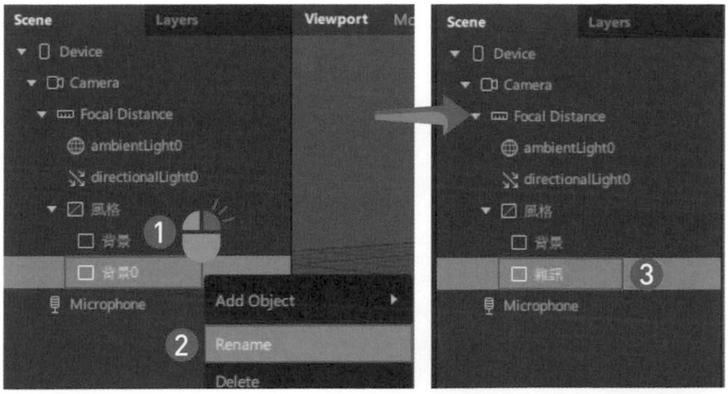

STEP 08 點選「雜訊」物件狀態下，點擊「滑鼠右鍵 > Duplicate」使複製出一個相同物件。

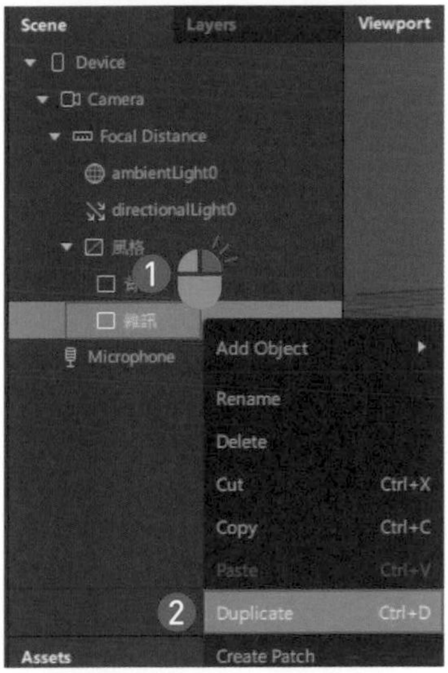

STEP 09 點選「雜訊 0」物件，並點擊「滑鼠右鍵 > Rename」，重新命名為「相框」。

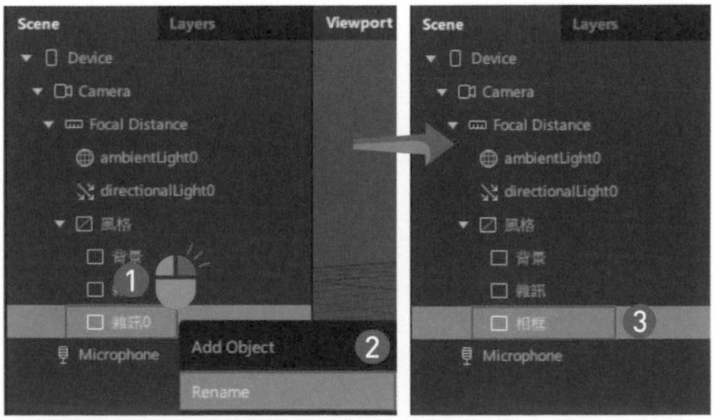

STEP10 於 Assets 面板中，點擊「+ > Import > Form Computer」選項，一次性匯入多個素材。

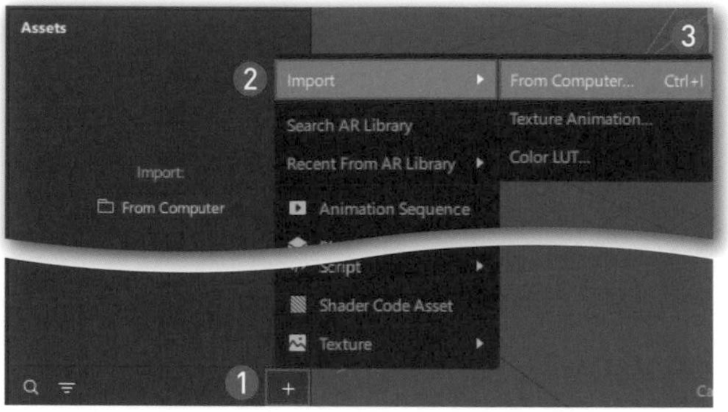

STEP11 載入所有檔案。

➢ 檔案路徑：ch12 黑白電影 > 素材

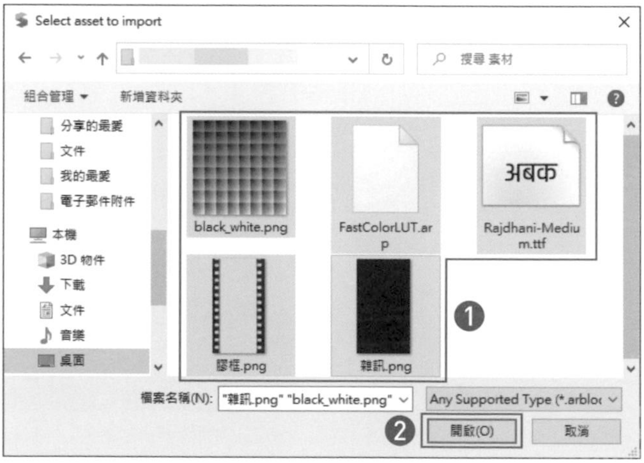

補充說明

LUT 是 Look Up Table 的簡稱，直譯就是「檢查表」的意思，也會稱它為「顏色查找表」、「色彩對應表」等，當畫面通過 LUT 輸出時，就會呈現出不同的色彩。

因此，在 Spark AR 中須有兩種檔案才可滿足此效果，一為檢查表，此表可根據需求自行設計 (如 black_white.png)、二為產生 LUT 效果的模塊，此模塊是個群組，而當中已經具備相關模塊的組合 (如 FastColorLUT.arp)，當檢查表與 Camera 材質都指向給 FastColorLUT 時，即可對指定的物件顏色進行改變。

12.2.2 背景

STEP01 於 Scene 面板中，點選「Camera」物件，於右側 Inspector 面板中，點擊 Texture Extraction 標籤中之「+」按鈕，將目前的攝影機紋理做為材質。

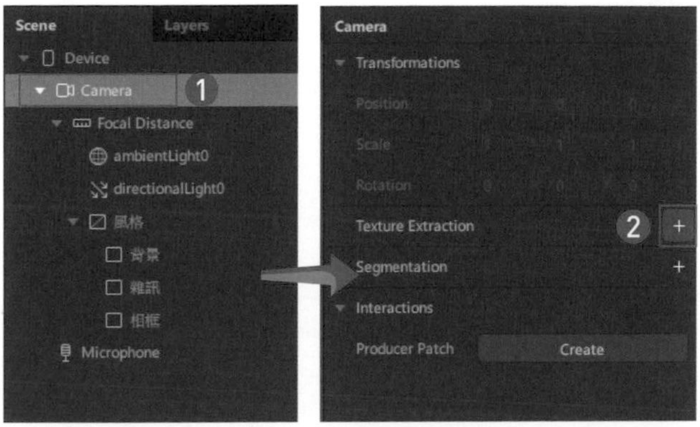

STEP02 於 Scene 面板中，點選「背景」畫布物件，於右側 Inspector 面板中，點擊 Materials 標籤中之「+」按鈕以新增材質球。

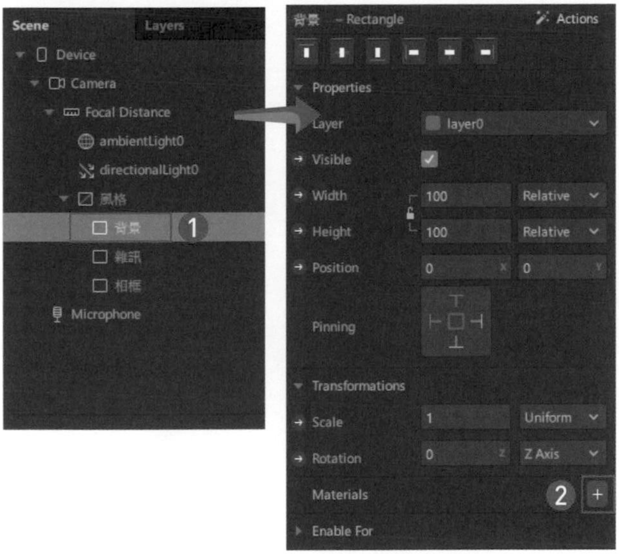

12
黑白電影

STEP03 於 Assets 面板中，點選「material0」材質球，並點擊「滑鼠右鍵 > Rename」，重新命名為「背景」。

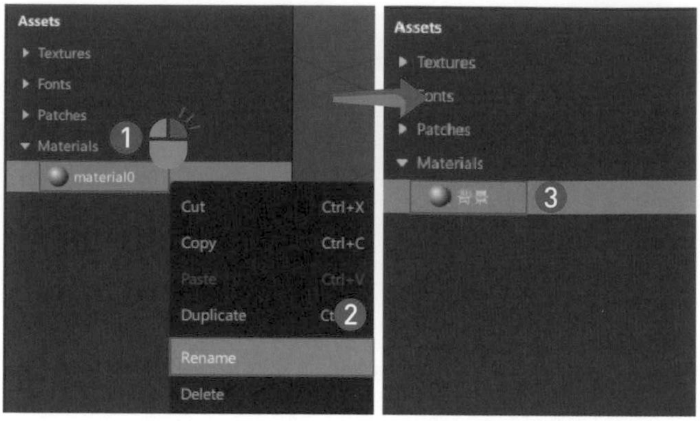

STEP04 點選「背景」材質球的狀態下，於右側 Inspector 面板中，將其 Shader Type 屬性值調整為「Flat」。

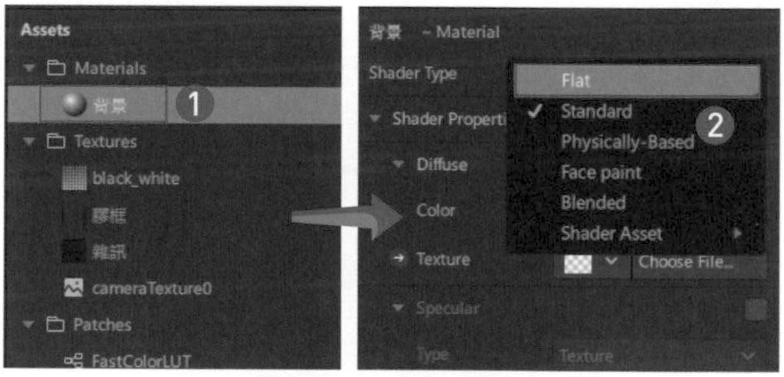

STEP05 接續，點擊「Texture 屬性 > cameraTextture0」以套用其材質。

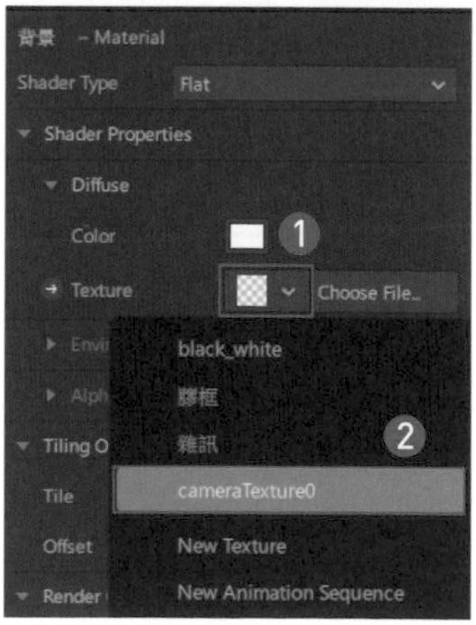

12.2.3 雜訊

STEP01 於 Scene 面板中，點選「雜訊」畫布物件，於右側 Inspector 面板中，點擊 Materials 標籤中之「+ > Create New Material」選項以新增材質球。

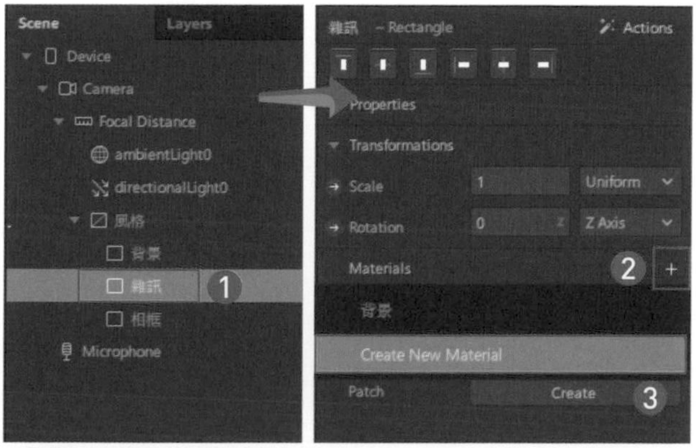

STEP02 於 Assets 面板中，點選「material0」材質球，並點擊「滑鼠右鍵 > Rename」，重新命名為「雜訊」。

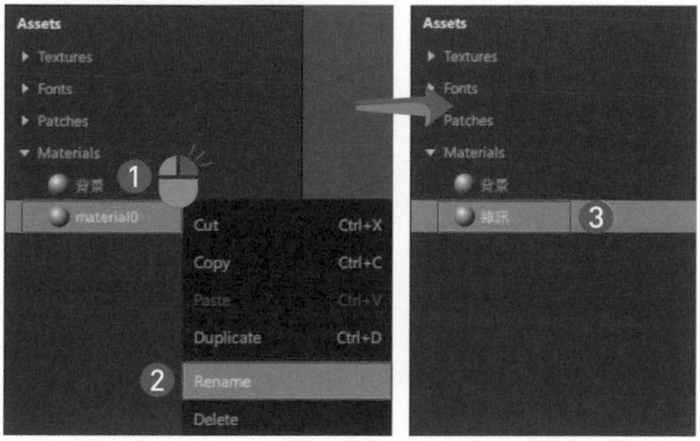

STEP03 點選「雜訊」材質球的狀態下，於右側 Inspector 面板中，將其 Shader Type 屬性值調整為「Face paint」。

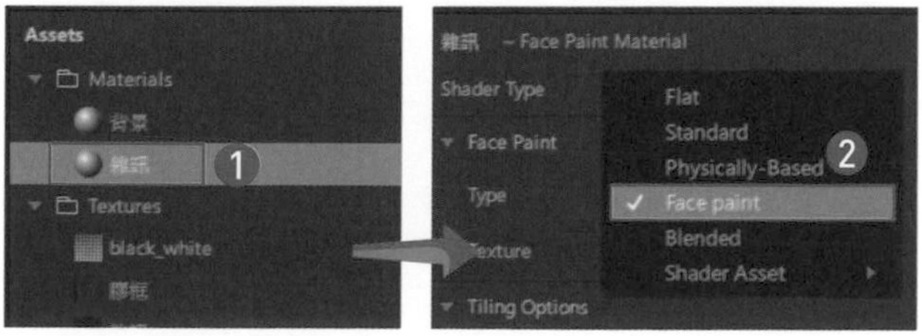

STEP 04 接續，點擊「Texture 屬性 > 雜訊」以套用其材質。

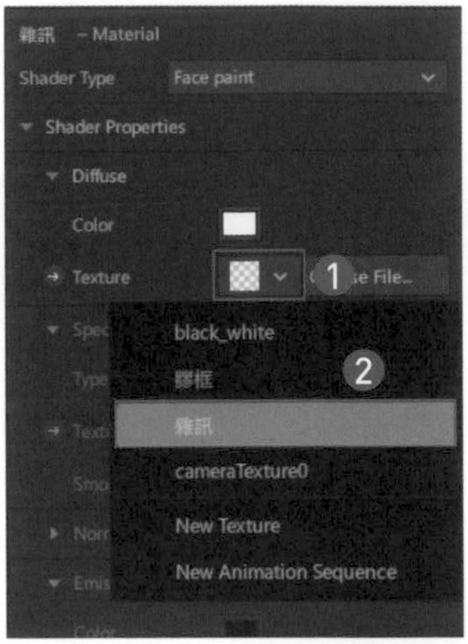

STEP 05 接續，調整 Render Options 標籤中之相關屬性，調整屬性如下：

- Opacity：7%。
- BG Influence：7%。
- Brightness：7%。

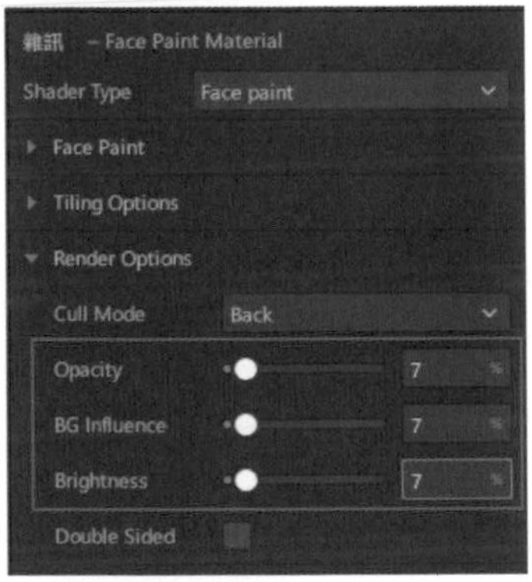

STEP 06 於 Viewport 面板與模擬器中可看到雜訊的效果。

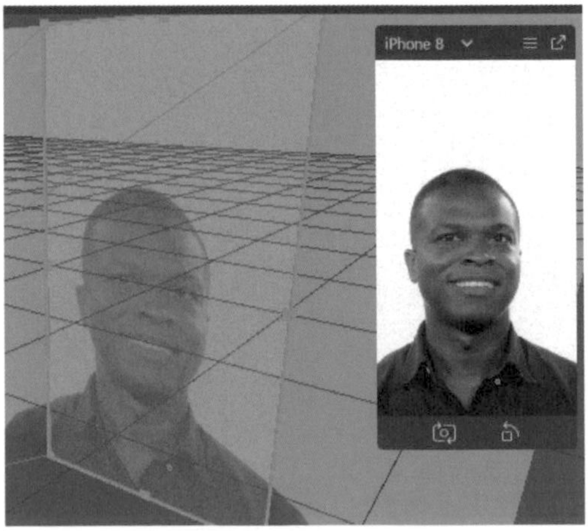

12.2.4 膠框

STEP01 於 Scene 面板中，點選「相框」畫布物件，於右側 Inspector 面板中，點擊 Materials 標籤中之「+ > Create New Material」選項以新增材質球。

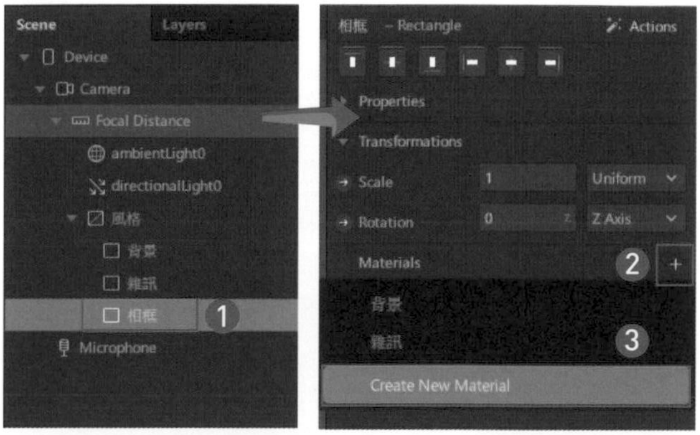

STEP02 於 Assets 面板中，點選「material0」材質球，並點擊「滑鼠右鍵 > Rename」，重新命名為「相框」。

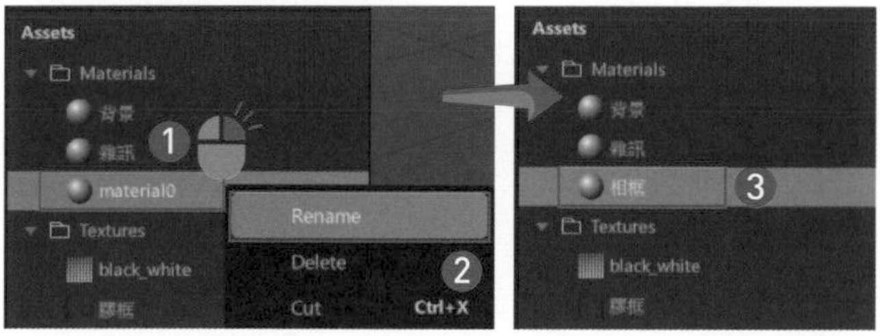

STEP03 點選「相框」材質球的狀態下，於右側 Inspector 面板中，將其 Shader Type 屬性值調整為「Flat」。

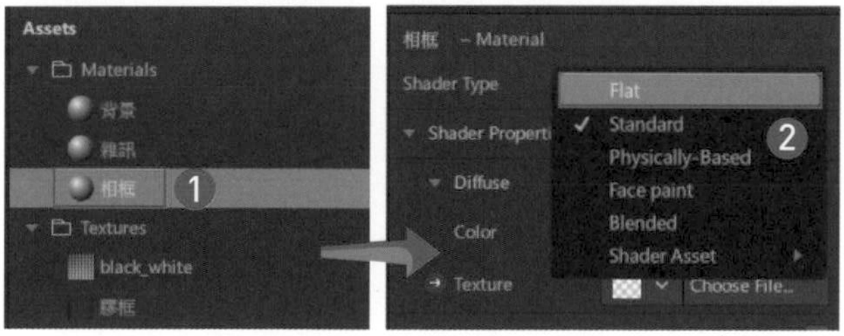

STEP04 接續，點擊「Texture 屬性 > 膠框」以套用其材質。

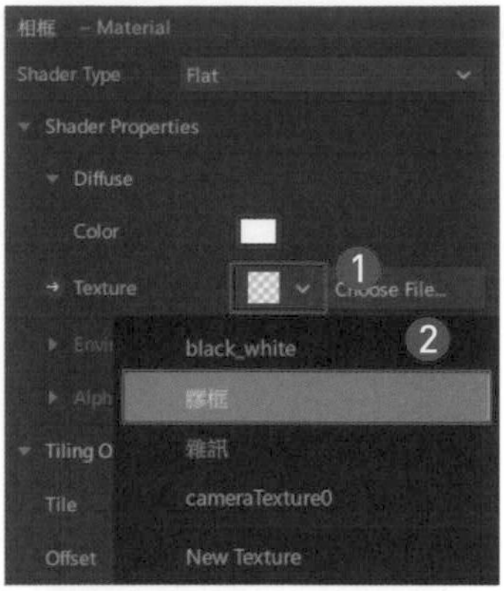

STEP05 於 Viewport 面板與模擬器中可看到膠框的效果。

12.2.5 時間文字

STEP01 於 Scene 面板中，點選「Focal Distance」物件，並點擊「滑鼠右鍵 > Add Object > 3D Text」，使新增 3D 文字。

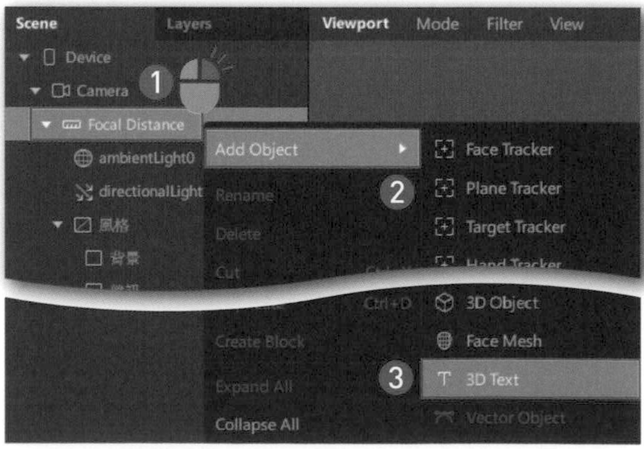

STEP02 點選「3dText0」文字物件，並點擊「滑鼠右鍵 > Rename」，重新命名為「時間」。

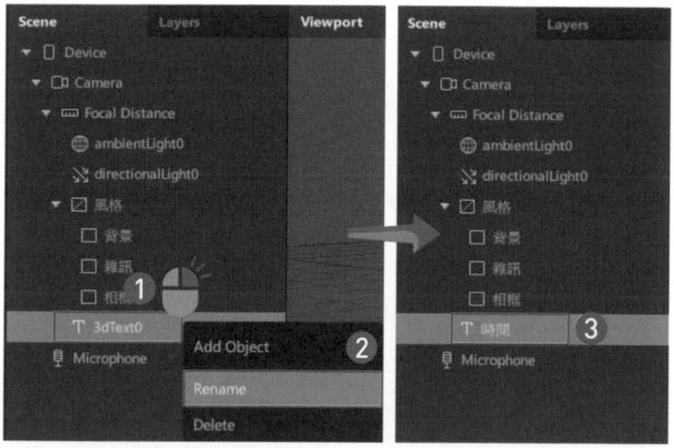

STEP03 點選「時間」文字物件的狀態下，將右側 Inspector 面板中的 Text 屬性值清除。

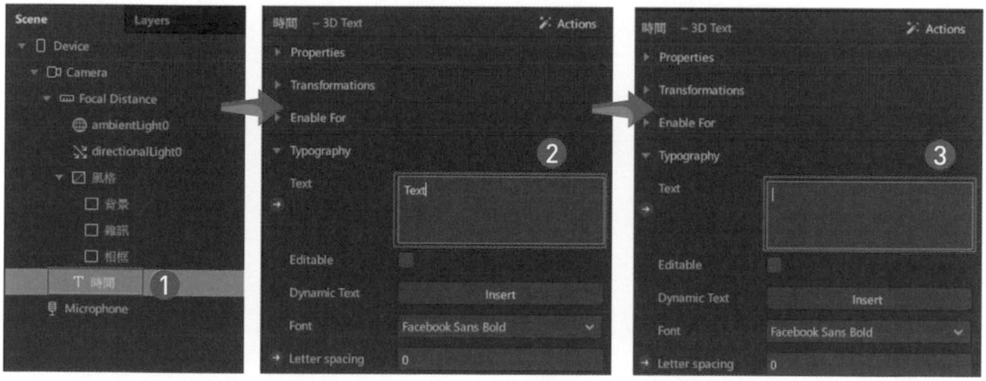

STEP04 接續，點擊「Insert > Time (Short)」使 Text 屬性值中自動填入時間的語法。

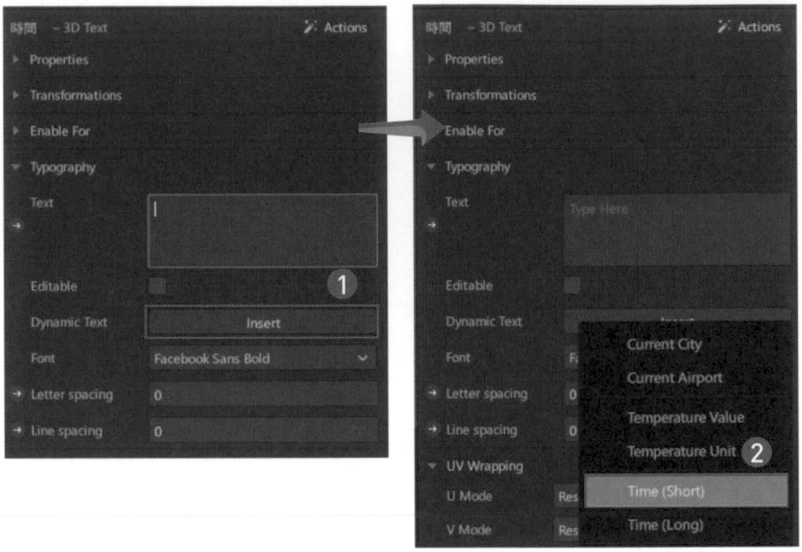

STEP05 接續，於 Font 屬性中，將其屬性值調整為「Rajdhani-Medium.ttf」字型檔案。

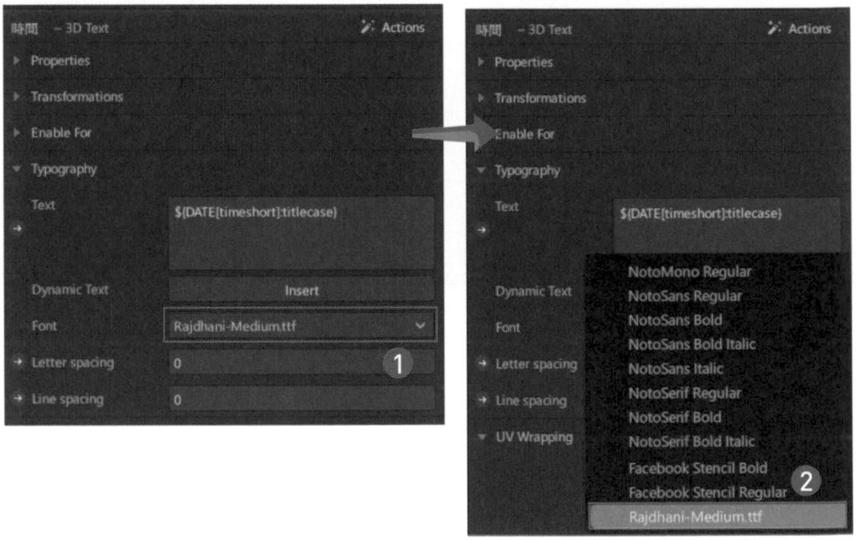

STEP 06 調整 Transformations 標籤中之相關屬性，調整屬性如下：

- Position：-0.058、0.19、0.001。
- Scale：0.0035、0.0035、0.00125。

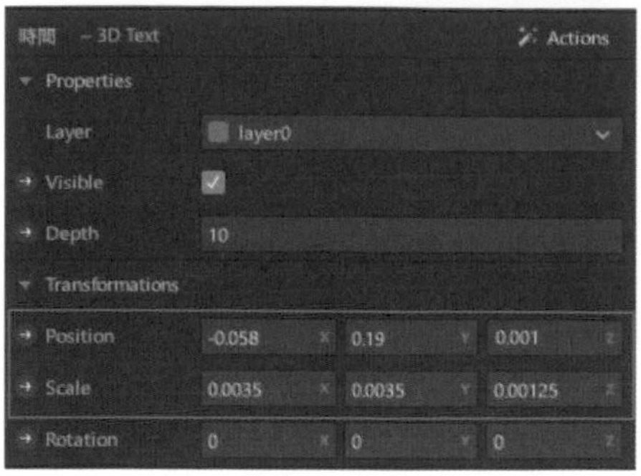

STEP 07 於 Viewport 面板與模擬器中可看到時間的效果。

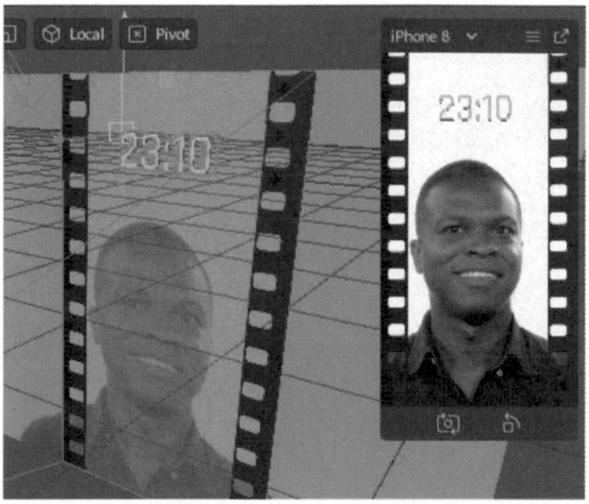

12.3 邏輯設計

此小節在邏輯編排的主要需求為，當開啟濾鏡後會的預設畫面為黑白效果，且該效果可由使用者自行調整，故透過 Slider UI 模塊達到此目的。

STEP 01 點擊「View > Show Patch Editor」以開啟 Patch Editor 面板。

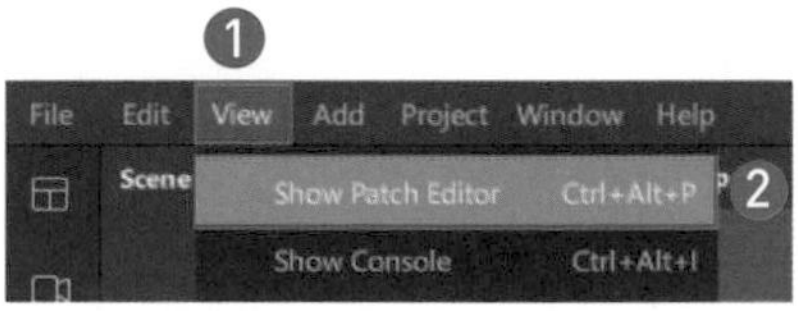

STEP02 於 Assets 面板中，按住鍵盤 Ctrl 鍵，並選取「black_white」、「cameraTexture0」與「FastColorLUT」三個物件後，拖曳至 Patch Editor 面板中。

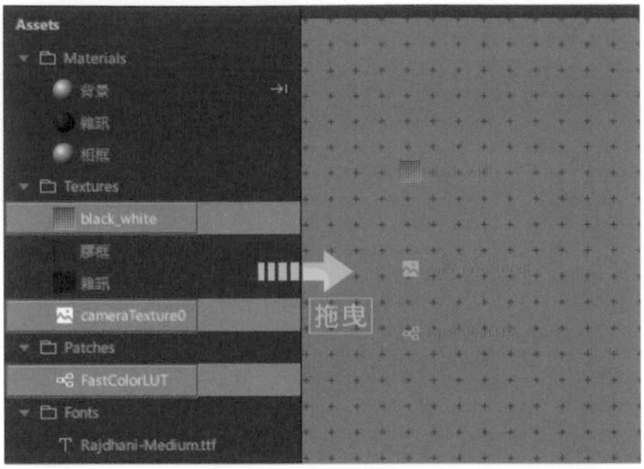

STEP03 於 Assets 面板中，選取「背景」材質球，且於右側 Inspector 面板中，點擊 Texture 屬性旁的 ➔ 按鈕，將該屬性改由模塊進行控制。

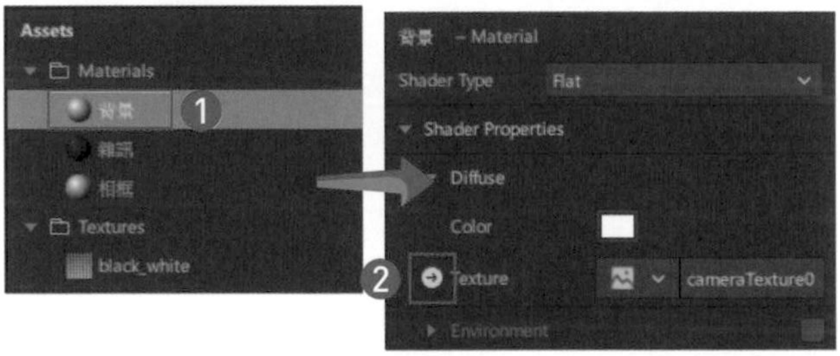

STEP04 調整 Patch Editor 面板中各模塊的位置。

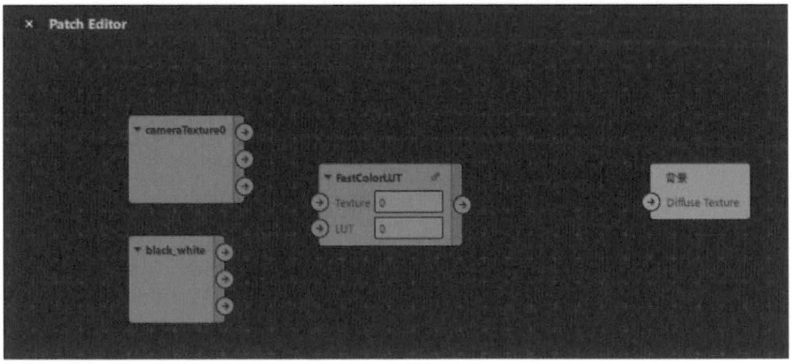

STEP 05 於 Patch Editor 面板中，點擊滑鼠左鍵兩下新增模塊，需新增模塊與數量如下：

- Multiply：1 個。
- Slider UI：1 個。

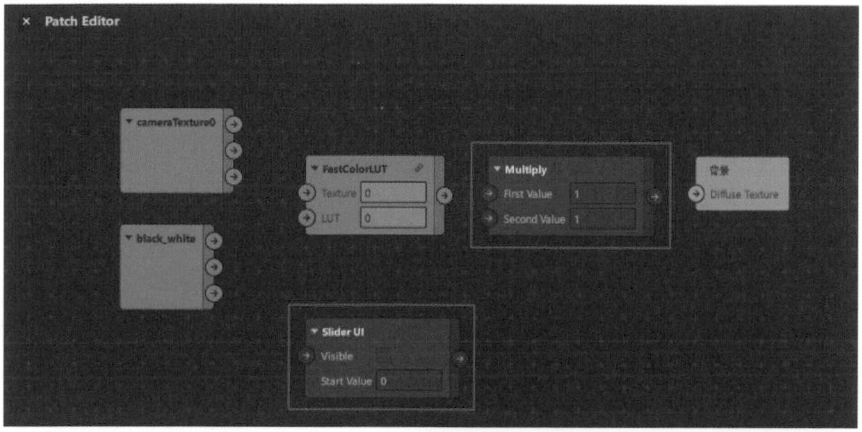

STEP 06 修改 Slider UI 模塊的相關屬性值，修改如下：

- Visible：勾選。
- Start Value：1。

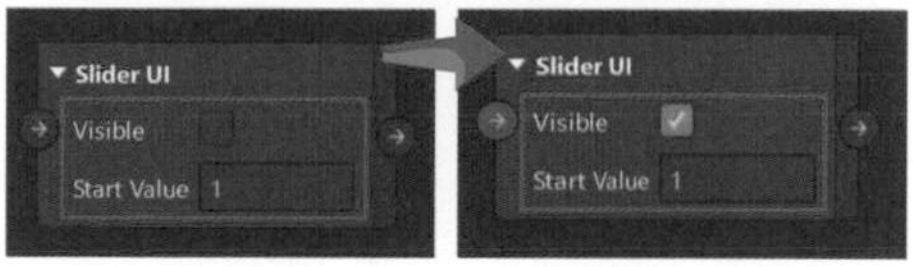

補充說明

Start Value 屬性值為 0~1 數值藉此表示顯示程度，0 為不顯示、1 為完全顯示，若只想顯示一半時則數值為 0.5。

STEP 07 將彼此間進行連線以完成運算邏輯的編排，結果如圖所示。

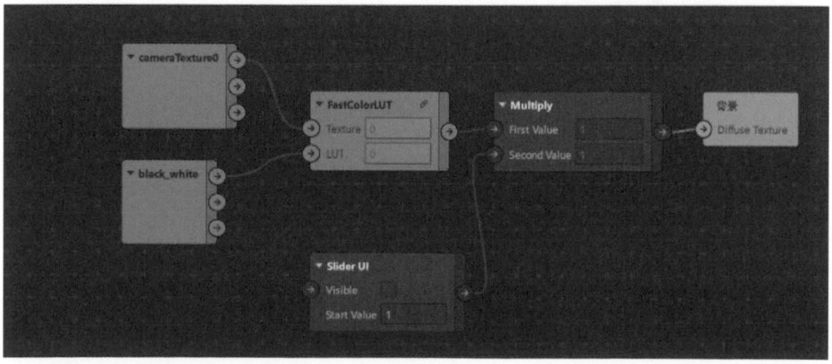

STEP08 於 Viewport 面板與模擬器中可看見整體效果。

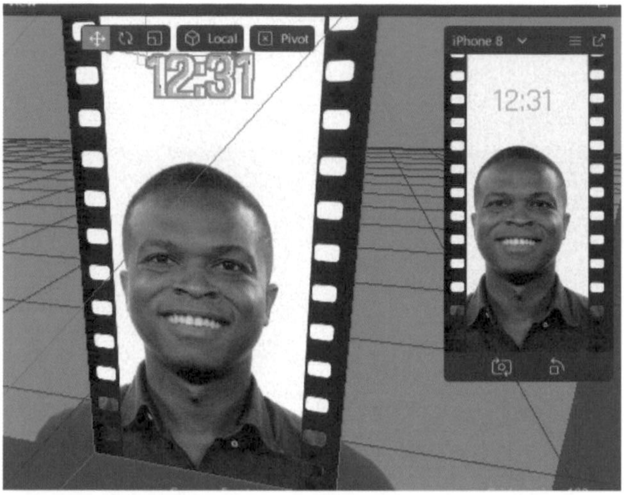

12.4 濾鏡測試

STEP01 點擊「File > Save」或快速鍵 (Ctrl + S) 來儲存專案。

STEP02 點擊「Test on device」按鈕後，於 Test on device 面板中選擇要測試的平台或方式。本節以點擊 Facebook 的「Send」按鈕進行測試為例，待發佈成功後可於 Facebook App 中進行濾鏡特效測試。

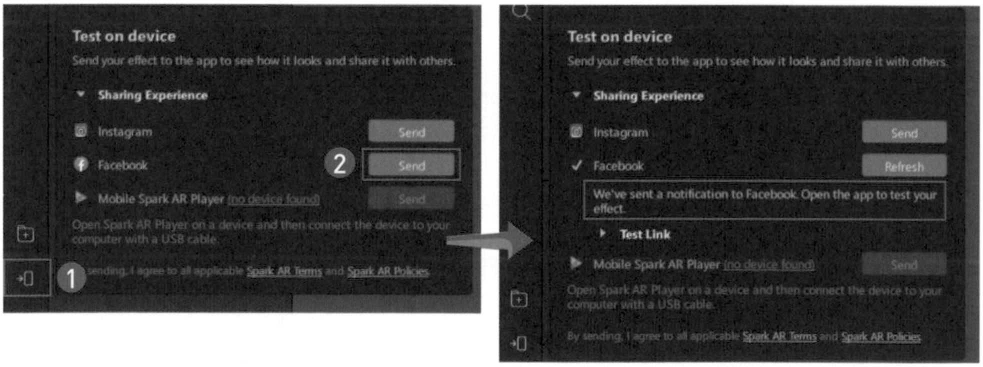

STEP03 專案製作完畢，發佈上架流程請參考第 19 章。

CHAPTER 13

閃亮貼片

想要像那些知名影星般，舉手投足身旁都有鎂光燈在閃爍，感覺世界都聚焦在自己身上嗎？現在就使用這款濾鏡讓自己搖身一變成為超級巨星吧！

學習重點

Device 與 Camera 的運用。

SPARK AR 範例效果下載

13.1 建立專案

STEP01 開啟 Spark AR Studio 軟體。

STEP02 於 Spark AR Studio 中點擊「Sharing Experience」以建立新專案。

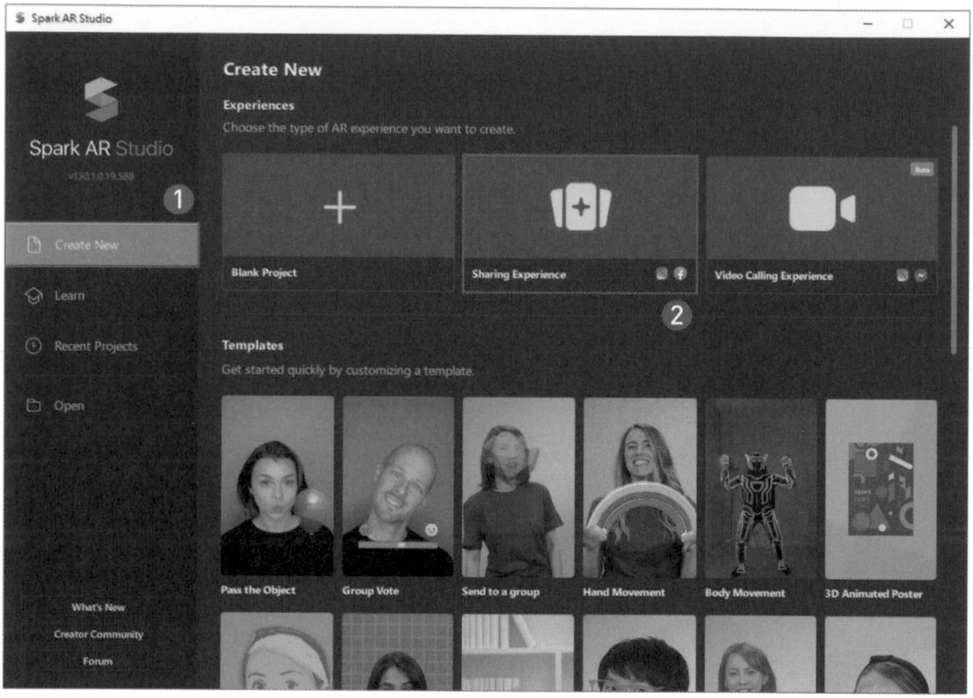

STEP03 點擊「File > Save」或快速鍵 (Ctrl + S) 以儲存專案。

STEP04 儲存名稱為「閃亮貼片」。

13.2 內容建立

STEP01 於 Scene 面板中，點選「Focal Distance」物件，並點擊「滑鼠右鍵 > Add Object > Canvas」以增加畫布物件。

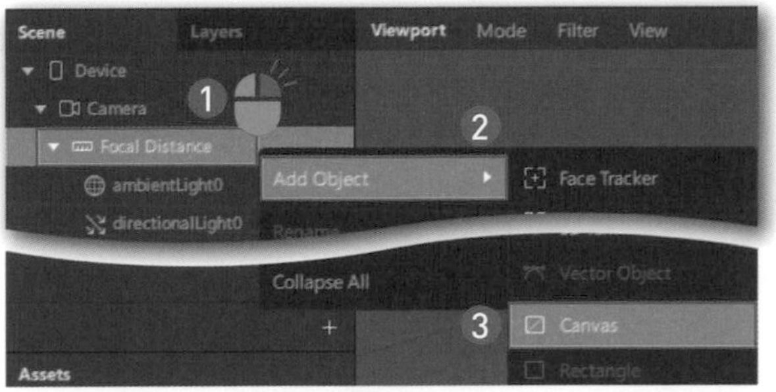

STEP02 點選「Canvas0」畫布物件，並點擊「滑鼠右鍵 > Add Object > Rectangle」以增加矩形物件。

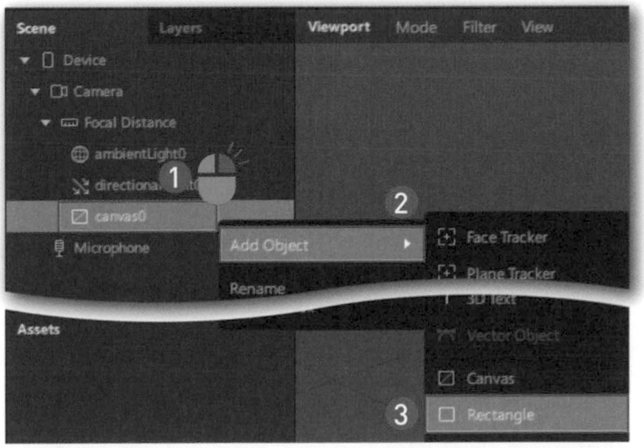

STEP03 點選「rectangle0」物件，並點擊「滑鼠右鍵 > Rename」，重新命名為「閃亮貼片」。

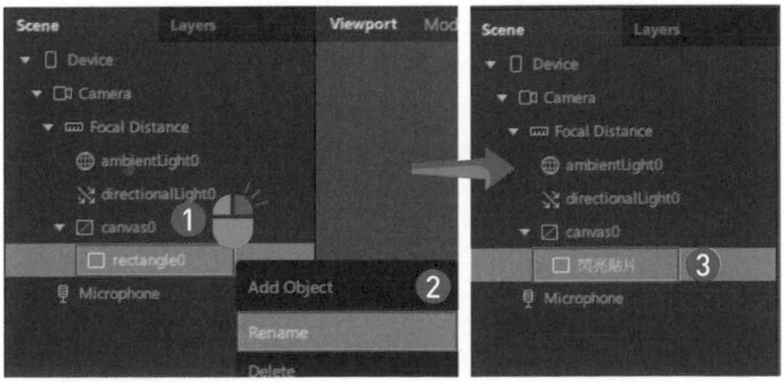

STEP 04 點選「閃亮貼片」物件狀態下，於右側 Inspector 面板中，分別點擊 Width 與 Height 兩者屬性值，並逐步選取「Fill Width」與「Fill Height」，使其物件的尺寸會自動填滿整個 Canvas 畫布大小。

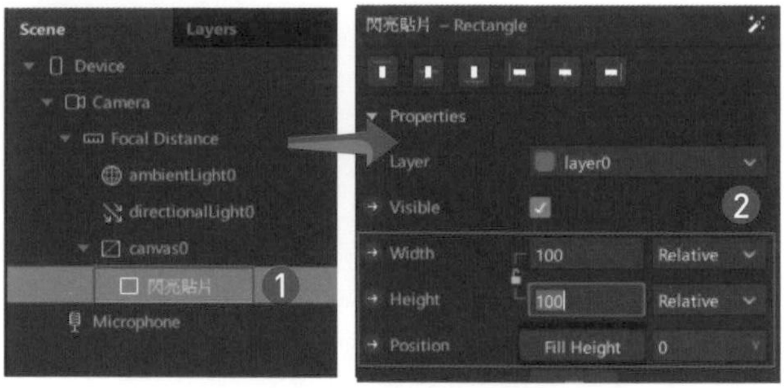

STEP 05 接續，點擊 Materials 標籤中之「+」按鈕以新增材質球。

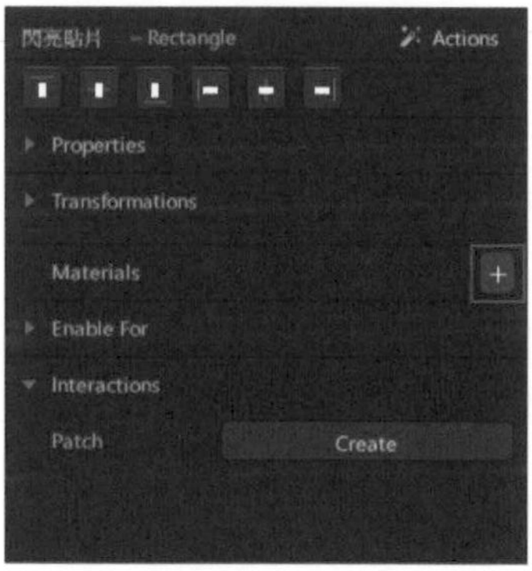

STEP 06 於 Assets 面板中，點選「material0」材質球，並點擊「滑鼠右鍵 > Rename」，重新命名為「閃亮貼片」。

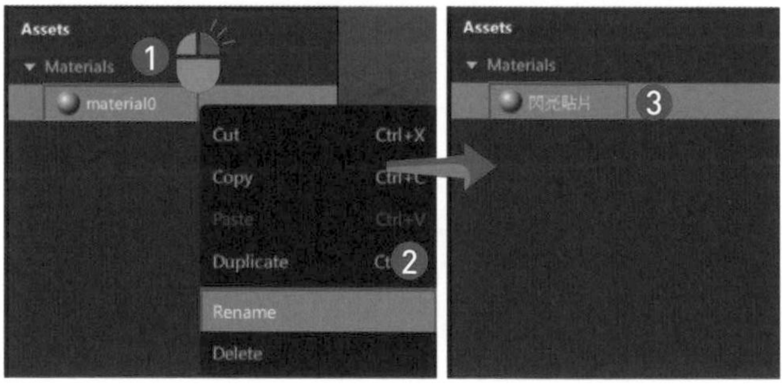

STEP 07 點選「閃亮貼片」材質球的狀態下，於右側 Inspector 面板中，將其 Shader Type 屬性值調整為「Flat」。

STEP 08 接續，「勾選」Alpha 標籤，使展開該標籤選項。

STEP 09 於 Alpha 標籤中，點擊「Texture 屬性 > New Texture」以開啟載入檔案視窗。

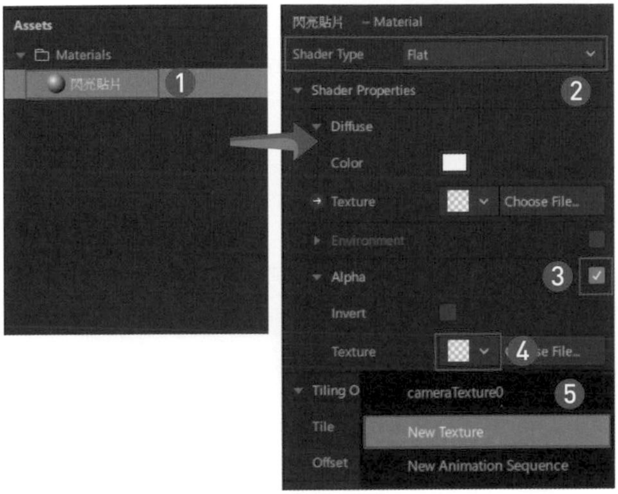

STEP 10 載入「Sparkle.png」檔案。

➤ 檔案路徑：ch13 閃亮世界 > 素材

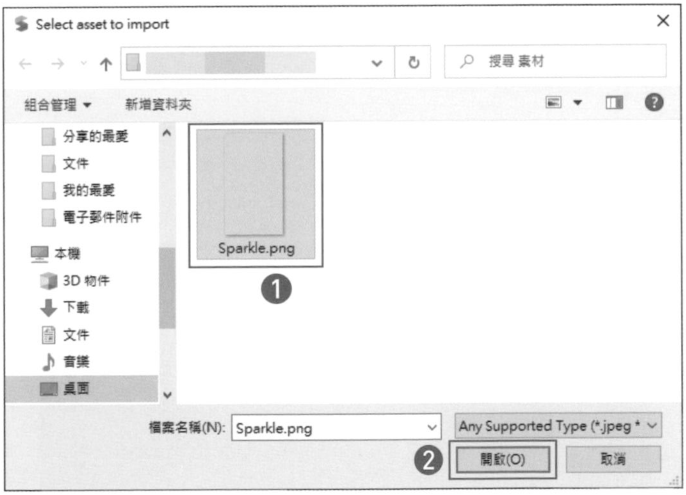

13

閃亮貼片

STEP 11 接續，於 Render Option 標籤中，將 Blend Mode 屬性調整為「Add」。

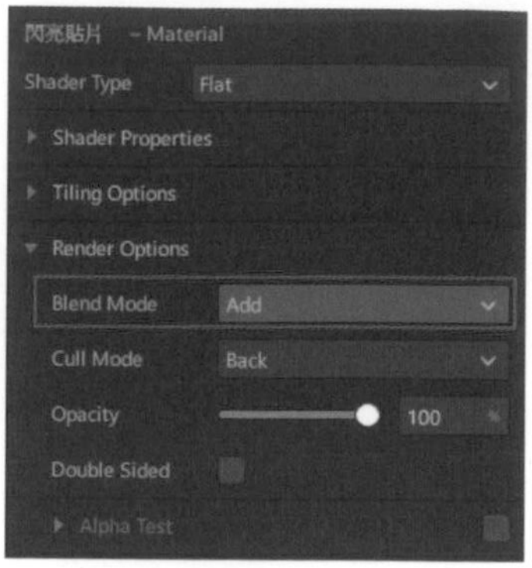

STEP 12 於 Viewport 面板與模擬器中可看到閃亮材質的效果。

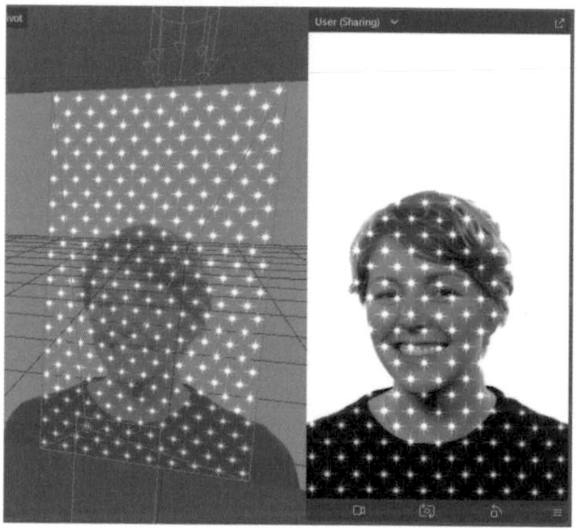

STEP 13 於 Assets 面板中，點擊「+ > Import > Form Computer」選項，來匯入其他素材檔案。

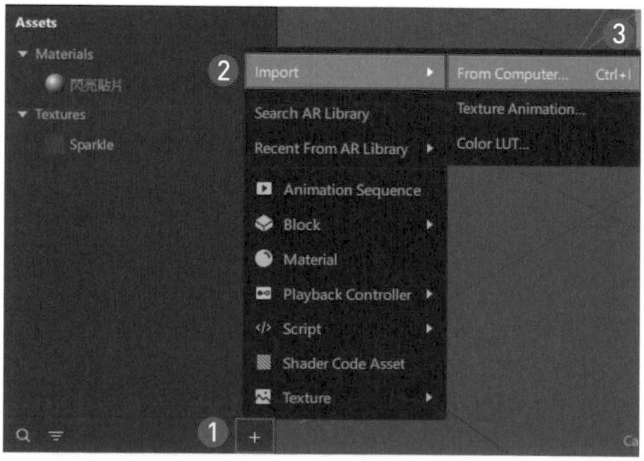

STEP 14 載入「Patch Glitter.arp」檔案。

➢ 檔案路徑：ch13 閃亮世界 > 素材

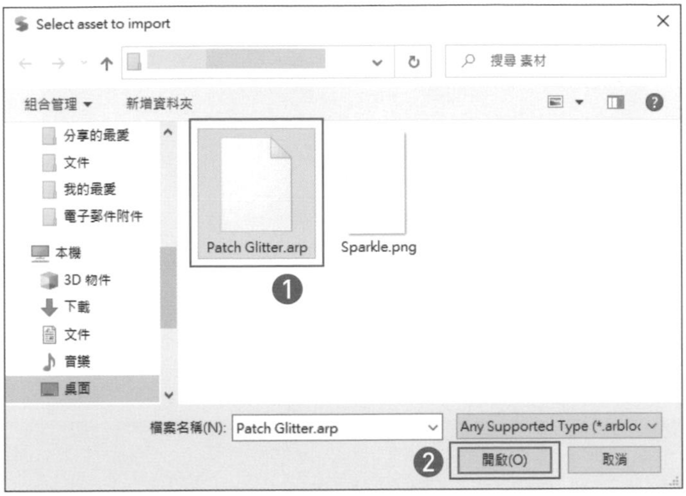

13.3 邏輯設計

此小節在邏輯編排的主要需求為，當畫面中有物體進行移動時，所移動的範圍對應到貼片材質而產生遮蔽範圍，使達到每次移動的範圍均有閃亮貼片的效果。

STEP 01 於 Scene 面板中，點選「Camera」物件，於右側 Inspector 面板中，點擊 Texture Extraction 標籤中之 Texture 的「+」按鈕，將目前的攝影機紋理作為材質。

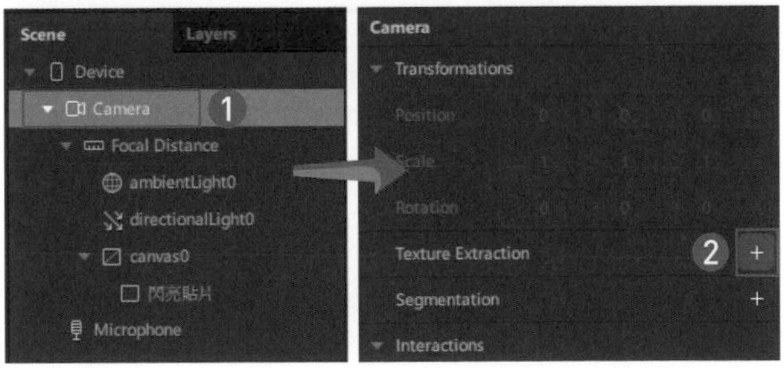

STEP02 於 Scene 面板中，點選「Device」物件，且於右側 Inspector 面板中，點擊 Producer Patch 屬性的「Create 按鈕」。

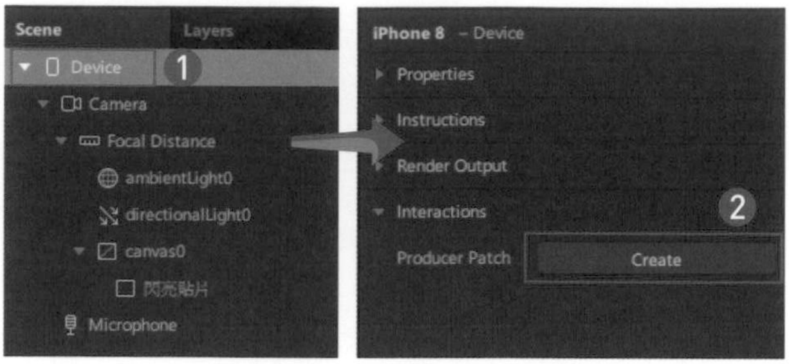

STEP03 於 Assets 面板中，按住鍵盤 Ctrl 鍵，並選取「cameraTexture0」與「Patch Glitter」兩個物件後拖曳至 Patch Editor 面板中。

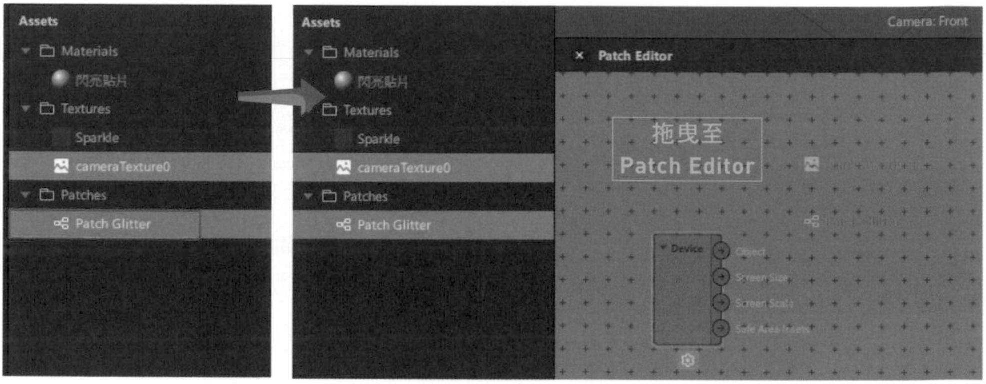

STEP04 調整 Patch Editor 面板中各模塊的位置。

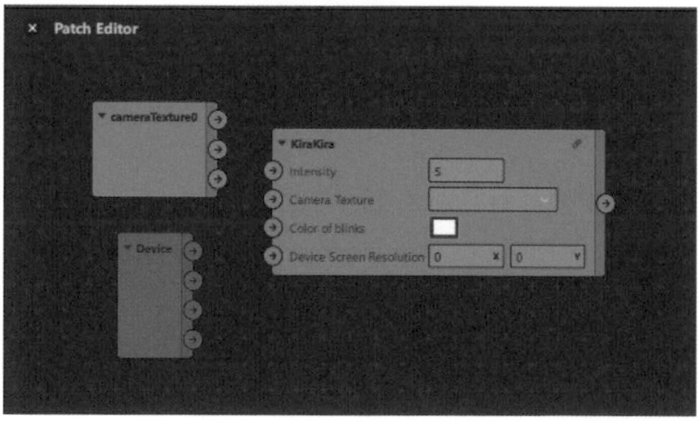

STEP 05 於 Assets 面板中，選取「閃亮貼片」材質球，且於右側 Inspector 面板中，點擊 Texture 屬性旁的 ➔ 按鈕，將該屬性改由模塊進行控制。

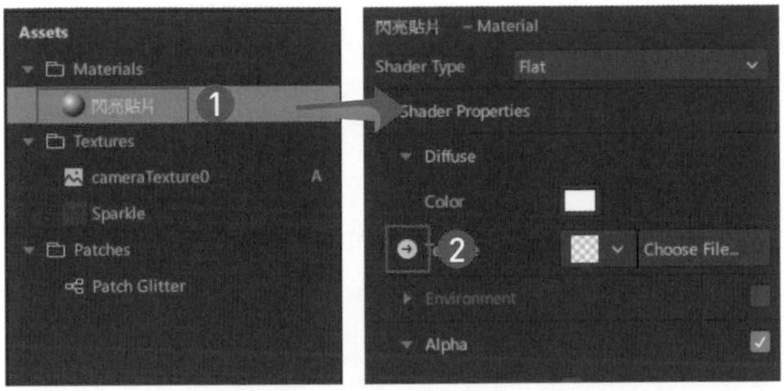

STEP 06 調整 Patch Editor 面板中各模塊的位置，並將彼此間進行連線以完成運算邏輯的編排，結果如圖所示。

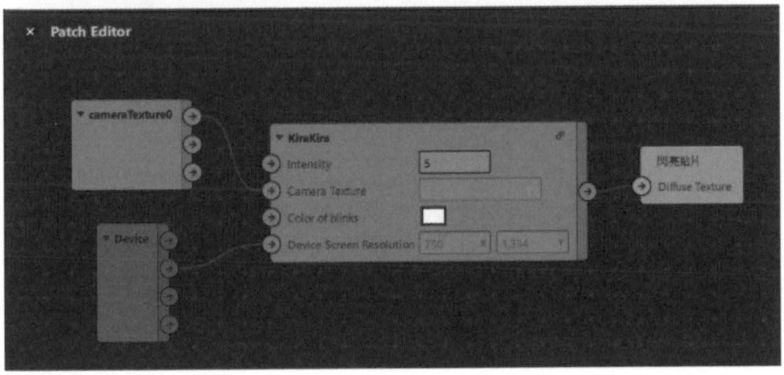

13.4 濾鏡測試

STEP01 點擊「File > Save」或快速鍵 (Ctrl + S) 來儲存專案。

STEP02 點擊「Test on device」按鈕後，於 Test on device 面板中選擇要測試的平台或方式。本節以點擊 Facebook 的「Send」按鈕進行測試為例，待發佈成功後可於 Facebook App 中進行濾鏡特效測試。

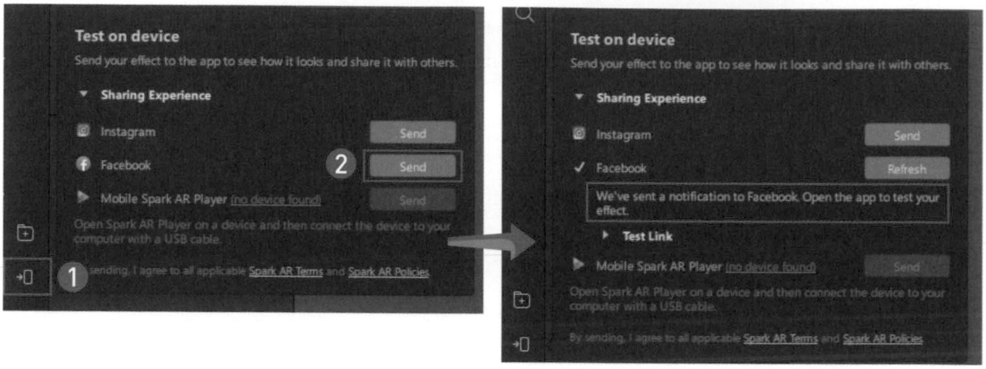

STEP03 專案製作完畢，發佈上架流程請參考第 19 章。

CHAPTER 14

留戀

★★★★★

有時是否想要跟自己的好友分享所看到所體驗到的事物，此刻偏偏他又不在身邊呢？現在透過濾鏡來把朋友的照片加到你的畫面中吧！

學習重點

Gallery Texture 的使用。

互動方式

點擊螢幕中的載入媒體按鈕可從手機媒體庫中載入照片。

SPARK AR 範例效果下載

14.1 建立專案

STEP01 開啟 Spark AR Studio 軟體。

STEP02 於 Spark AR Studio 中點擊「Sharing Experience」以建立新專案。

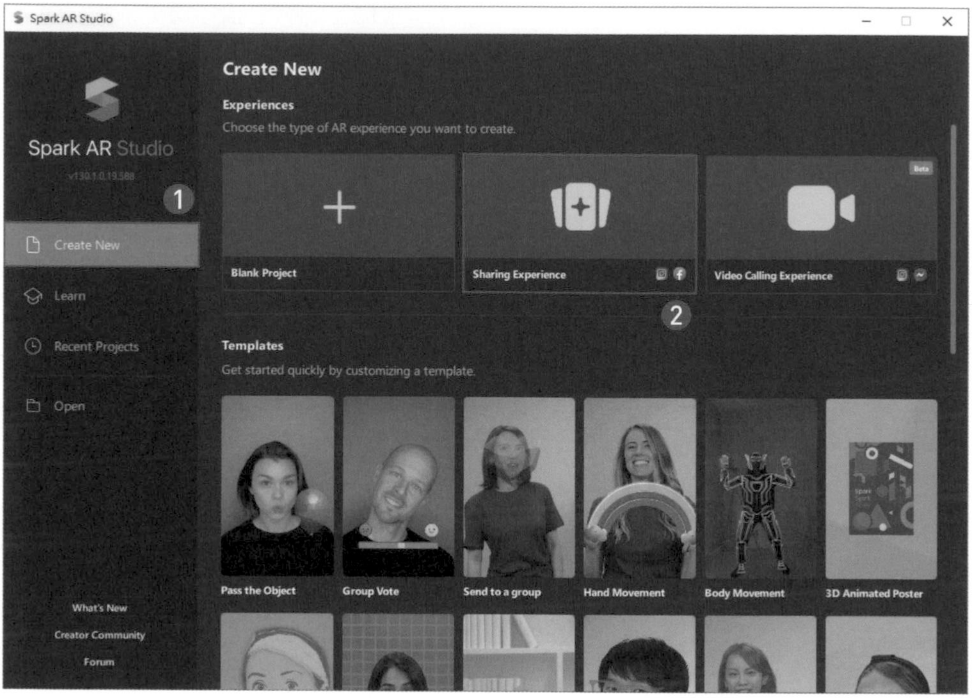

STEP03 點擊「File > Save」或快速鍵 (Ctrl + S) 以儲存專案。

STEP04 儲存名稱為「留戀」。

14.2 內容建立

14.2.1 相框

STEP01 於 Scene 面板中，點選「Focal Distance」物件，並點擊「滑鼠右鍵 > Add Obsject > Null Object」以增加空物件。

STEP02 點選「nullObject0」物件，並點擊「滑鼠右鍵 > Rename」，重新命名為「相框組」。

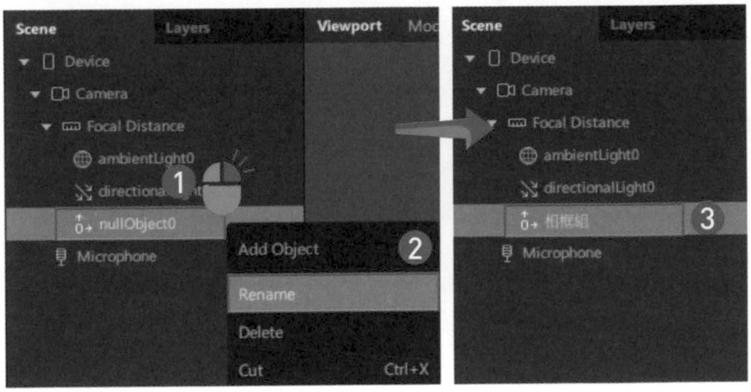

STEP03 點選「相框組」物件，並點擊「滑鼠右鍵 > Add Object > Plane」以增加平面物件。

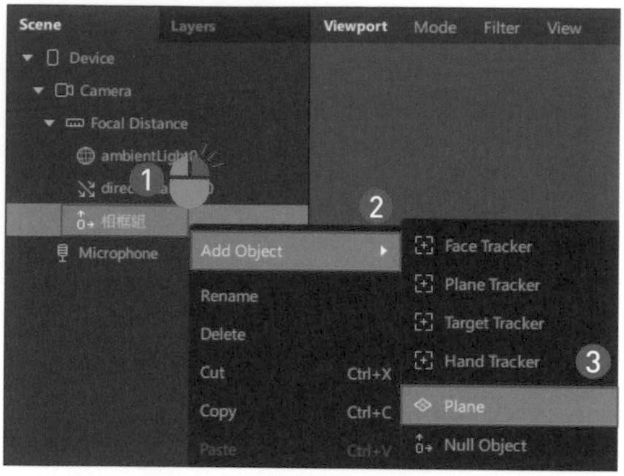

STEP04 點選「Plane0」物件，並點擊「滑鼠右鍵 > Rename」，重新命名為「相框」。

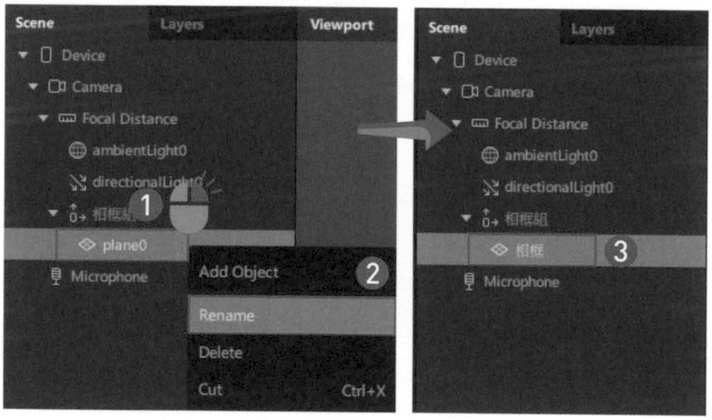

STEP05 點選「相框」物件狀態下，於右側 Inspector 面板中，點擊 Materials 標籤中之「+」按鈕以新增材質球。

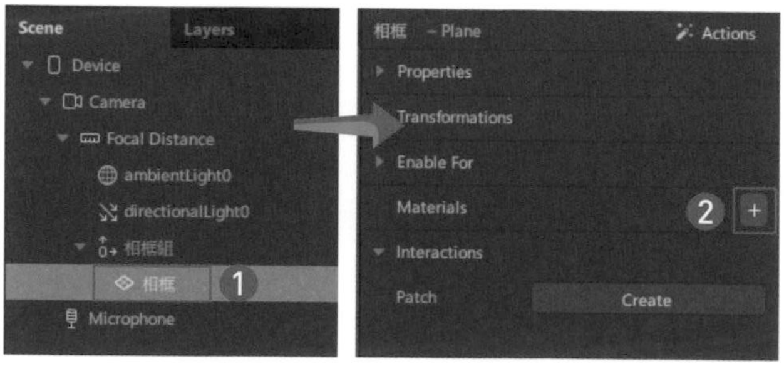

STEP06 於 Assets 面板中，點選「material0」材質球，並點擊「滑鼠右鍵 > Rename」，重新命名為「相框」。

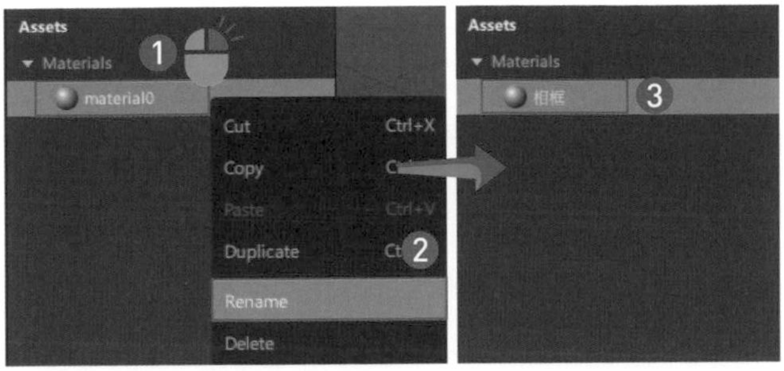

STEP07 點選「相框」材質球的狀態下，於右側 Inspector 面板中，將其 Shader Type 屬性值調整為「Flat」。

STEP08 接續，點擊「Texture 屬性 > New Texture」以開啟載入檔案視窗。

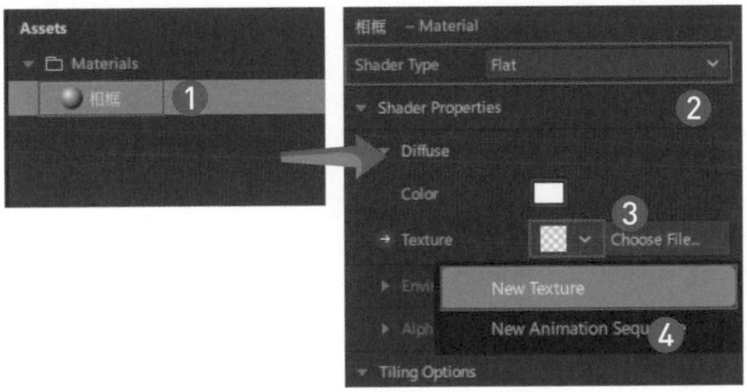

STEP09 載入「相框 1.png」檔案。

➢ 檔案路徑：ch14 留戀 > 素材

STEP 10 於 Scene 面板中，點選「相框」平面物件狀態下，於右側 Inspector 面板中，調整 Transformations 標籤中之相關屬性，調整屬性如下：

- Position：-0.05、0.125、0。
- Scale：1.45、2、1。

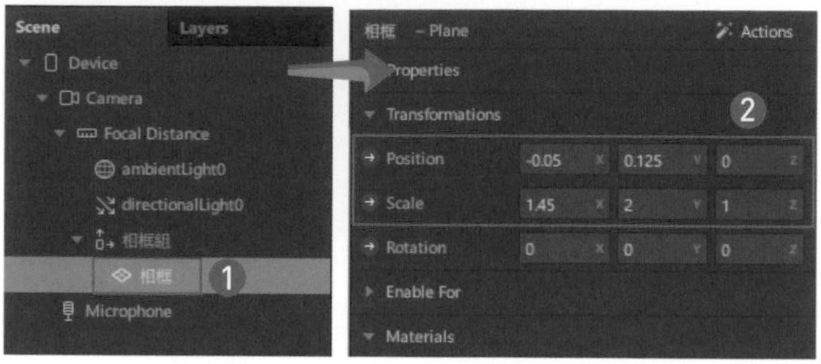

STEP 11 於 Viewport 面板與模擬器中可看到相框的效果。

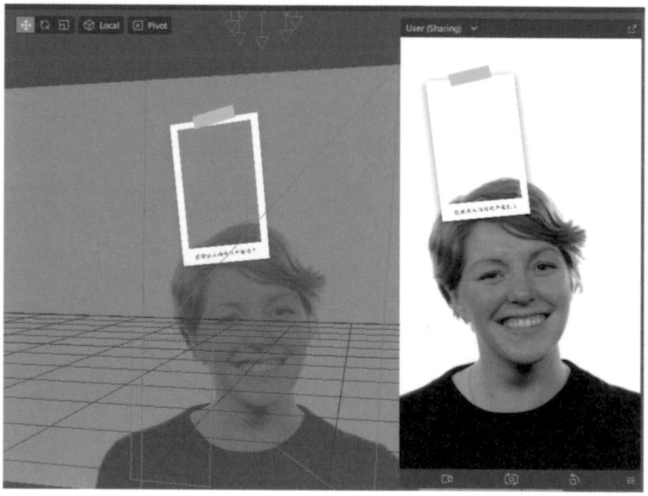

14.2.2 相機畫面

STEP01 點選「相框組」空物件，並點擊「滑鼠右鍵 > Add Object > Plane」以增加平面物件。

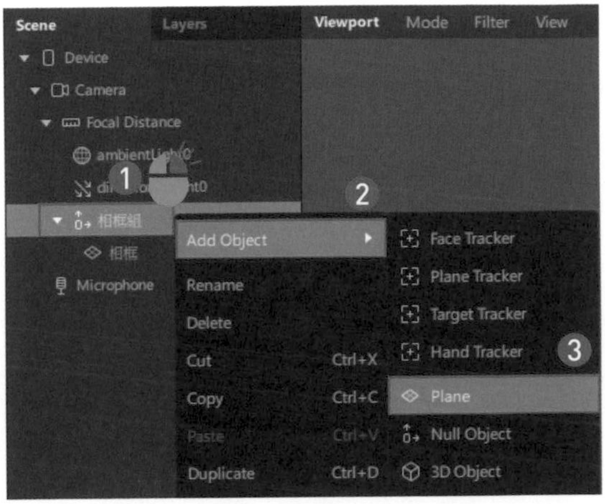

STEP02 點選「Plane0」物件，並點擊「滑鼠右鍵 > Rename」，重新命名為「相片」。

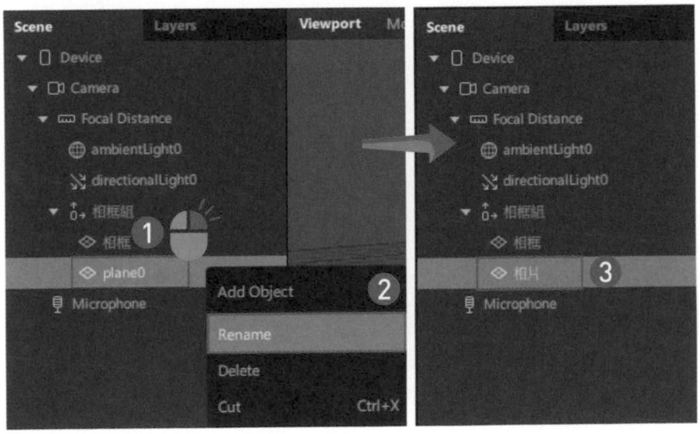

STEP03 點選「相片」物件狀態下，於右側 Inspector 面板中，調整 Transformations 標籤中之相關屬性，調整屬性如下：

- Position：-0.05、0.128、0。
- Scale：0.85、1.38、1。
- Rotation：0、0、7。

STEP04 於模擬器中可看見相框組的效果。

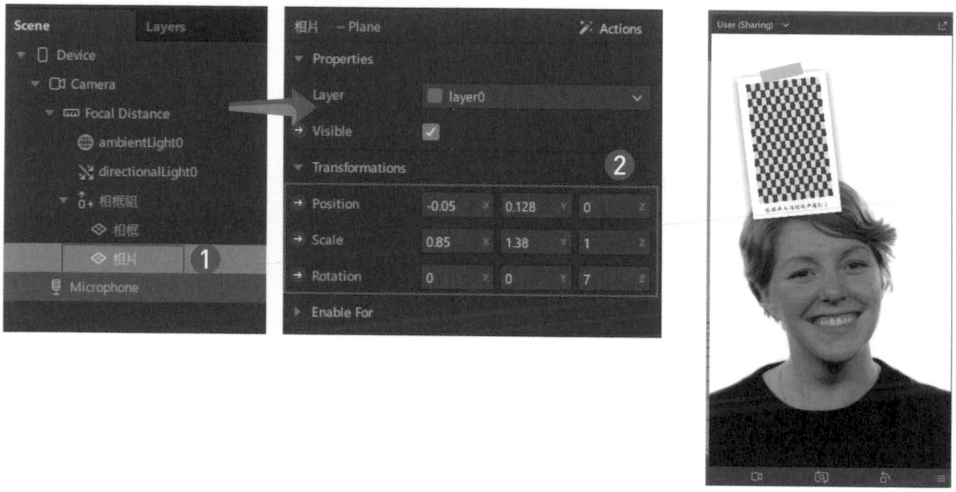

14.2.3 添加媒體

STEP01 於 Assets 面板中，點擊「+ > Texture > Gallery Texture」選項，以增加畫廊紋理。

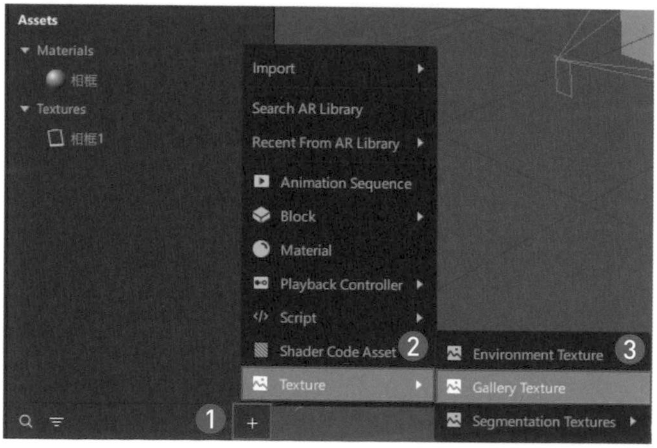

STEP 02 於 Assets 面板中，點選「galleryTexture0」紋理，並點擊「滑鼠右鍵 > Rename」，重新命名為「相片」。

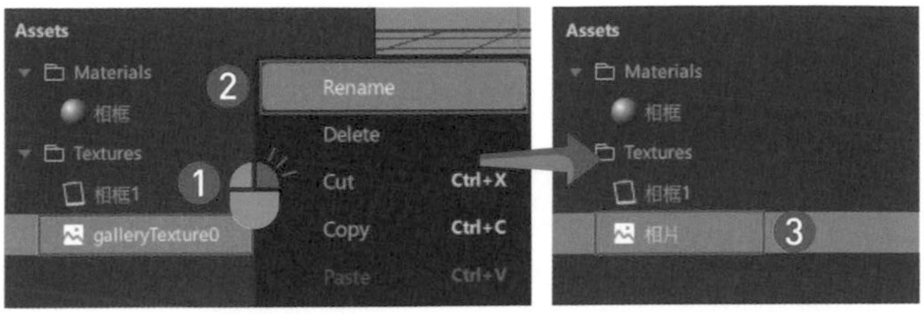

STEP 03 於 Scene 面板中，點選「相片」物件狀態下，於右側 Inspector 面板中，點擊 Materials 標籤中之「+ > Create New Material」按鈕以新增材質球。

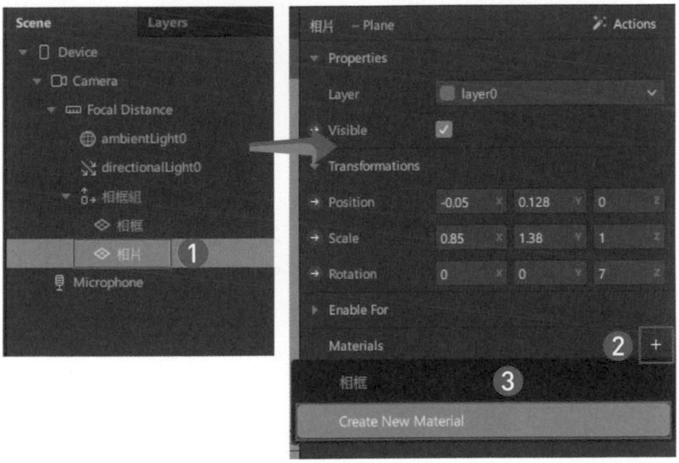

STEP 04 於 Assets 面板中，點選「material0」材質球，並點擊「滑鼠右鍵 > Rename」，重新命名為「相片」。

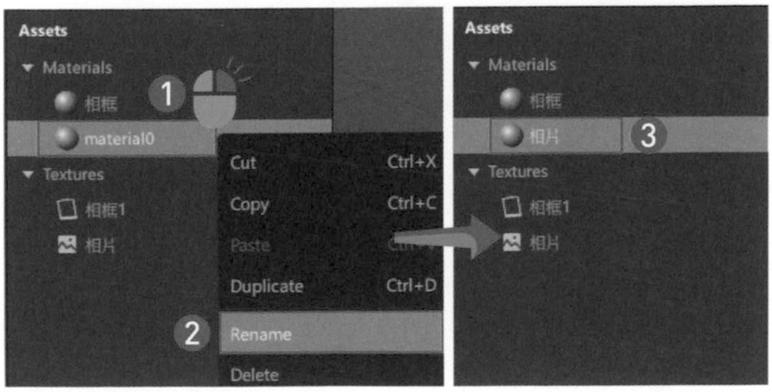

STEP 05 點選「相片」材質球的狀態下，於右側 Inspector 面板中，將其 Shader Type 屬性值調整為「Flat」。

STEP 06 接續，點擊「Texture 屬性 > 相片」以套用其紋理。

STEP 07 於模擬面板中可看見畫面中增加了「Add Media」按鈕。

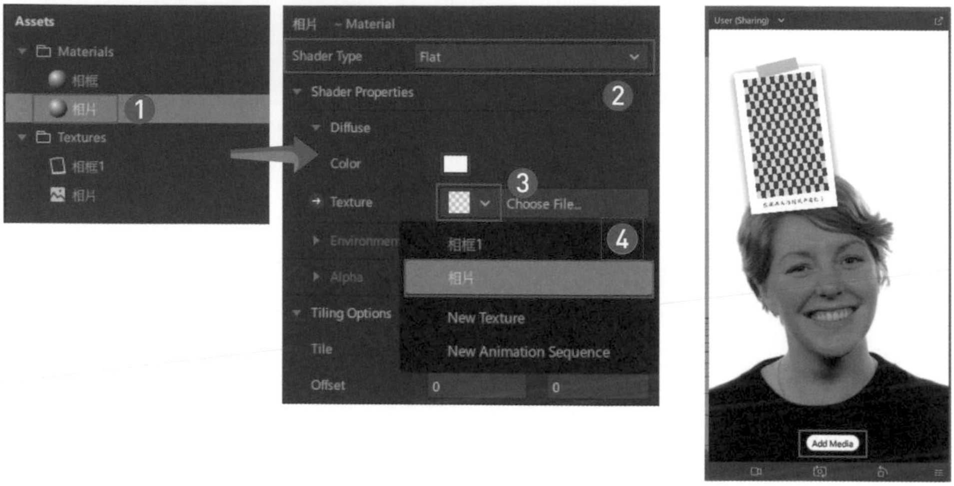

14.3 濾鏡測試

STEP 01 點擊「File > Save」或快速鍵 (Ctrl + S) 來儲存專案。

STEP 02 點擊「Test on device」按鈕後，於 Test on device 面板中選擇要測試的平台或方式。本節以點擊 Facebook 的「Send」按鈕進行測試為例，待發佈成功後可於 Facebook App 中進行濾鏡特效測試。

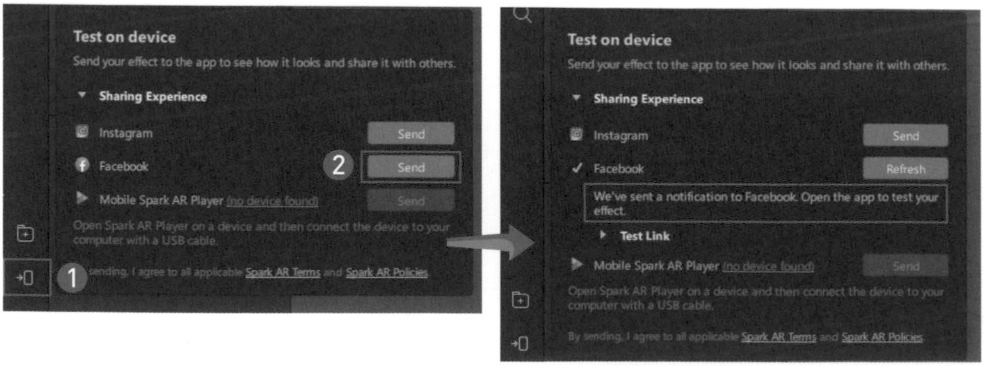

STEP 03 專案製作完畢，發佈上架流程請參考第 19 章。

CHAPTER 15

五官變臉

★★★★★

將自己的眼睛與嘴巴移植到別的生物或物品上，並換個聲調講些話，為一成不便的日常生活製造些小趣味。

學習重點

(1) 人臉材質的分割。

(2) 音調調整。

互動方式

在濾鏡中按住錄影按鈕同時並說話，其錄影後的影片中聲音會有變聲效果。

SPARK AR 範例效果下載

15.1 建立專案

STEP01 開啟 Spark AR Studio 軟體。

STEP02 於 Spark AR Studio 中點擊「Sharing Experience」以建立新專案。

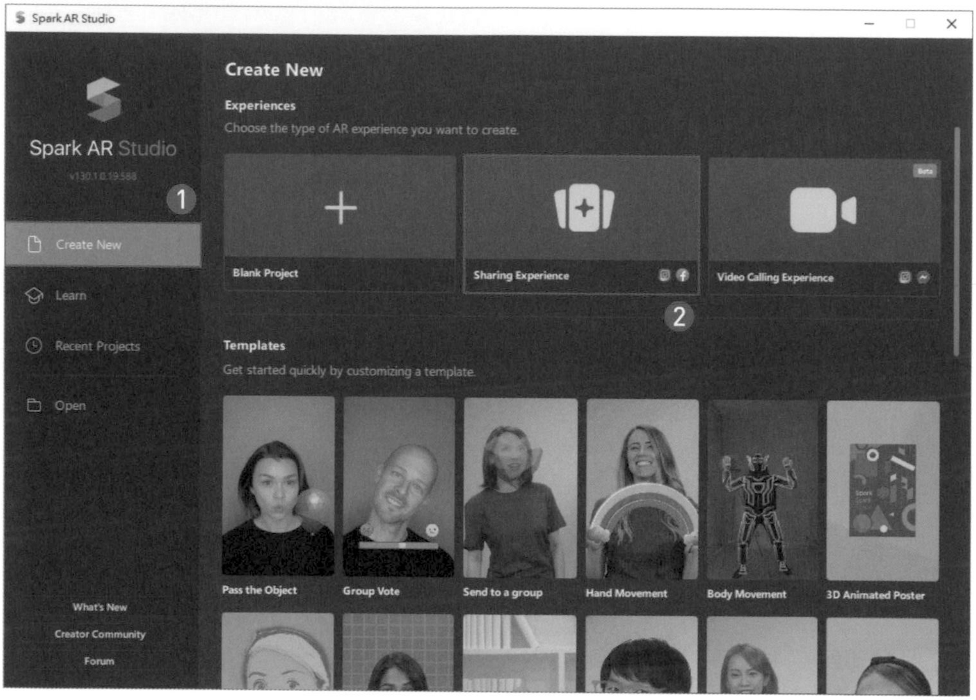

STEP03 點擊「File > Save」或快速鍵 (Ctrl + S) 以儲存專案。

STEP04 儲存名稱為「五官變臉」。

15.2 內容建立

15.2.1 背景

STEP01 於 Scene 面板中，點選「Focal Distance」物件，並點擊「滑鼠右鍵 > Add Object > Canvas」以增加畫布物件。

STEP02 點選「canvas0」物件，並點擊「滑鼠右鍵 > Rename」，重新命名為「背景」。

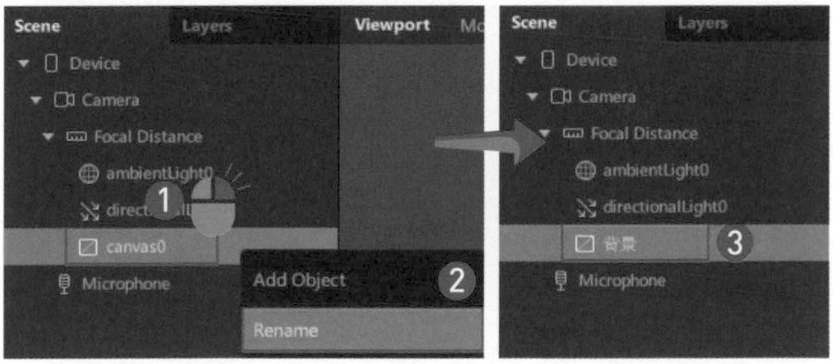

STEP03 點選「背景」畫布物件，並點擊「滑鼠右鍵 > Add Object > Rectangle」以增加矩形物件。

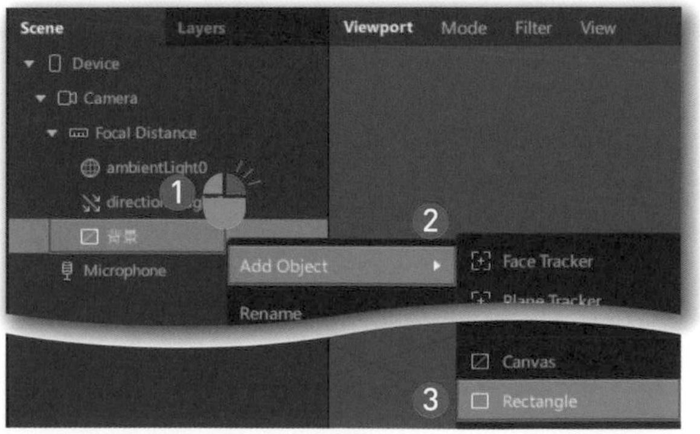

STEP 04 點選「rectangle0」物件，並點擊「滑鼠右鍵 > Rename」，重新命名為「背景圖」。

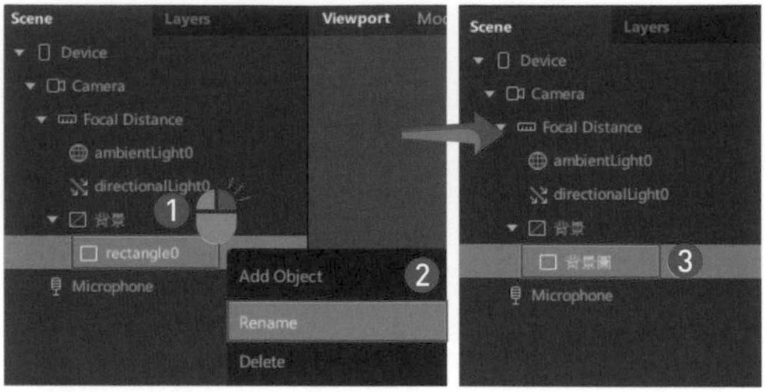

STEP 05 點選「背景圖」物件狀態下，於右側 Inspector 面板中，分別點擊 Width 與 Height 兩者屬性值，並逐步選取「Fill Width」與「Fill Height」，使其物件的尺寸會自動填滿整個 Canvas 畫布大小。

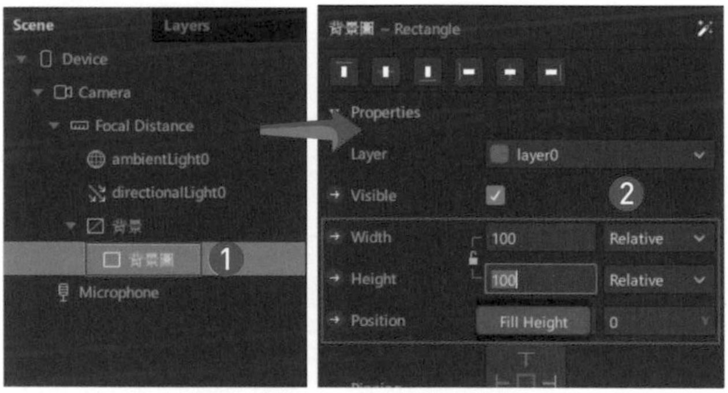

STEP 06 接續，點擊 Materials 標籤中之「+」按鈕以新增材質球。

STEP07 於 Assets 面板中，點選「material0」材質球，並點擊「滑鼠右鍵 > Rename」，重新命名為「背景圖」。

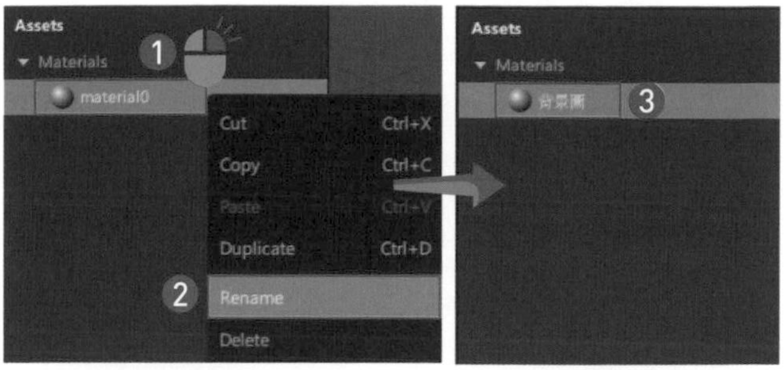

STEP08 點選「背景圖」材質球的狀態下，於右側 Inspector 面板中，將其 Shader Type 屬性值調整為「Flat」。

STEP09 接續，點擊「Texture 屬性 > New Texture」以開啟載入檔案視窗。

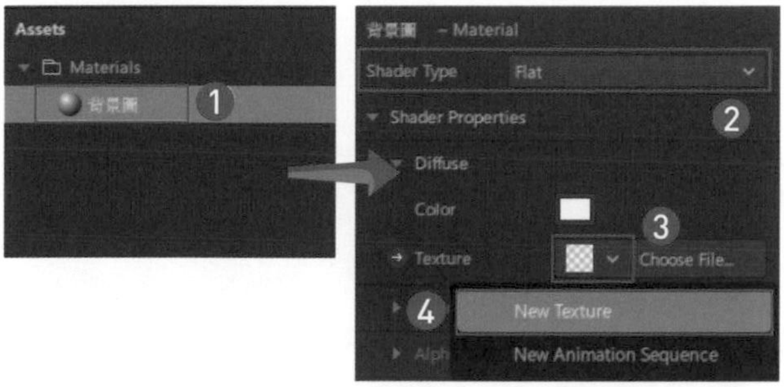

STEP10 載入「荷包蛋.jpg」檔案。

➢ 檔案路徑：ch15 五官變臉 > 素材

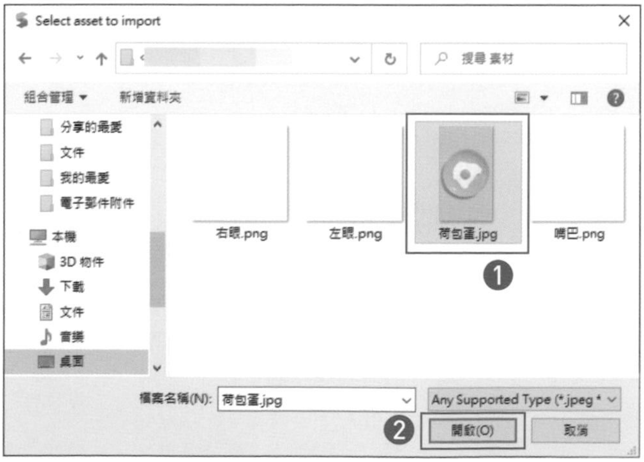

STEP 11　於 Viewport 面板與模擬器中可看到荷包蛋背景的效果。

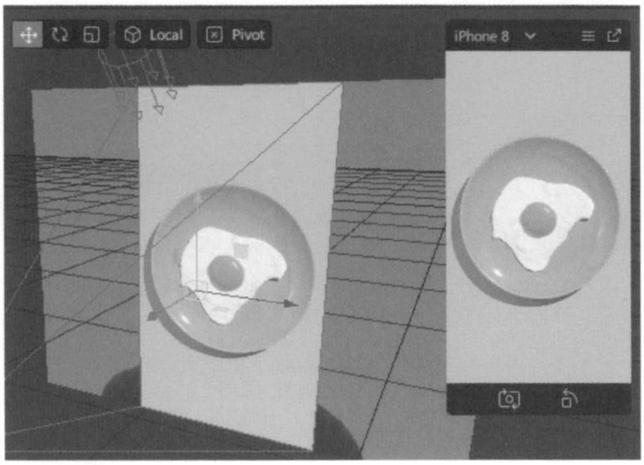

15.2.2　五官

STEP 01　於 Scene 面板中，點選「Focal Distance」物件，並點擊「滑鼠右鍵 > Add Object > Null Object」以增加空物件。

STEP 02　點選「nullObject0」物件，並點擊「滑鼠右鍵 > Rename」，重新命名為「五官」。

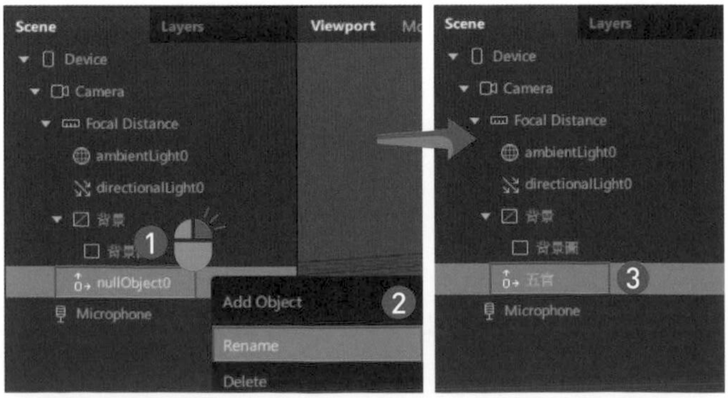

STEP03 點選「五官」空物件，並點擊「滑鼠右鍵 > Add Object > Face Mesh」以增加臉部網格追蹤器與臉部遮罩。

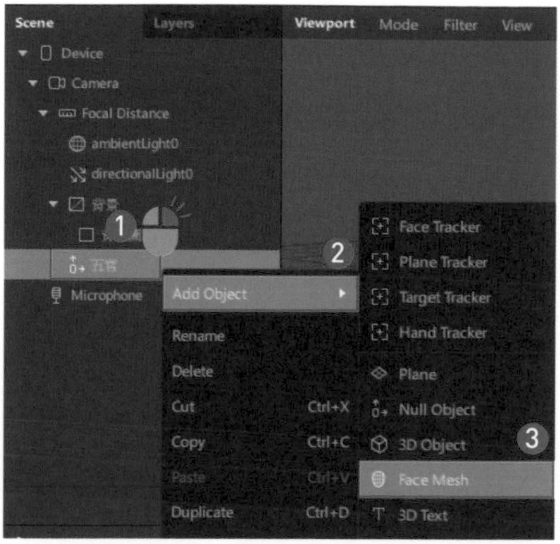

STEP04 點選「faceMesh0」物件，並拖曳至「五官」空物件中，之後刪除「faceTracker0」臉部追蹤器物件。

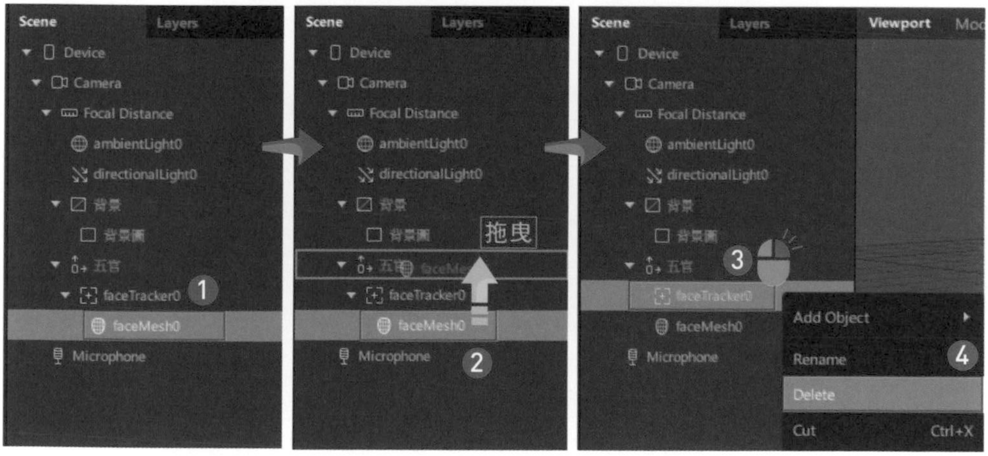

STEP05 於Scene面板中，點選「faceMesh0」物件，並點擊「滑鼠右鍵 > Duplicate」兩次，使複製出兩個相同臉部遮罩物件，並依上步驟調整「faceMesh」位置與刪除「facetracker0」。

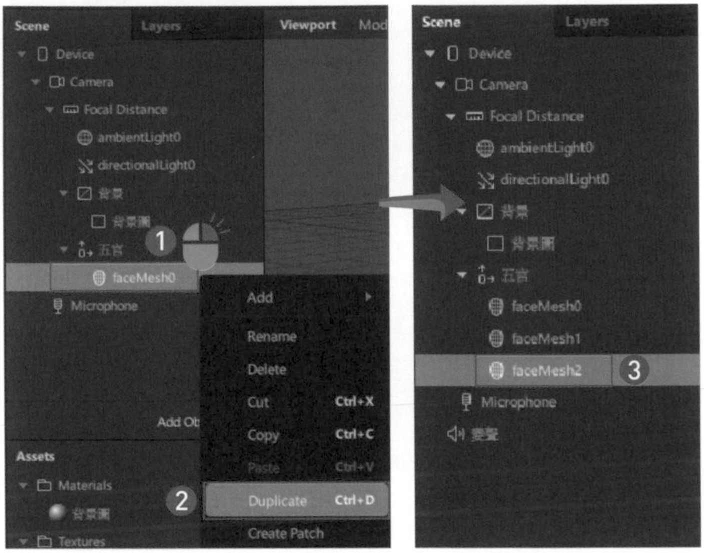

STEP06 點選「faceMesh0」物件，並點擊「滑鼠右鍵 > Rename」，重新命名為「左眼」。

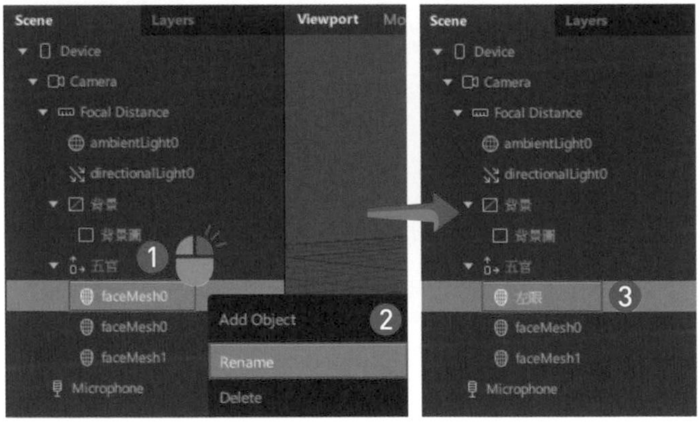

STEP 07 依序，將「faceMesh1」與「faceMesh2」兩物件名稱分別修改為「右眼」與「嘴巴」。

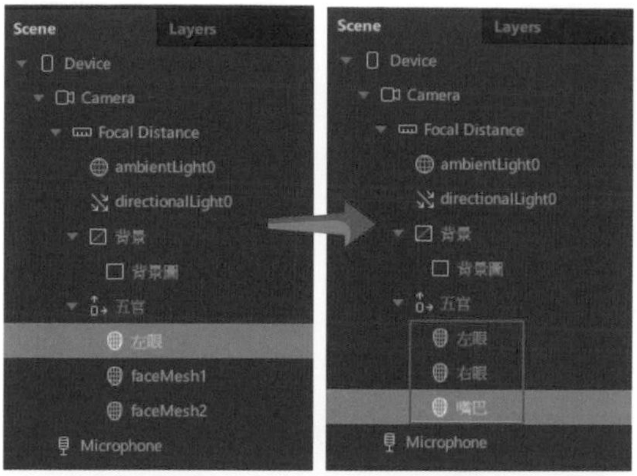

STEP 08 於 Scene 面板中，點選「Focal Distance」物件，並點擊「滑鼠右鍵 > Add Object > Face Mesh」以增加臉部網格追蹤器與臉部遮罩。

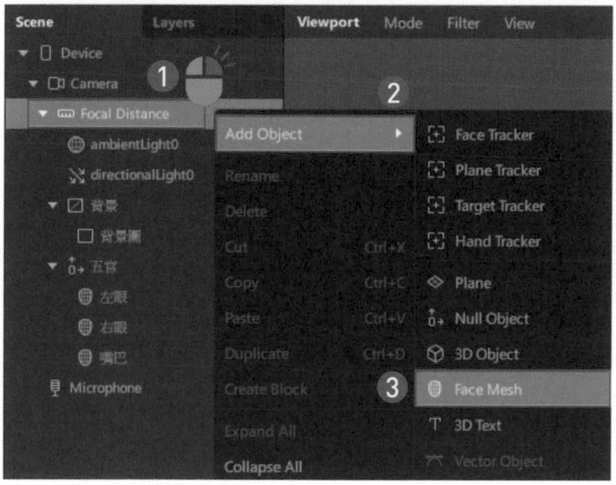

STEP 09 選取「faceTracker0」物件中之「faceMess0」臉部遮罩物件，並進行刪除。

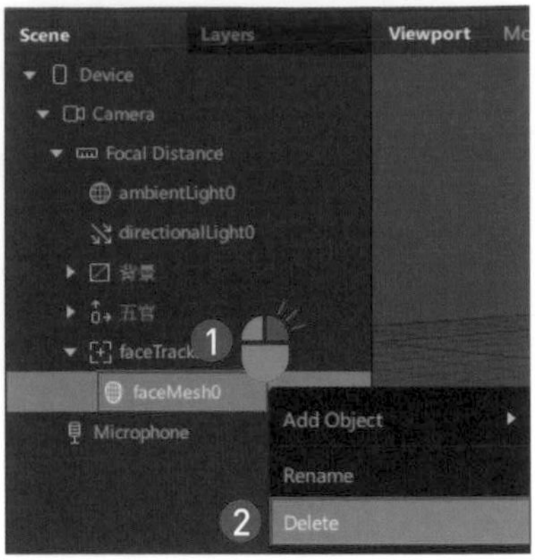

STEP 10 點選「faceTracker0」物件後，於右側 Inspector 面板中，點擊 Texture Extraction 標籤中之「+」按鈕以新增材質球。

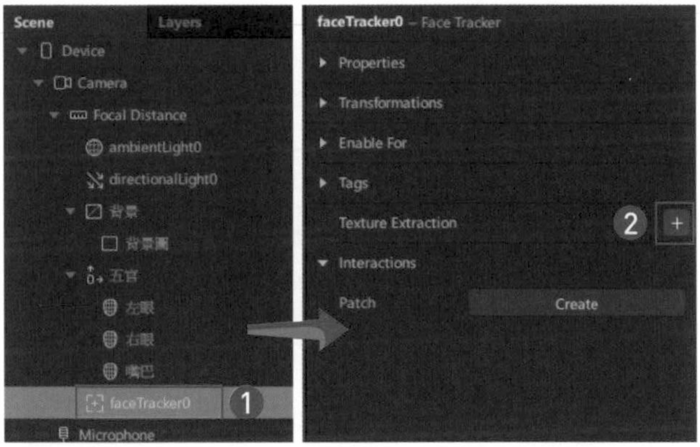

15.2.3 左眼

STEP 01 於 Scene 面板中，點選「左眼」臉部遮罩物件狀態下，於右側 Inspector 面板中，將其 Properties 標籤中之「Eyes」與「Mouth」兩屬性值「取消勾選」，使其遮罩效果不包含眼睛與嘴巴。

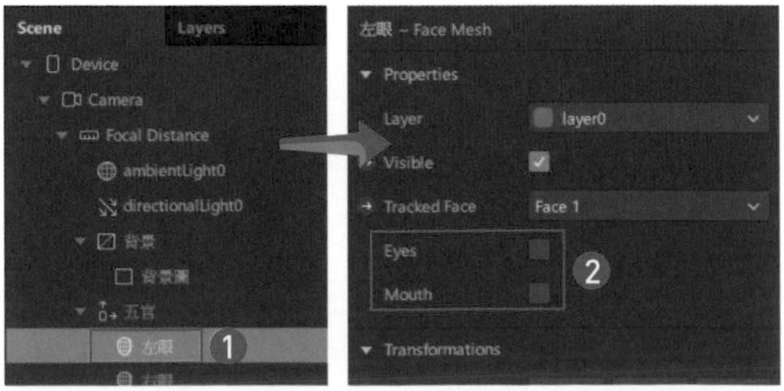

STEP02 接續，點擊 Materials 標籤中之「+ > Create New Material」按鈕以新增材質球。

STEP03 於 Assets 面板中，點選「material0」材質球，並點擊「滑鼠右鍵 > Rename」，重新命名為「左眼」。

STEP04 於 Assets 面板中，點選「左眼」材質球的狀態下，於右側 Inspector 面板中，將其 Shader Type 屬性值調整為「Flat」。

STEP05 接續，點擊「Texture 屬性 > faceTracker0 Texture」以套用其材質。

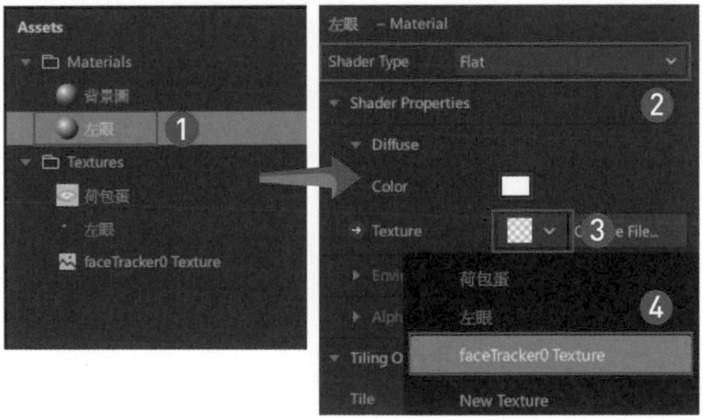

STEP 06 接續，「勾選」Alpha 標籤，使展開該標籤選項。

STEP 07 於 Alpha 標籤中，點擊「Texture 屬性 > New Texture」以開啟載入檔案視窗。

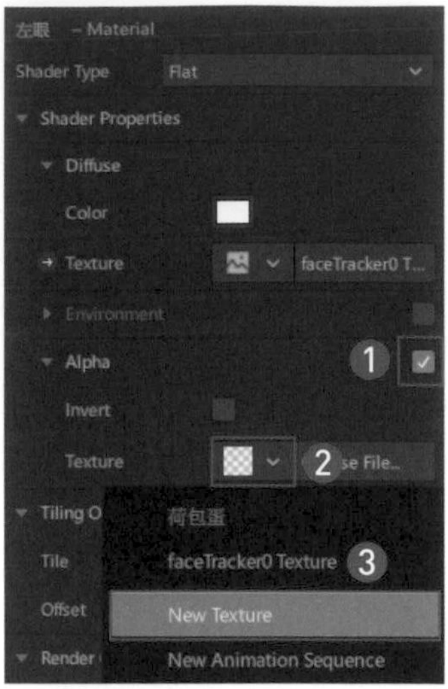

STEP 08 載入「左眼 .png」檔案。

➢ 檔案路徑：ch15 五官變臉 > 素材

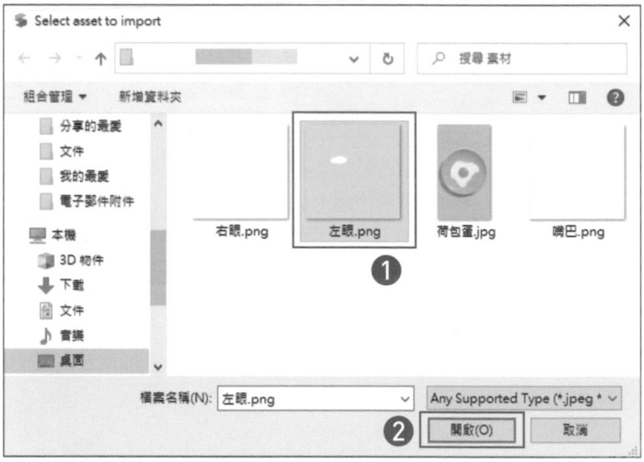

STEP 09 於 Viewport 面板與模擬器中可看到左眼的效果。

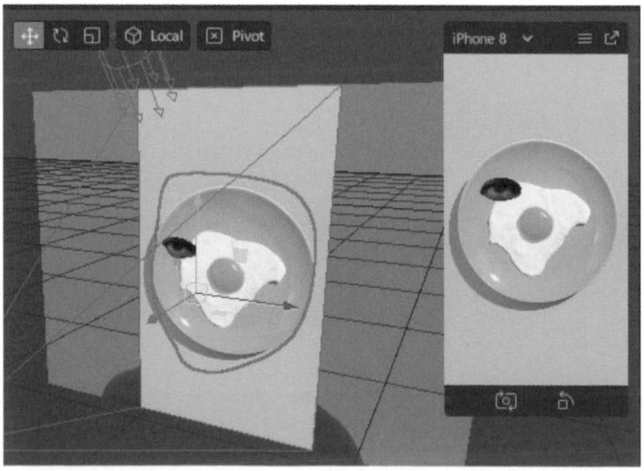

15.2.4 右眼

STEP01 於 Scene 面板中，點選「右眼」臉部遮罩物件狀態下，於右側 Inspector 面板中，將其 Properties 標籤中之「Eyes」與「Mouth」兩屬性「取消勾選」，使其臉部遮罩不包含眼睛與嘴巴。

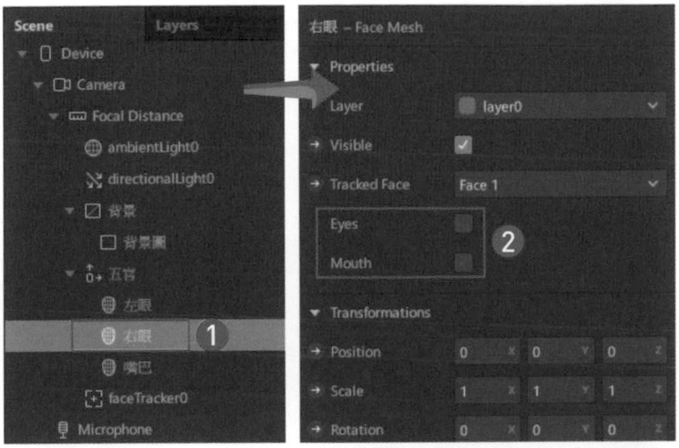

STEP02 接續，點擊 Materials 標籤中之「+ > Create New Material」按鈕以新增材質球。

STEP03 於 Assets 面板中，點選「material0」材質球，並點擊「滑鼠右鍵 > Rename」，重新命名為「右眼」。

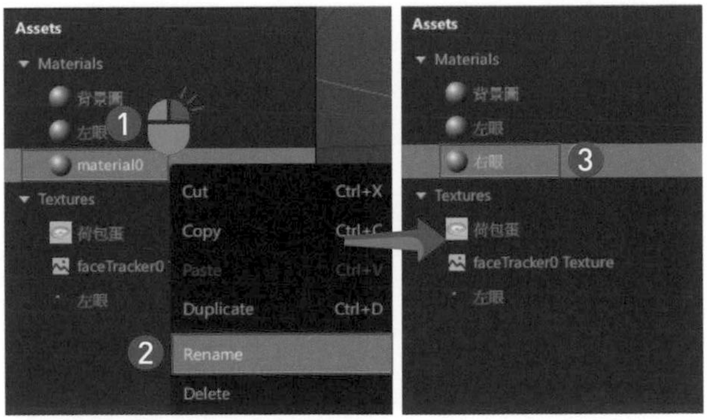

STEP04 於 Assets 面板中，點選「右眼」材質球的狀態下，於右側 Inspector 面板中，將其 Shader Type 屬性值調整為「Flat」。

STEP05 接續，點擊「Texture 屬性 > faceTracker0 Texture」以套用其材質。

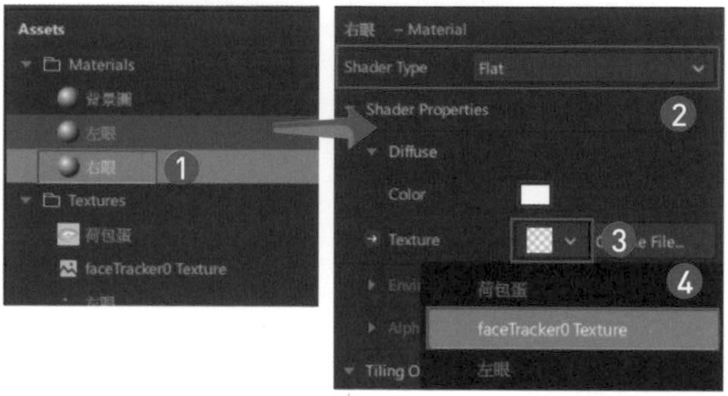

STEP06 接續，「勾選」Alpha 標籤，使展開該標籤選項。

STEP07 於 Alpha 標籤中，點擊「Texture 屬性 > New Texture」以開啟載入檔案視窗。

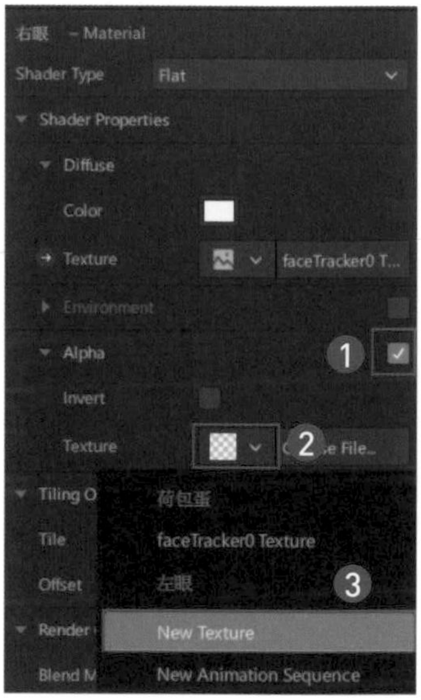

STEP08 載入「右眼 .png」檔案。

➢ 檔案路徑：ch15 五官變臉 > 素材

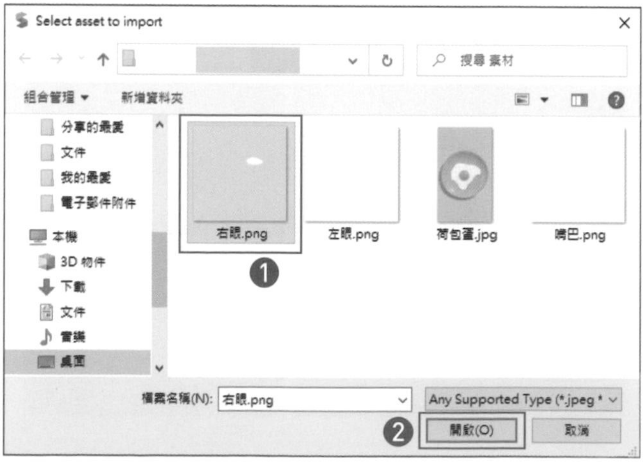

STEP09 於 Viewport 面板與模擬器中可看到右眼的效果。

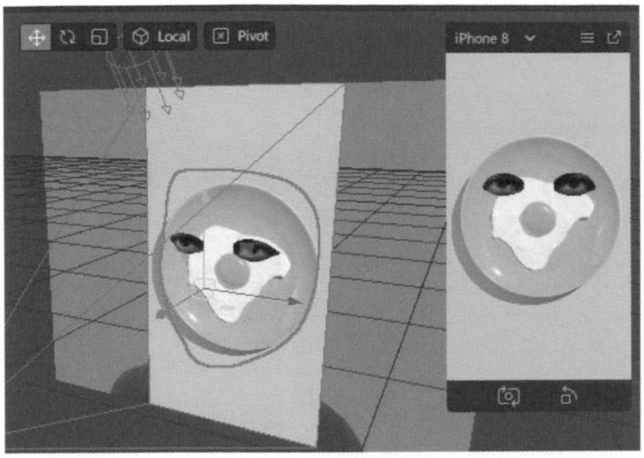

15.2.5 嘴巴

STEP01 於 Scene 面板中，點選「嘴巴」臉部遮罩物件狀態下，首先於右側 Inspector 面板中，將其 Properties 標籤中之「Eyes」與「Mouth」兩屬性「取消勾選」，使其臉部遮罩不包含眼睛與嘴巴。

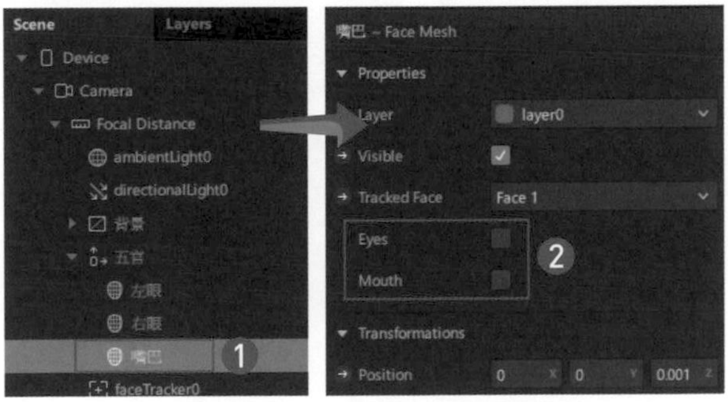

STEP02 接續，點擊 Materials 標籤中之「+ > Create New Material」按鈕以新增材質球。

STEP 03 於 Assets 面板中，點選「material0」材質球，並點擊「滑鼠右鍵 > Rename」，重新命名為「嘴巴」。

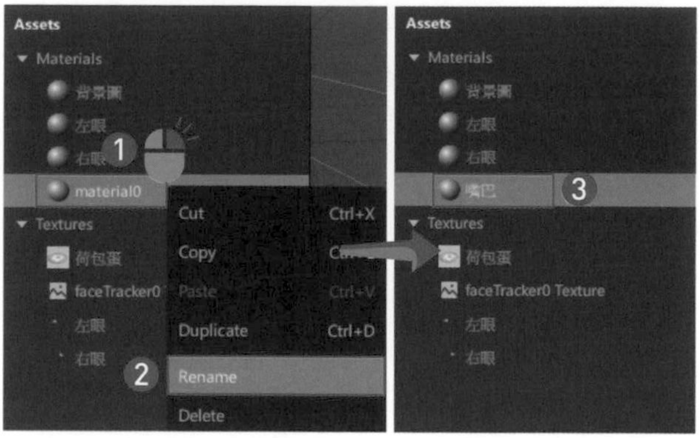

STEP 04 於 Assets 面板中，點選「嘴巴」材質球的狀態下，於右側 Inspector 面板中，將其 Shader Type 屬性值調整為「Flat」。

STEP 05 接續，點擊「Texture 屬性 > faceTracker0 Texture」以套用其材質。

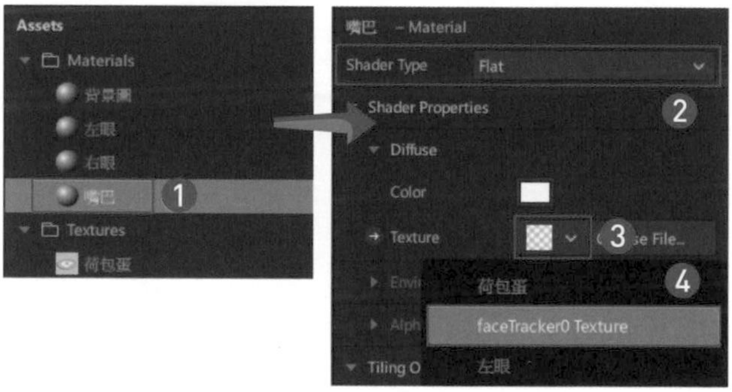

STEP06 接續，「勾選」Alpha 標籤，使展開該標籤選項。

STEP07 於 Alpha 標籤中，點擊「Texture 屬性 > New Texture」以開啟載入檔案視窗。

STEP08 載入「嘴巴 .png」檔案。

➢ 檔案路徑：ch15 五官變臉 > 素材

STEP09 於模擬器面板中可看見眼睛與嘴巴位於荷包蛋中的效果。

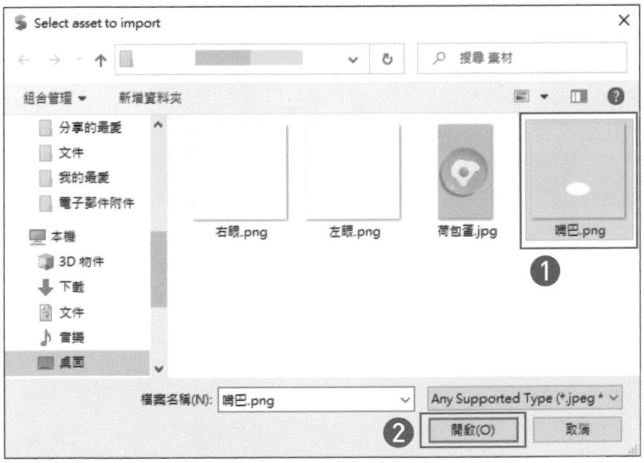

STEP 10 於 Scene 面板中，點選「五官」空物件狀態下，於右側 Inspector 面板中，調整 Transformations 標籤中之相關屬性，調整屬性如下：

- Position：0、-0.005、0.06。
- Rotation：1.4、1.4、1.4。

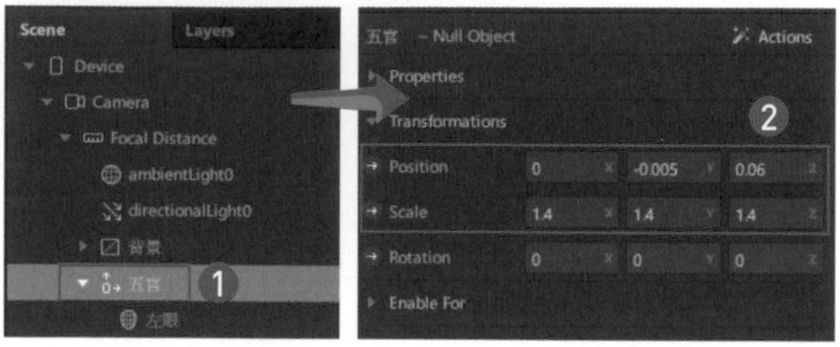

STEP 11 於 Scene 面板中，點選「嘴巴」臉遮罩物件狀態下，於右側 Inspector 面板中，調整 Transformations 標籤中之相關屬性，調整屬性如下：

- Position：0、0、0.001。

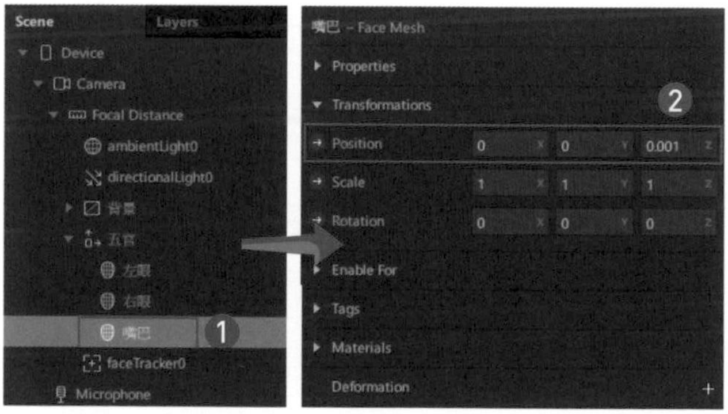

STEP 12 於 Viewport 面板與模擬器中可看到嘴巴的效果。

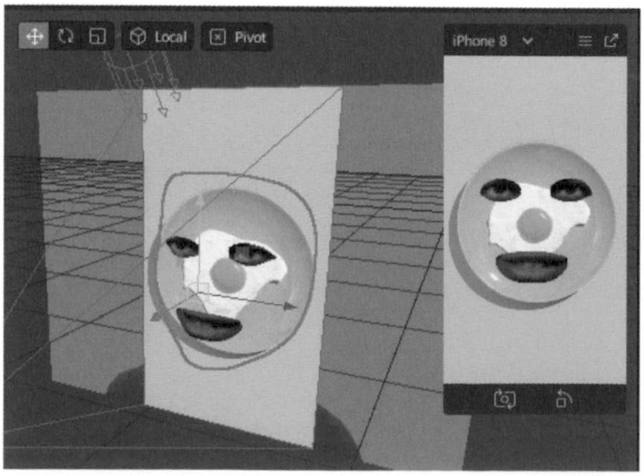

15.2.6 聲音

STEP01 於 Scene 面板中，在空白處點擊「滑鼠右鍵 > Add Object > Speaker」以增加揚聲器物件。

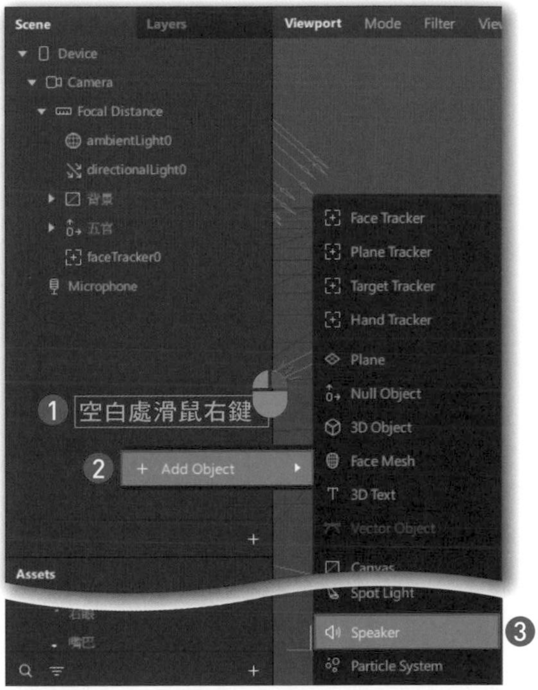

STEP02 點選「speaker0」物件狀態並拖曳至最外層。

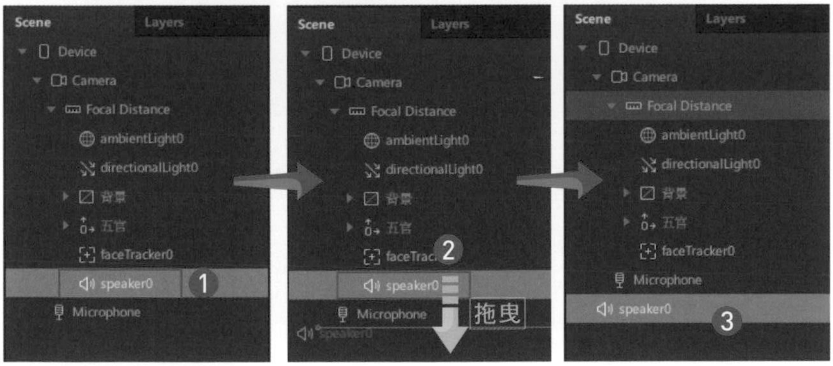

STEP 03 點選「speaker0」物件，並點擊「滑鼠右鍵 > Rename」，重新命名為「變聲」。

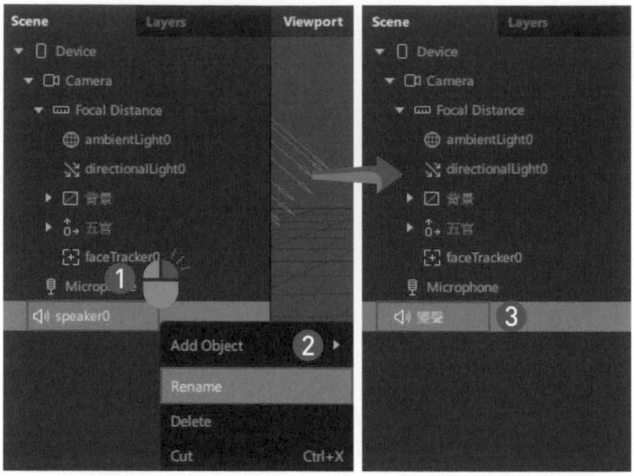

15.3 邏輯設計

此小節在邏輯編排的主要需求為，當利用此濾鏡進行錄影與講話時，所說的話會進行錄音，待播放影片時所聽到的聲音即為變聲後的效果。

STEP 01 於 Scene 面板中，點選「Microphone」物件，且於右側 Inspector 面板中，點擊 Producer Patch 屬性的「Create 按鈕」，使自動產生對應模塊內容。

STEP 02 於 Patch Editor 面板中，點擊滑鼠左鍵兩下新增一個「Pitch Shifter」模塊。

STEP 03 將「Pitch Shifter」模塊中的 Semitone Adjustment 屬性值修改為「15」。

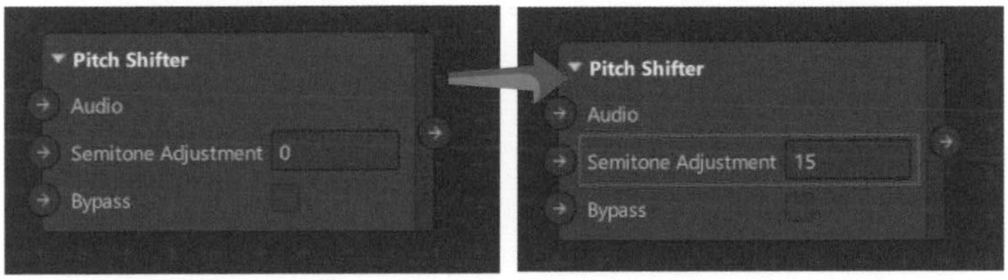

STEP 04 於 Scene 面板中，點選「變聲」麥克風物件，且於右側 Inspector 面板中，點擊 Audio 屬性旁的 ➜ 按鈕，將該屬性改由模塊進行控制。

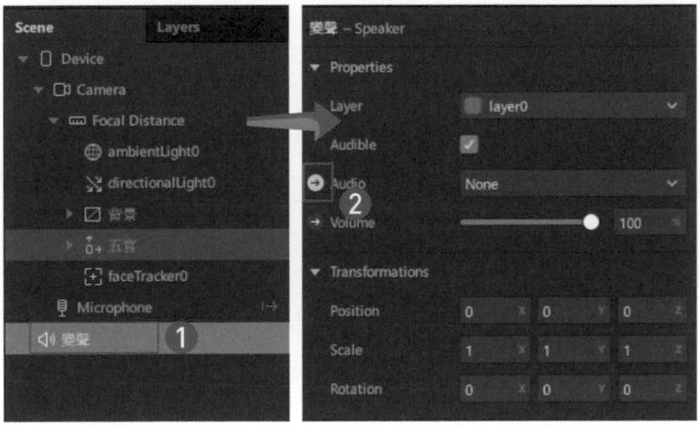

STEP05 調整 Patch Editor 面板中各模塊的位置，並將彼此間進行連線以完成運算邏輯的編排，結果如圖所示。

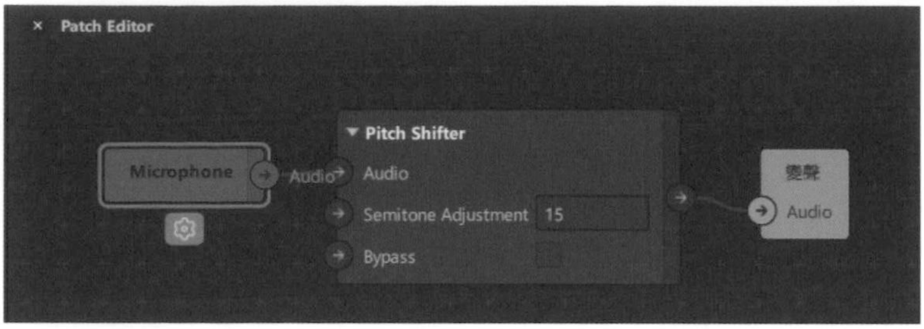

15.4 濾鏡測試

STEP01 點擊「File > Save」或快速鍵 (Ctrl + S) 來儲存專案。

STEP02 點擊「Test on device」按鈕後，於 Test on device 面板中選擇要測試的平台或方式。本節以點擊 Facebook 的「Send」按鈕進行測試為例，待發佈成功後可於 Facebook App 中進行濾鏡特效測試。

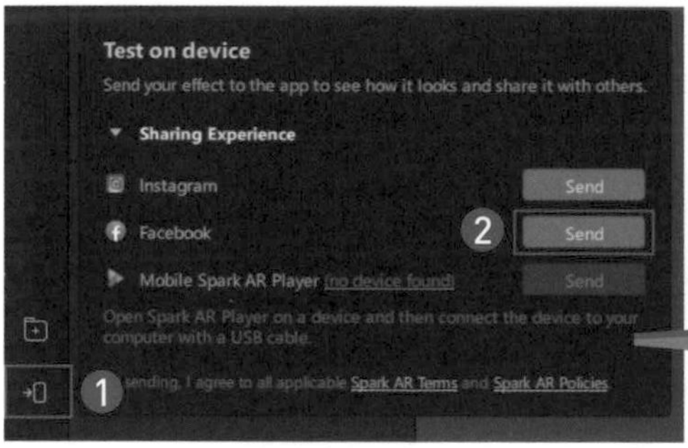

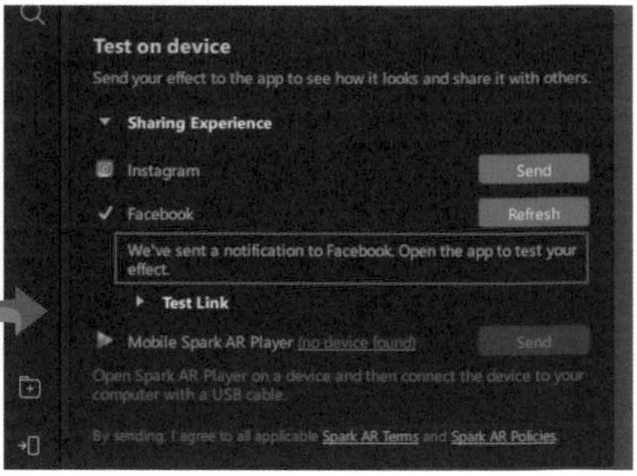

STEP03 專案製作完畢，發佈上架流程請參考第 19 章。

CHAPTER 16

偽出國

★★★★★

在疫情期間想出國但又出不去，透過濾鏡讓您彷彿置身澳門，讓您在家也能沉浸在出國的快樂泡泡裡，不用戴口罩也能拍出美美的照片，是不是很棒呢！

學習重點

(1) 人物去背。

(2) Picker UI 模塊的使用。

互動方式

點擊螢中的縮圖按鈕可切換不同背景。

SPARK AR 範例效果下載

16.1 建立專案

STEP01 開啟 Spark AR Studio 軟體。

STEP02 於 Spark AR Studio 中點擊「Sharing Experience」以建立新專案。

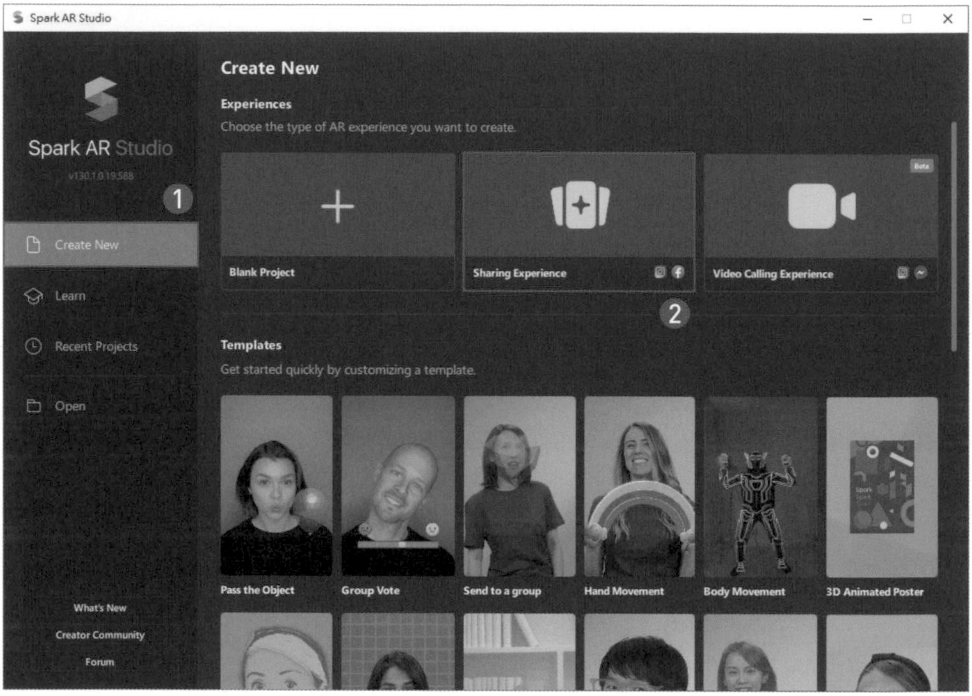

STEP03 點擊「File > Save」或快速鍵 (Ctrl + S) 以儲存專案。

STEP04 儲存名稱為「偽出國」。

16.2 內容建立

16.2.1 背景

STEP 01 於 Scene 面板中，點選「Focal Distance」物件，並點擊「滑鼠右鍵 > Add Object > Canvas」以增加畫布物件。

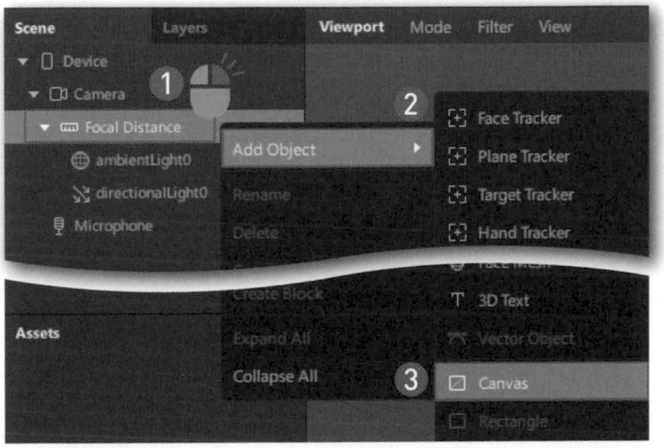

STEP 02 點選「Canvas0」畫布物件，並點擊「滑鼠右鍵 > Add Object > Rectangle」以增加矩形物件。

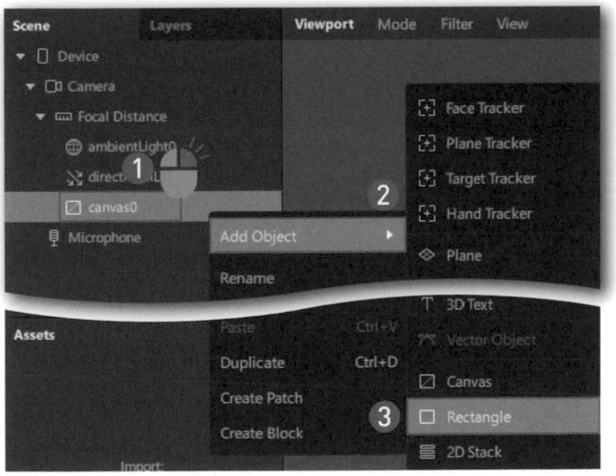

16
偽出國

STEP 03 點選「rectangle0」物件，並點擊「滑鼠右鍵 > Rename」，重新命名為「背景」。

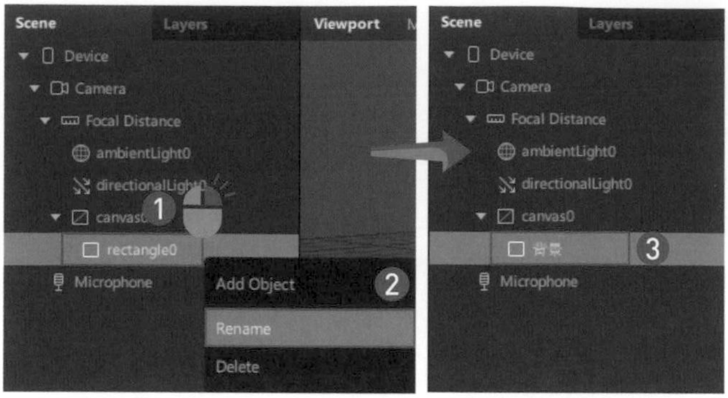

STEP 04 於 Scene 面板中，點選「背景」物件狀態下，於右側 Inspector 面板中，分別點擊 Width 與 Height 兩者屬性值，並逐步選取「Fill Width」與「Fill Height」，使其物件的尺寸會自動填滿整個 Canvas 畫布大小。

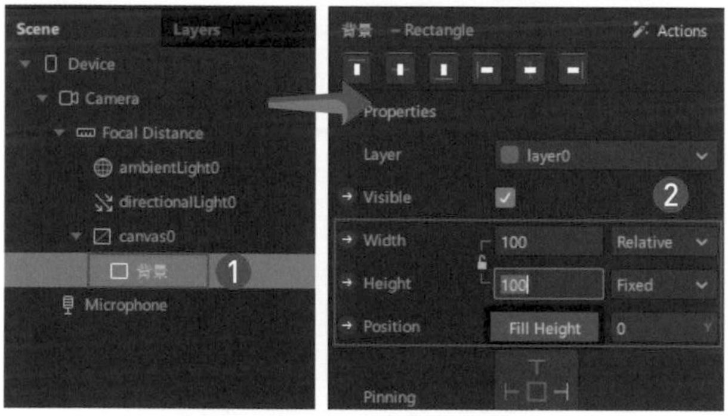

STEP 05 接續，點擊 Materials 標籤中之「+」選項以新增材質球。

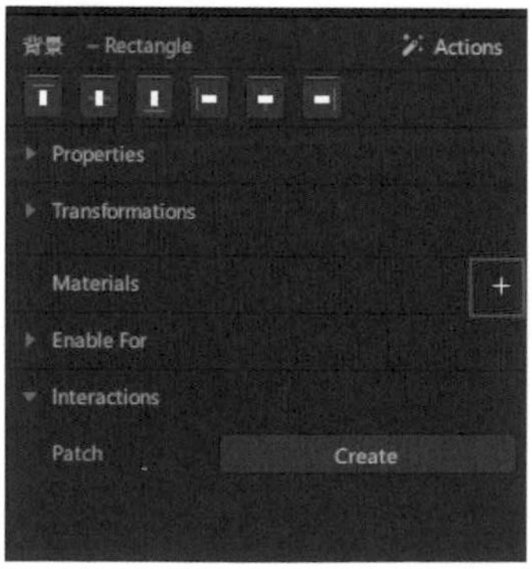

STEP06 於 Assets 面板中，點選「material0」材質球，並點擊「滑鼠右鍵 > Rename」，重新命名為「背景」。

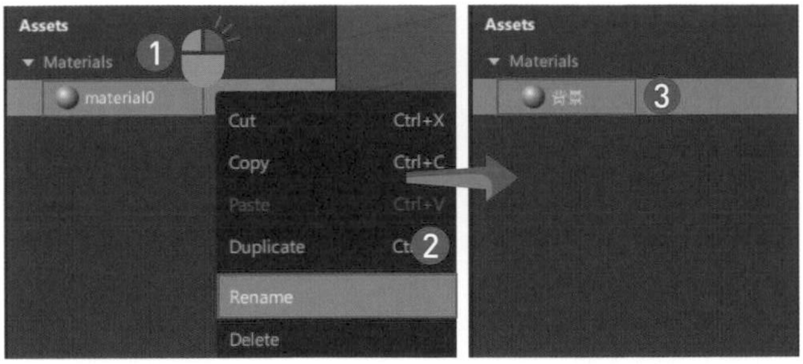

STEP07 點選「背景」材質球的狀態下，於右側 Inspector 面板中，將其 Shader Type 屬性值調整為「Flat」。

STEP08 接續，點擊「Texture 屬性 > New Animation Sequence」以建立新連續序列動畫。

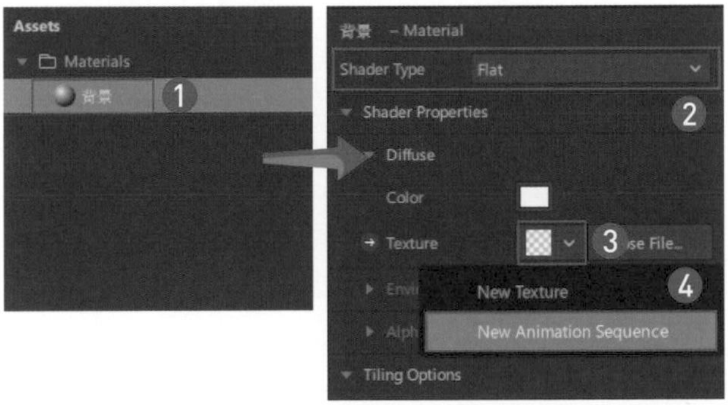

STEP09 於 Assets 面板中，點選「animationSequence0」連續序列動畫，並點擊「滑鼠右鍵 > Rename」，重新命名為「連續背景圖」。

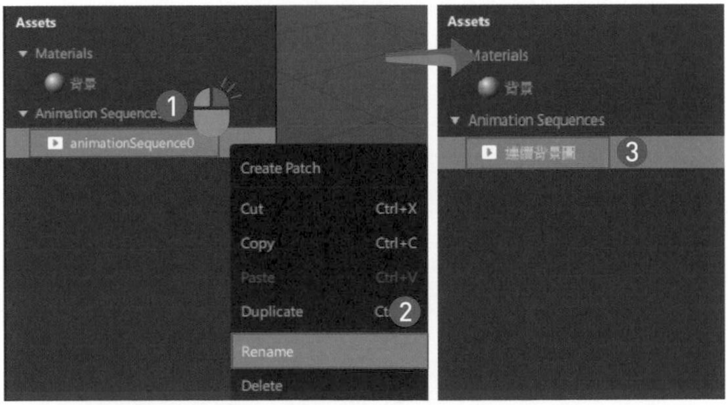

STEP 10 點選「連續背景圖」連續序列動畫物件的狀態下，於右側 Inspector 面板中，點擊「Texture」屬性按鈕，以開啟載入檔案視窗。

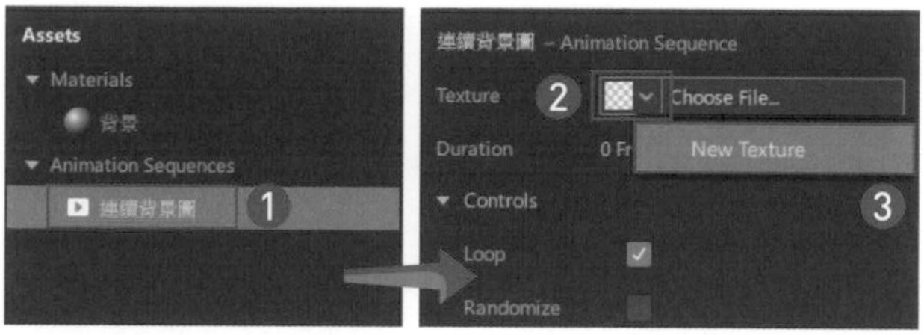

STEP 11 載入「BG01.jpg」～「BG05.jpg」，共五個檔案。

➢ 檔案路徑：ch16 偽出國 > 素材

STEP 12 於 Viewport 面板與模擬器中可看到背景連續切換的效果。

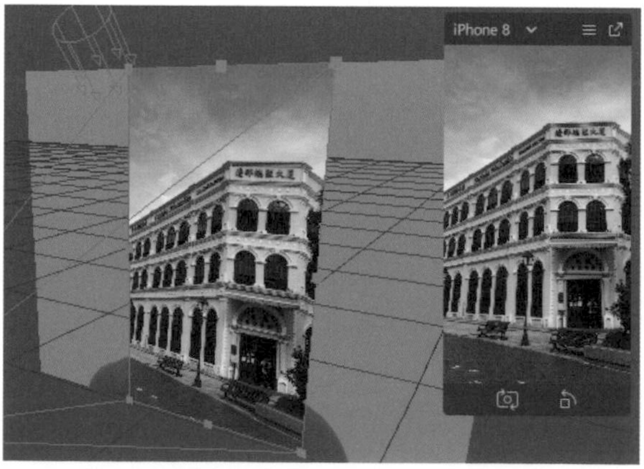

16.2.2 人物去背

STEP01 點選「Canvas0」畫布物件，並點擊「滑鼠右鍵 > Add Object > Rectangle」以增加矩形物件。

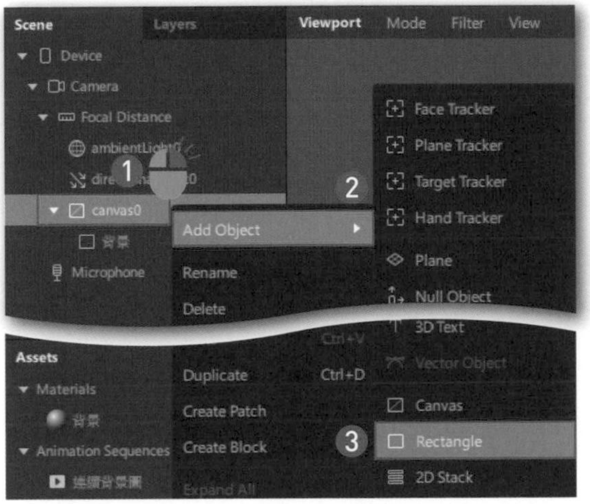

STEP02 點選「rectangle0」物件，並點擊「滑鼠右鍵 > Rename」，重新命名為「人」。

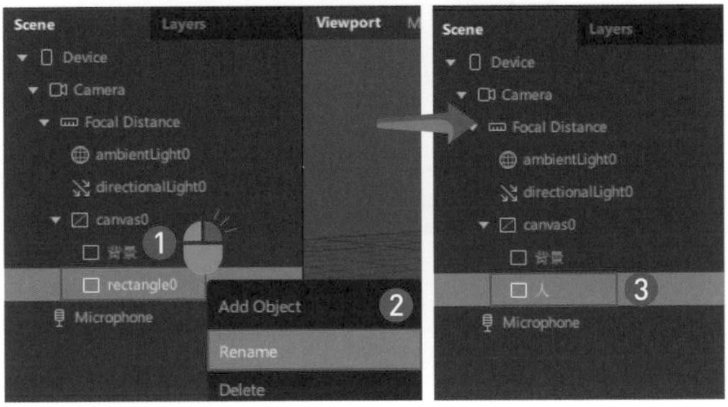

STEP 03 於 Scene 面板中，點選「人」物件狀態下，於右側 Inspector 面板中，分別點擊 Width 與 Height 兩者屬性值，並逐步選取「Fill Width」與「Fill Height」，使其物件的尺寸會自動填滿整個 Canvas 畫布大小。

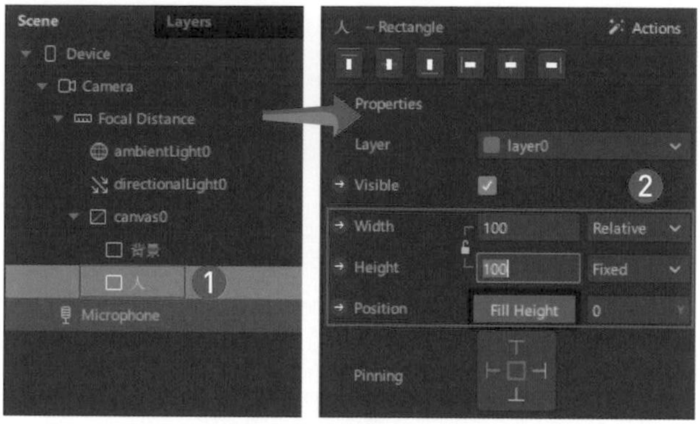

STEP 04 接續，點擊 Materials 標籤中之「+ > Create New Material」按鈕以新增材質球。

STEP 05 於 Assets 面板中，點選「material0」材質球，並點擊「滑鼠右鍵 > Rename」，重新命名為「人」。

STEP 06 於 Scene 面板中，點選「Camera」物件，於右側 Inspector 面板中，點擊 Texture Extraction 標籤中之 Texture 的「+」按鈕，將目前的攝影機紋理作為材質。

STEP 07 接續，點擊 Segmentation 的「+ > Person」按鈕，將目前的攝影機中的人作為分割材質。

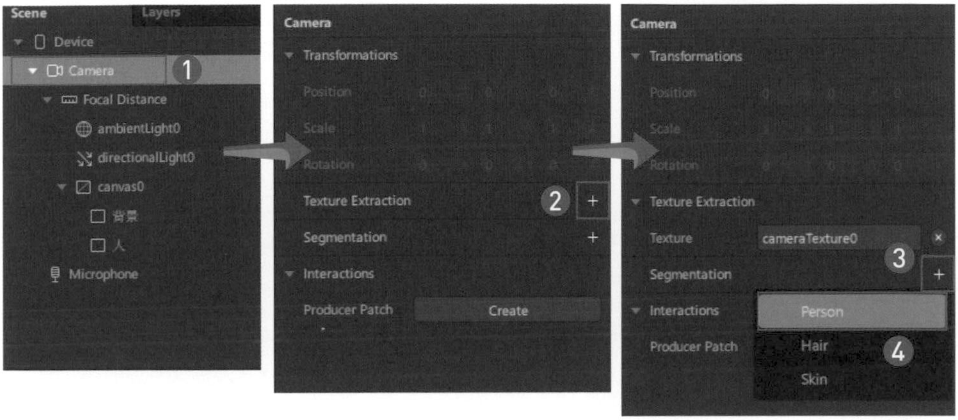

STEP 08 點選「人」材質球的狀態下，於右側 Inspector 面板中，將其 Shader Type 屬性值調整為「Flat」。

STEP 09 接續，點擊「Texture 屬性 > cameraTexture0」以套用其材質。

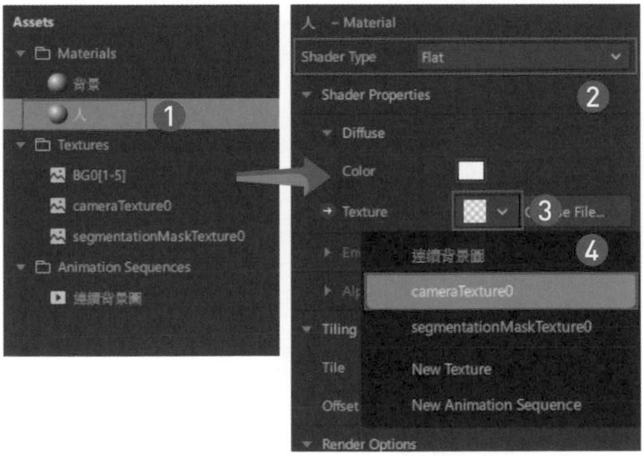

STEP10 接續，「勾選」Alpha 標籤，使展開該標籤選項。

STEP11 於 Alpha 標籤中，點擊「Texture 屬性 > segmentationMaskTexture0」以套用其材質。

STEP12 於 Viewport 面板與模擬器中可看到人物去背的效果。

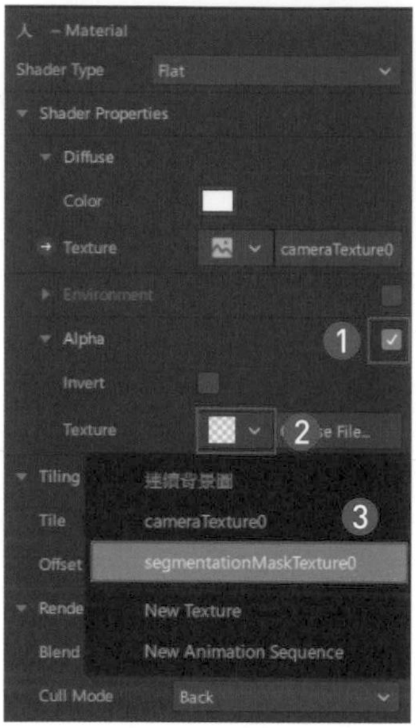

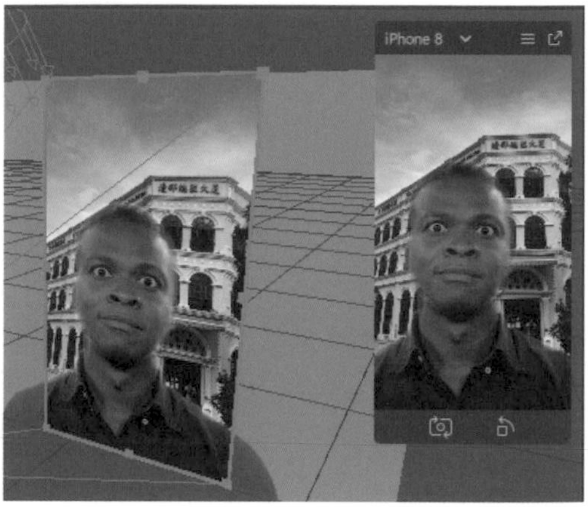

16.2.3 匯入素材

STEP01 於 Assets 面板中，點擊「+ > Import > Form Computer」選項，以開啟載入檔案視窗來匯入相關素材。

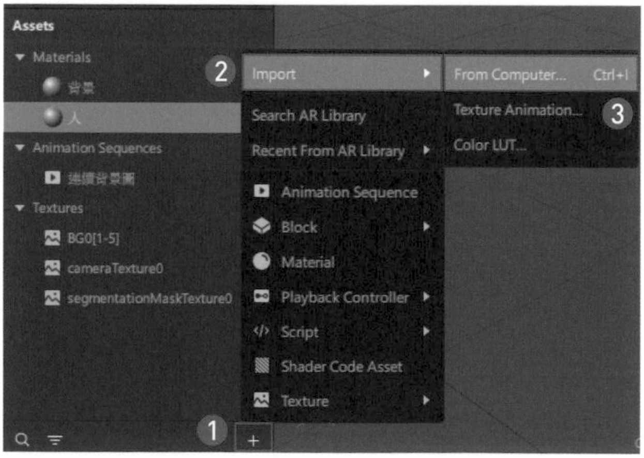

STEP 02 載入「t01.jpg」～「t05.jpg」，共五個檔案。

➢ 檔案路徑：ch16 偽出國 > 素材

16.3 邏輯設計

此小節在邏輯編排的主要需求為，開啟濾鏡後點擊螢幕中的縮圖按鈕可切換背景圖。

STEP 01 點擊「View > Show Patch Editor」以開啟 Patch Editor 面板。

STEP 02 於 Assets 面板中，點選「連續背景圖」物件，且於右側 Inspector 面板中，點擊 Current Frame 屬性旁的 ➔ 按鈕，將該屬性改由模塊進行控制。

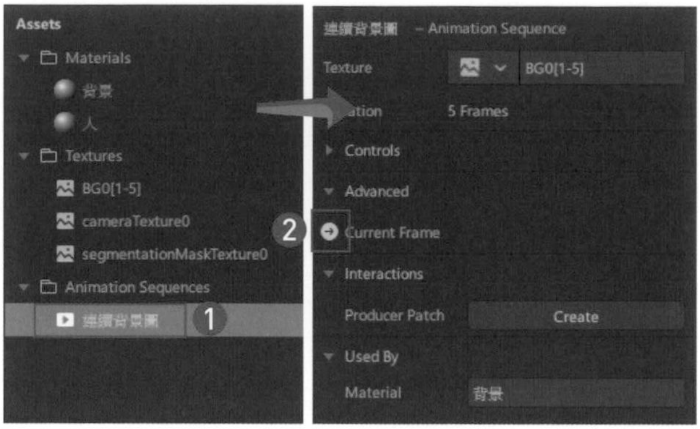

STEP 03 於 Assets 面板中，選取 t01 ～ t05 五個材質，且於右側 Inspector 面板中，將 Compression 標籤中的 iOS、Android 與 Older Android 三個屬性值修改為「None」，不要對該五個材質進行圖片壓縮。

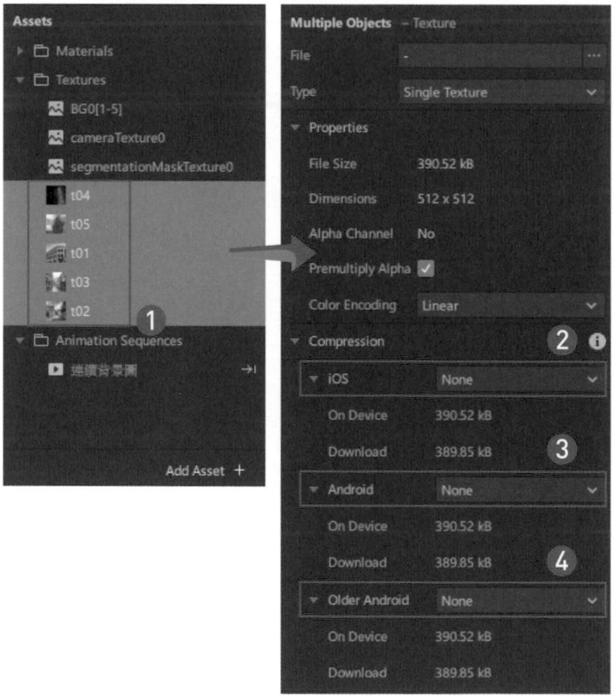

STEP04 於 Patch Editor 面板中，點擊滑鼠左鍵兩下新增一個「Picker UI」模塊。

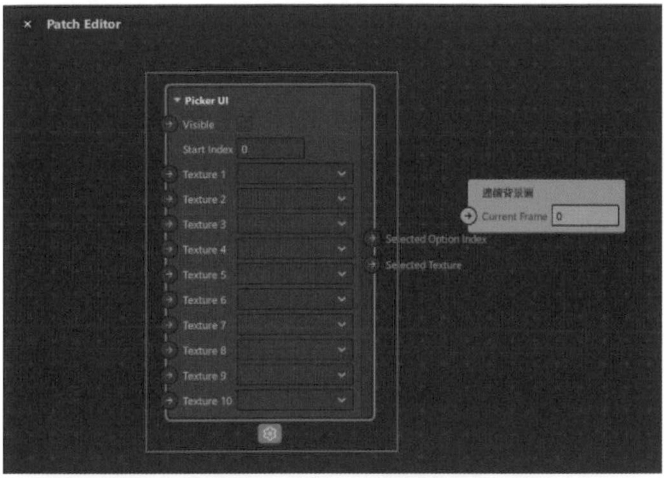

STEP05 於 Patch Editor 面板中，調整 Picker UI 的相關屬性值，調整屬性如下：

- Visible：勾選。
- Texture1 ～ Texture5：t01 ～ t05 五張材質。

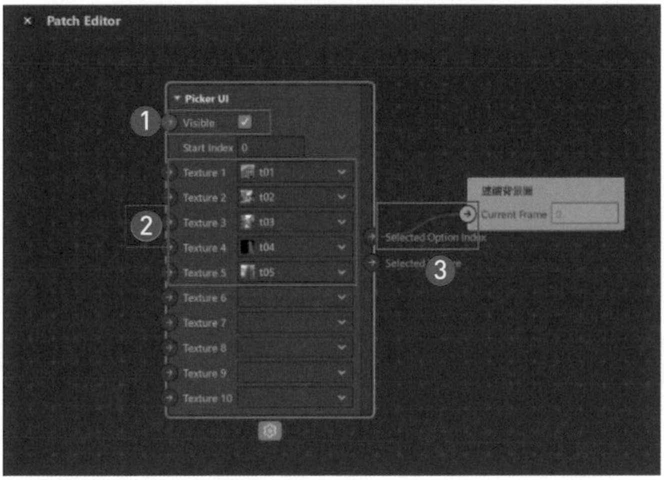

補充說明

此範例須利用「Picker UI」的五張材質控制「連續背景圖」物件中的五張連續圖檔，因此在 Picker UI 中的材質需與「連續背景圖」物件的材質順序相同。

STEP 06 於工具欄中先點擊「□」停止按鈕後，再點擊「▷」播放按鈕，模擬器中將可呈現出縮圖效果。

16.4 濾鏡測試

STEP 01 點擊「File > Save」或快速鍵 (Ctrl + S) 來儲存專案。

STEP 02 點擊「Test on device」按鈕後，於 Test on device 面板中選擇要測試的平台或方式。本節以點擊 Facebook 的「Send」按鈕進行測試為例，待發佈成功後可於 Facebook App 中進行濾鏡特效測試。

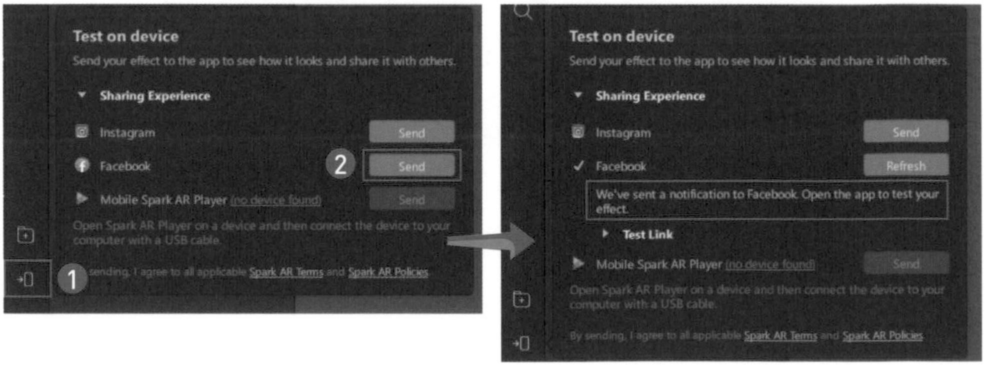

STEP 03 專案製作完畢，發佈上架流程請參考第 19 章。

CHAPTER 17

看國旗猜國家

★★★★★

偶爾也可以藉由像接歌或猜角色名字等濾鏡遊戲來和朋友增加互動喔！不僅能創造共同話題，還能增進情誼，過程中也可測驗自己對於該主題的熟悉程度，看看誰比較厲害。

學習重點

(1) 聲音。

(2) 隨機亂數對應圖片。

(3) 點擊螢幕觸發遊戲開始方式。

互動方式

點擊螢幕可開始遊戲。

SPARK AR 範例效果下載

17.1 建立專案

STEP01 開啟 Spark AR Studio 軟體。

STEP02 於 Spark AR Studio 中點擊「Sharing Experience」以建立新專案。

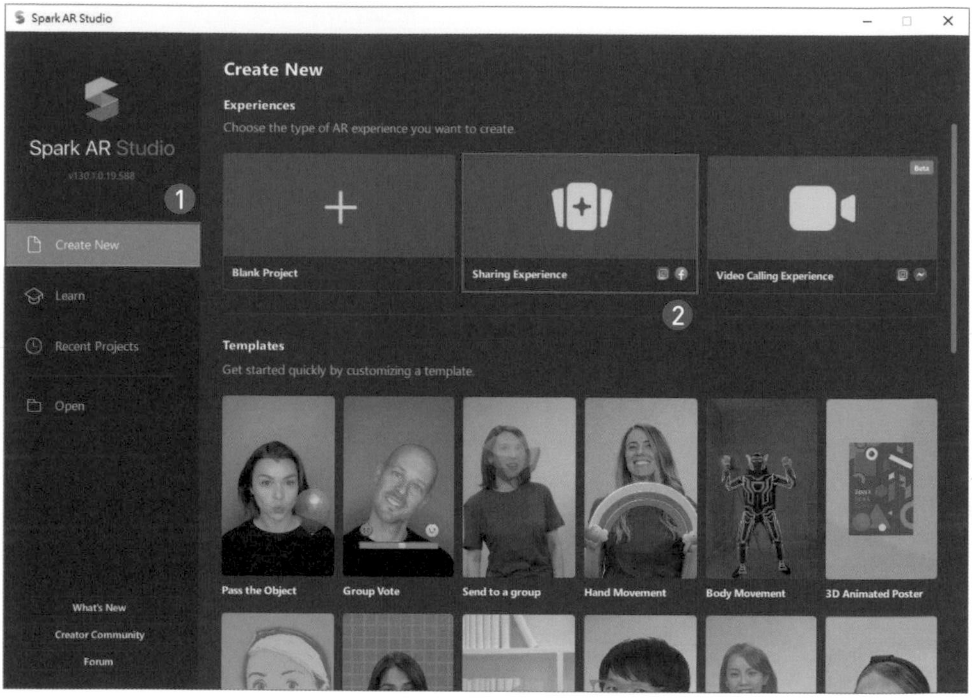

STEP03 點擊「File > Save」或快速鍵 (Ctrl + S) 以儲存專案。

STEP04 儲存名稱為「看國旗猜國家」。

17.2 內容建立

17.2.1 封面

STEP01 於 Scene 面板中，點選「Focal Distance」物件，並點擊「滑鼠右鍵 > Add Object > Face Tracker」以增加臉部網格追蹤器。

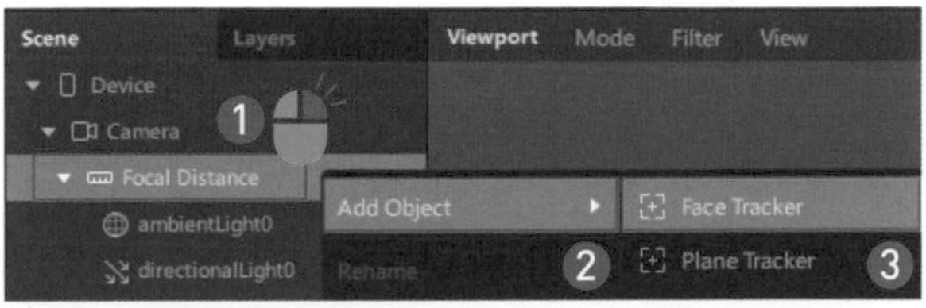

STEP02 點選「facrTracker0」物件，並點擊「滑鼠右鍵 > Rename」，重新命名為「臉部追蹤」。

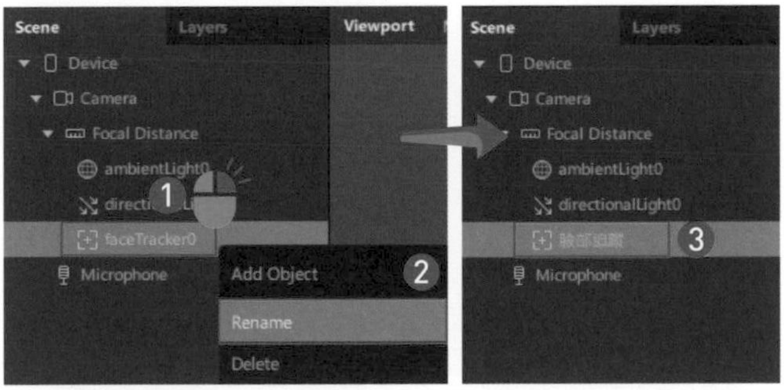

STEP03 點選「臉部追蹤」物件，並點擊「滑鼠右鍵 > Add Object > Plane」，於臉部網格追蹤器中增加平面物件。

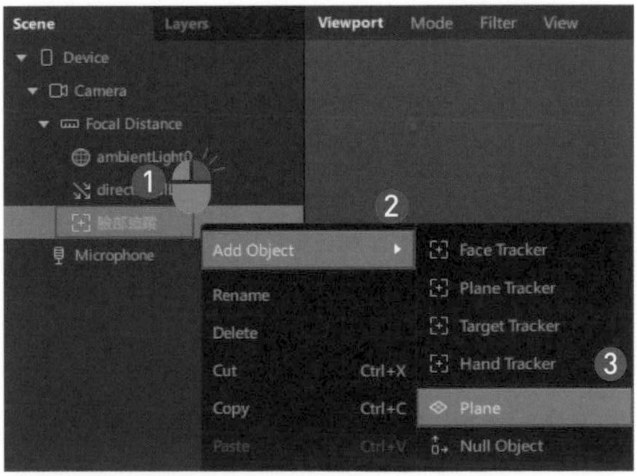

STEP 04 點選「plane0」物件，並點擊「滑鼠右鍵 > Rename」，重新命名為「封面」。

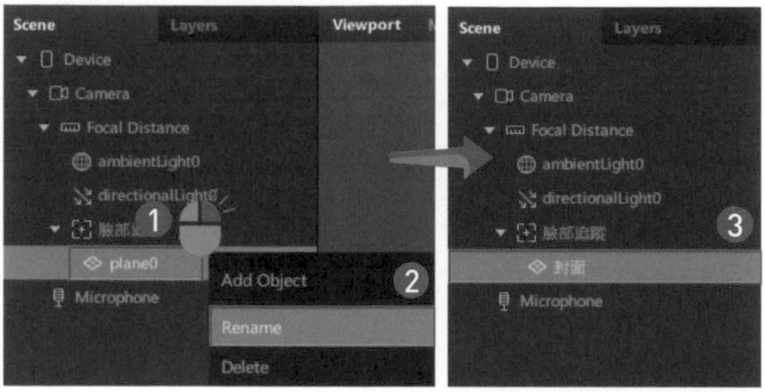

STEP 05 於 Scene 面板中，點選「封面」平面物件狀態下，於右側 Inspector 面板中，調整 Transformations 標籤中之相關屬性，調整屬性如下：

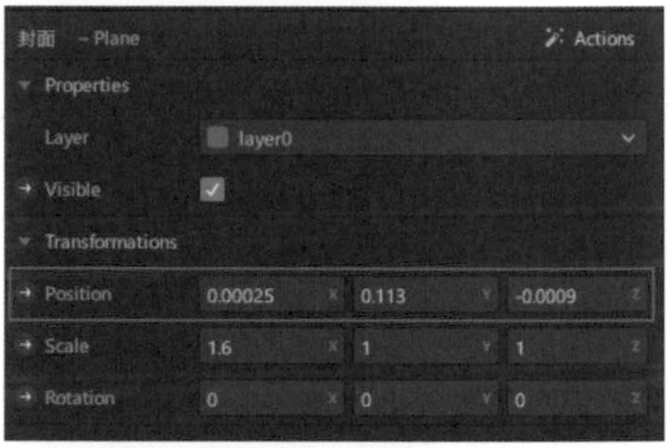

- Position：
  0.00025、0.113、-0.0009。

STEP 06 接續，點擊 Materials 標籤中之「+」按鈕以新增材質球。

STEP 07 於 Assets 面板中，點選「material0」材質球，並點擊「滑鼠右鍵 > Rename」，重新命名為「封面」。

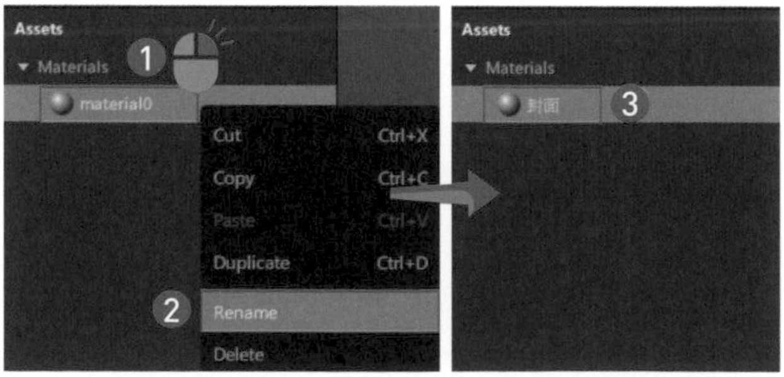

STEP08 點選「封面」材質球的狀態下，於右側 Inspector 面板中，將其 Shader Type 屬性值調整為「Flat」。

STEP09 接續，點擊「Texture 屬性 > New Texture」以開啟載入檔案視窗。

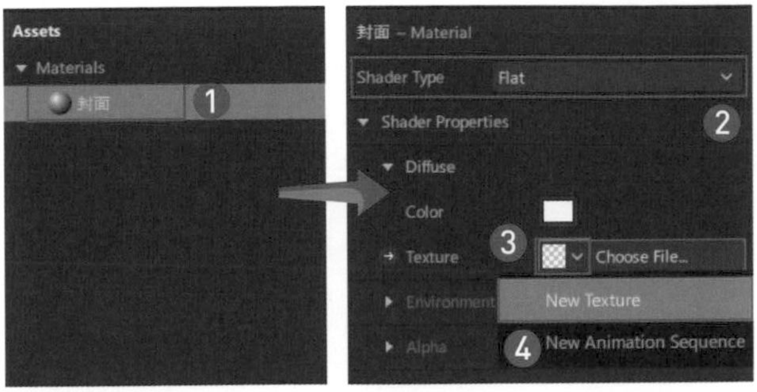

STEP10 載入「封面.jpg」檔案。

➢ 檔案路徑：ch17 看國旗猜國家 > 素材

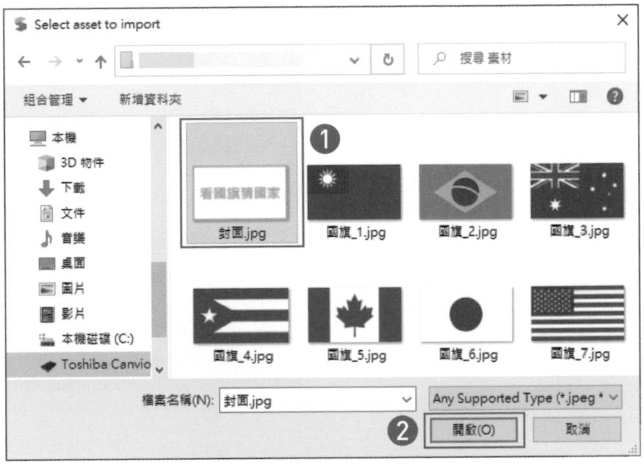

STEP11 點擊功能列中的「II」將模擬面板中的影片暫停播放。

STEP 12 於模擬器中可看見封面的效果。

17.2.2 國旗

STEP 01 於 Scene 面板中，點選「封面」平面物件，並點擊「滑鼠右鍵 > Add Object > Duplicate」以複製相同物件。

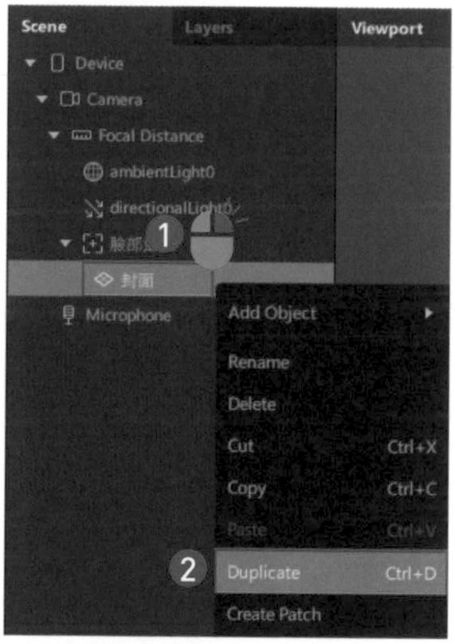

STEP 02 點選「封面 0」物件，並點擊「滑鼠右鍵 > Rename」，重新命名為「國旗」。

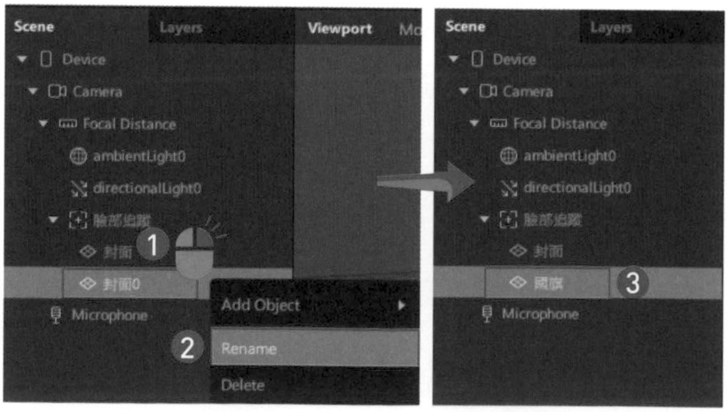

STEP03 點選「國旗」物件後，於右側 Inspector 面板中，點擊 Materials 標籤中之「+ > Create New Material」按鈕以新增材質球。

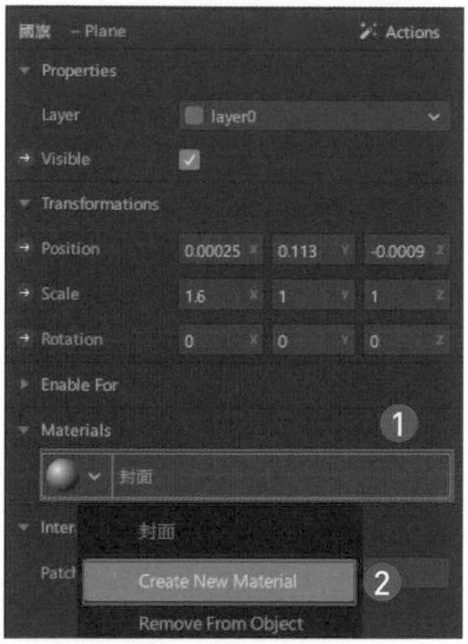

STEP04 於 Assets 面板中，點選「material0」材質球，並點擊「滑鼠右鍵 > Rename」，重新命名為「國旗」。

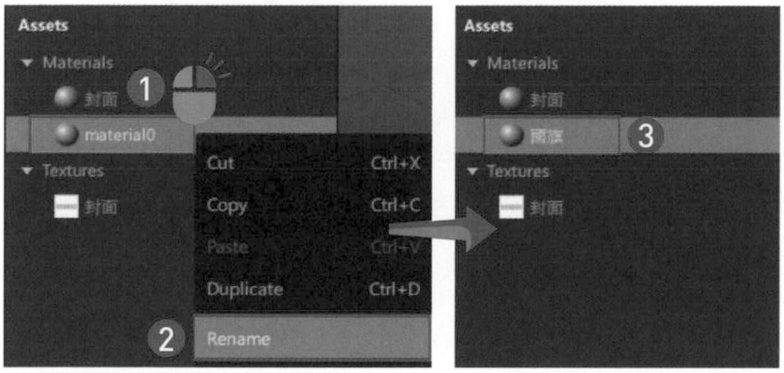

STEP05 點選「國旗」材質球的狀態下，於右側 Inspector 面板中，將其 Shader Type 屬性值調整為「Flat」。

STEP06 接續，點擊「Texture 屬性 > New Animation Sequence」以建立新連續序列動畫。

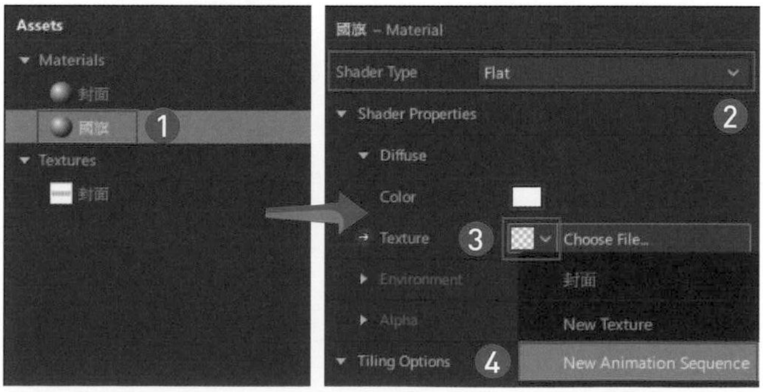

STEP 07 於 Assets 面板中，點選「animationSequence0」連續序列動畫，並點擊「滑鼠右鍵 > Rename」，重新命名為「連續國旗」。

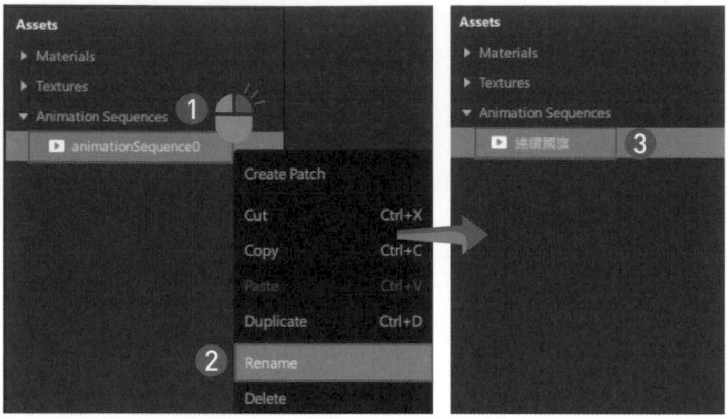

STEP 08 點選「連續國旗」連續序列動畫物件的狀態下，於右側 Inspector 面板中，點擊「Texture 屬性 > New Texture」以開啟載入檔案視窗。

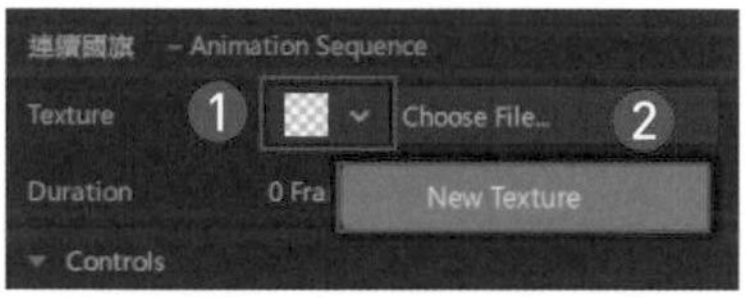

STEP 09 載入「國旗 _1.jpg」～「國旗 _7.jpg」，共七個檔案。

➢ 檔案路徑：ch17 看國旗猜國家 > 素材

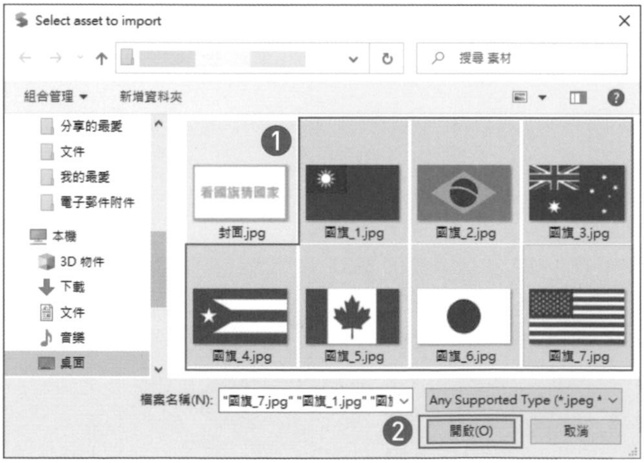

STEP 10 待檔案載入完成後，於 Assets 面板中可看見「國旗 _[1-7]」材質，此表示為連續序列材質。

STEP 11 於 Viewport 面板與模擬器中可看到國旗的效果。

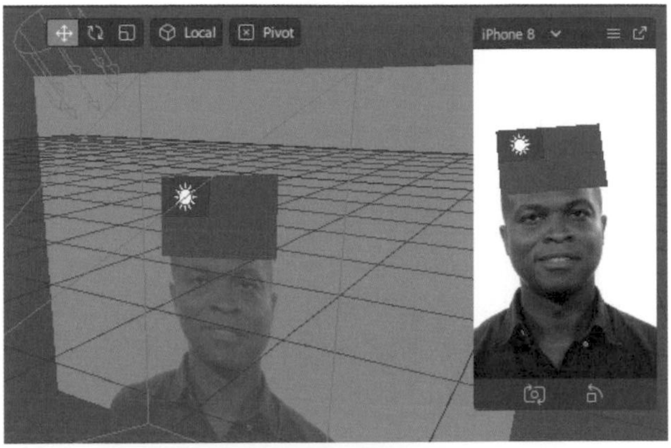

17.2.3 聲音

STEP 01 於工具欄中，點擊「AR Library」按鈕。

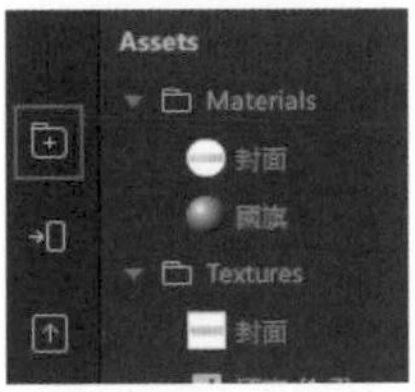

STEP 02 點擊左側「Music and Sound」選項後，並於搜尋框中輸入「Chime Tree」，並於右側搜尋結果列表中，於 Chime Tree Large Ascend 01 選項中點擊「Import Free」按鈕，將該音樂載入至專案中。

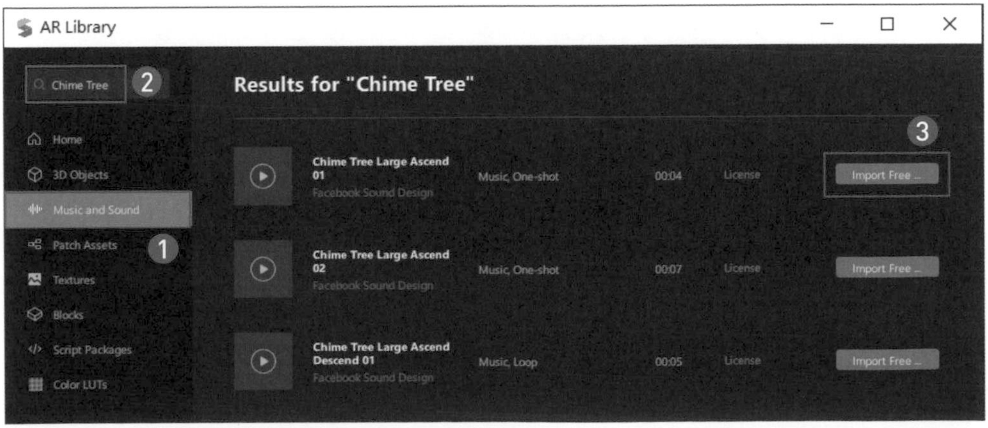

STEP03 於 Scene 面板中空白處，點擊「滑鼠右鍵 > Add Object > Speaker」以增加揚聲器物件。

STEP04 選取「speaker0」物件，並拖曳至最外層。

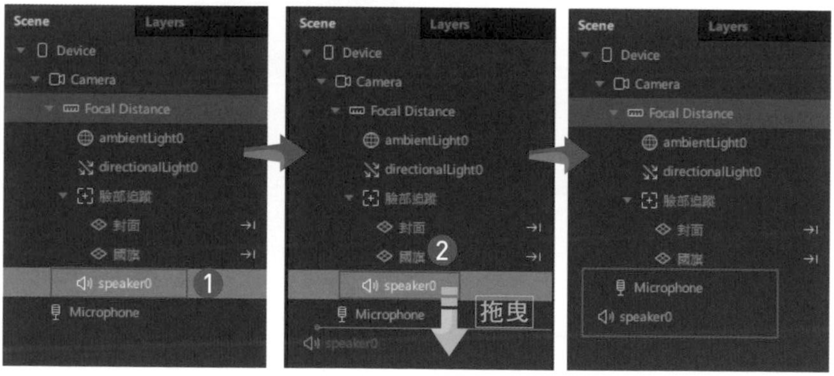

STEP05 點選「speaker0」物件，並點擊「滑鼠右鍵 > Rename」，重新命名為「音樂」。

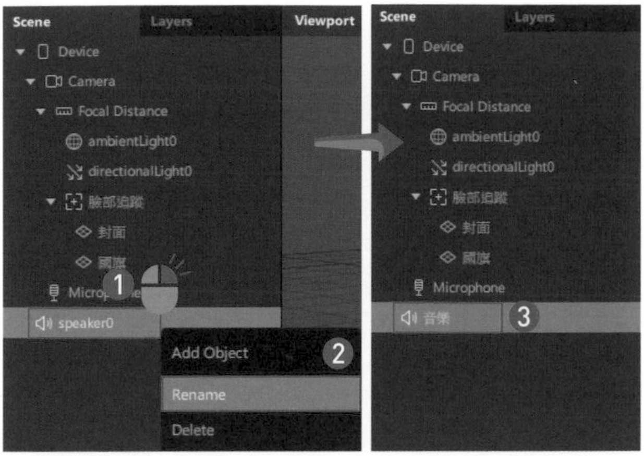

17.3 邏輯設計

17.3.1 封面與題目開關

此小節在邏輯編排的主要需求為，當濾鏡開啟時，遊戲還尚未開始因此只能顯示封面圖片，國旗則是要隱藏。當點擊螢幕後則封面改為隱藏，國旗改為顯示。

STEP01 點擊「View > Show Patch Editor」以開啟 Patch Editor 面板。

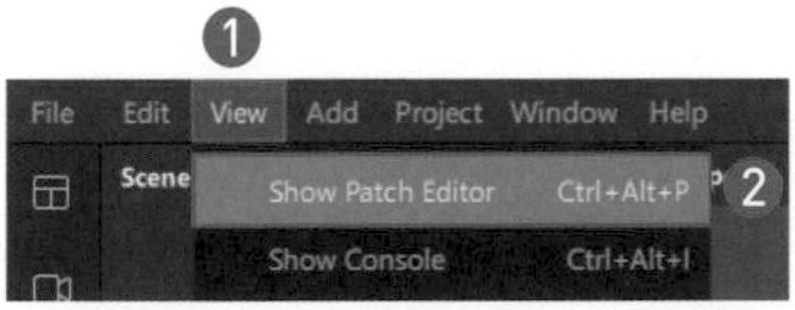

STEP02 於 Patch Editor 面板中，點擊滑鼠左鍵兩下新增模塊，需新增模塊與數量如下：

- Screen Tap：1 個。
- Switch：1 個。
- Not：1 個。

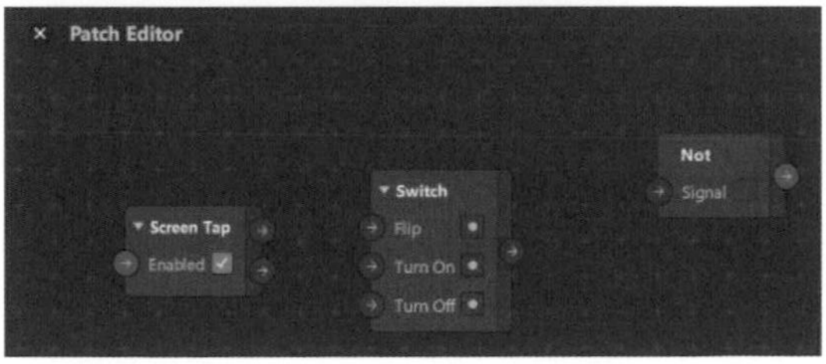

STEP03 於 Scene 面板中，點選「封面」物件，且於右側 Inspector 面板中，點擊 Visible 屬性旁的 按鈕，將該屬性改由模塊進行控制。

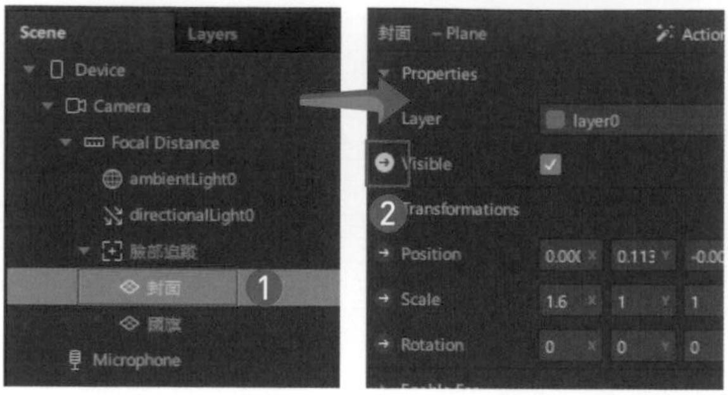

STEP04 接續，點選「國旗」平面物件，且於右側 Inspector 面板中，點擊 Visible 屬性旁的 按鈕，將該屬性改由模塊進行控制。

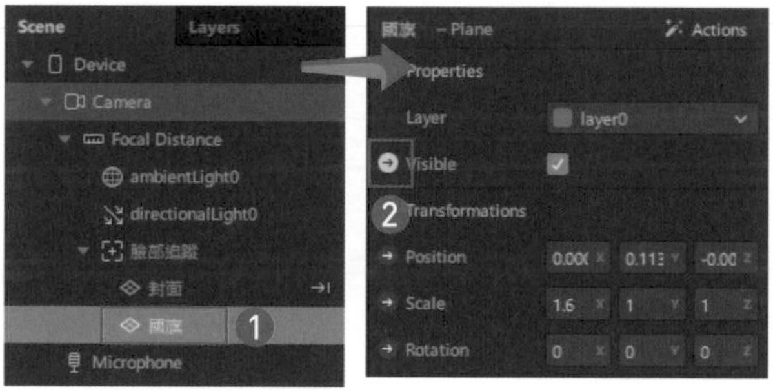

STEP05 調整 Patch Editor 面板中各模塊的位置，並將彼此間進行連線以完成運算邏輯的編排，結果如圖所示。

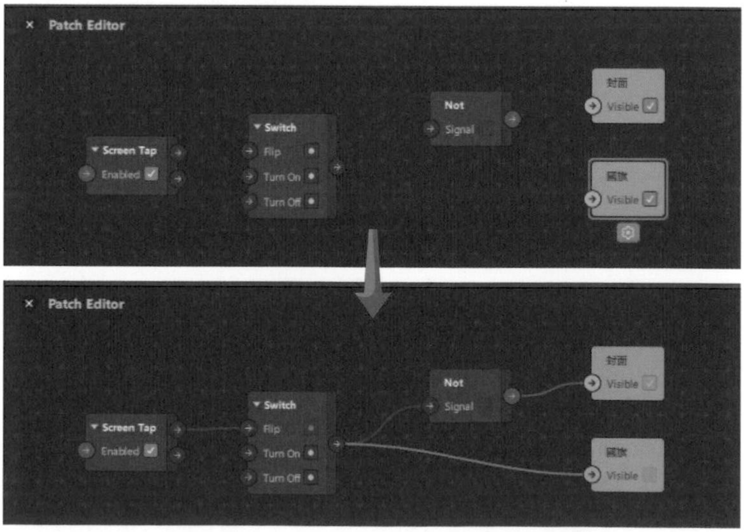

17.3.2 隨機題目

此小節在邏輯編排的主要需求為，國旗的順序是固定的，若照順序去播放動畫而在停止時，其停止時間又必須搭配音樂停止時間，會導致國旗圖片只會固定停在某一張導致失去趣味性，因此必須就由隨機產生的數值去對應國旗圖片，如此隨機的狀態下才可提高耐玩度。

STEP01 於 Patch Editor 面板中，點擊滑鼠左鍵兩下新增模塊，需新增模塊與數量如下：

- Runtime：1 個。
- Offset：1 個。
- Less Than：1 個。
- Loop Animation：1 個。
- Random：1 個。
- Round：1 個。

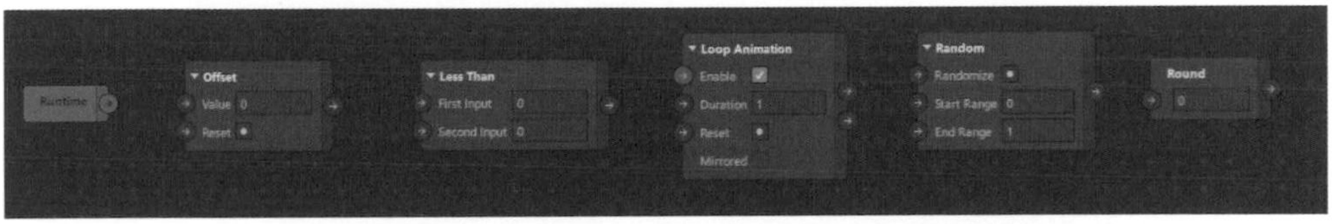

STEP02 於 Assets 面板中，點選「連續國旗」物件，且於右側 Inspector 面板中，點擊 Current Frame 屬性旁的 ➔ 按鈕，將該屬性改由模塊進行控制。

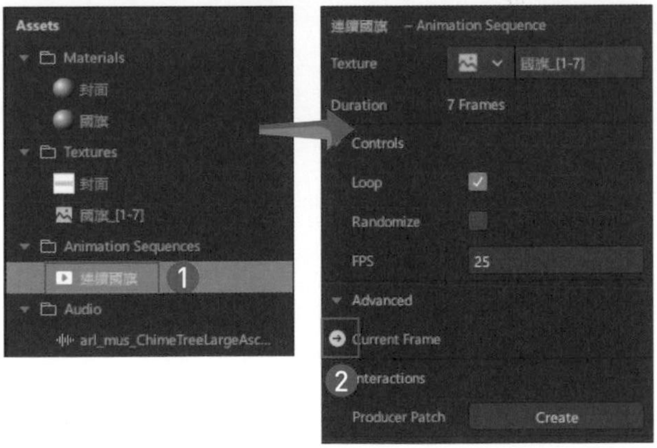

STEP 03 於 Patch Editor 面板中，將其 Less Than 模塊的 Second Input 屬性值調整為「4」，因為音樂時間為 4 秒左右。

STEP 04 接續，Loop Animation 所需調整的屬性值如下：

- Enable：取消勾選。
- Duration：0.05。

STEP 05 最終，將 Random 模塊的 End Range 屬性值調整為「7」，因為有 7 張國旗圖片。

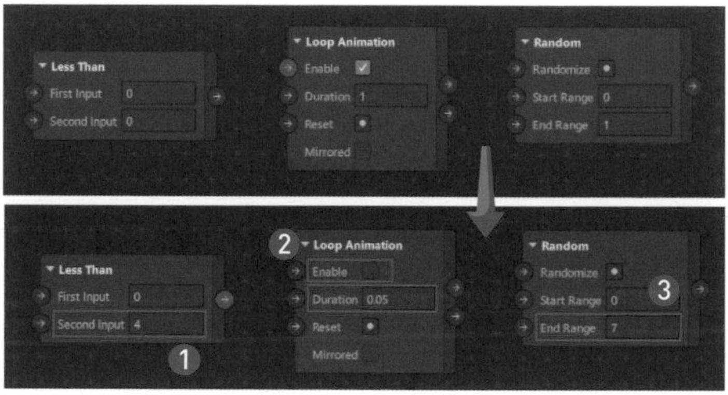

STEP 06 調整 Patch Editor 面板中各模塊的位置，並將彼此間進行連線以完成運算邏輯的編排，結果如圖所示。

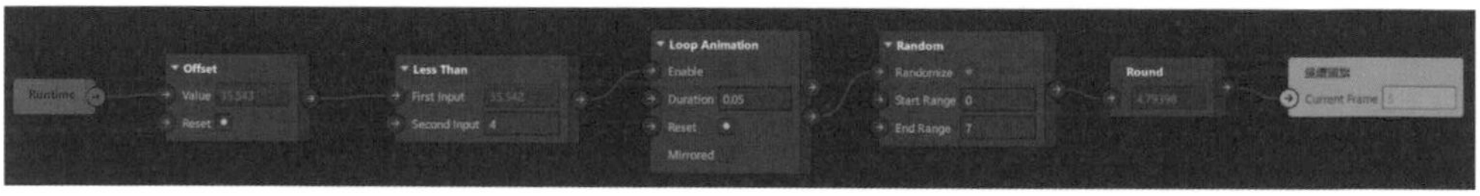

STEP 07 為了當點擊螢幕時，除了觸發封面與國旗的開關外，須連帶觸發隨機的邏輯運算，因此需要「Switch」模塊連線至 Offset 模塊的「Reset」屬性值，在連線的同時會自動產生 Pulse 模塊。

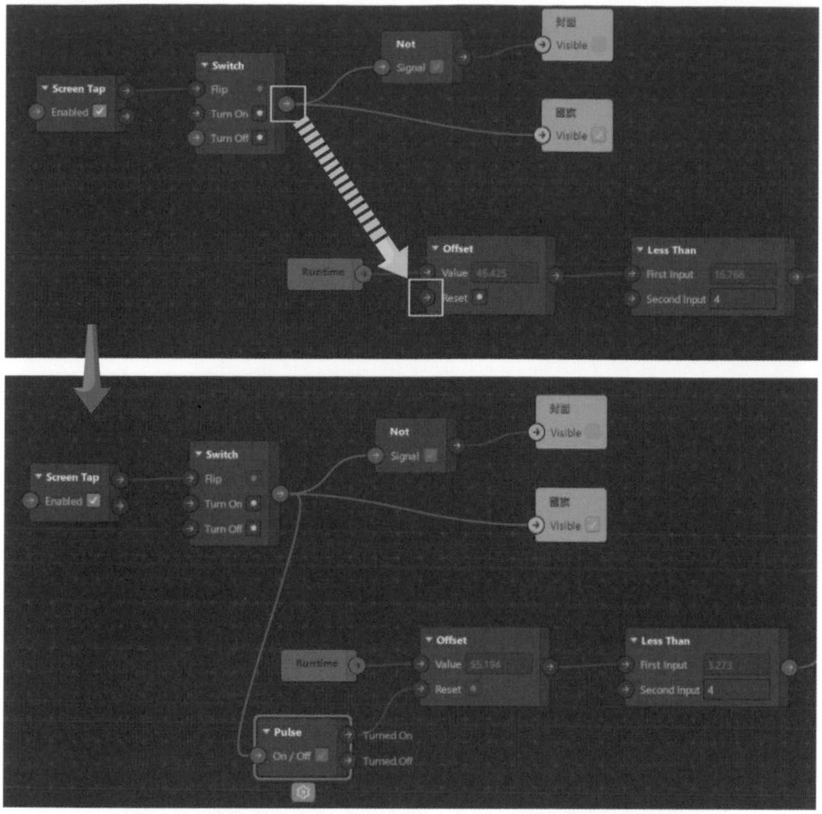

STEP 08 在模擬器中，可點擊「☰ > Simulate Touch」選項，切換成模擬觸控按鈕並點擊模擬器畫面來進行測試。

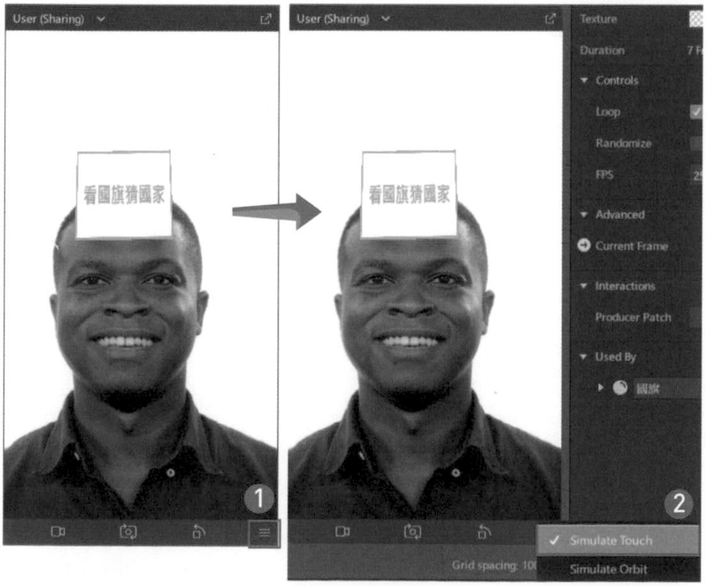

17.3.3 聲音

此小節在邏輯編排的主要需求為，當點擊封面觸發遊戲開始時，會連同播放音樂。

STEP 01 於 Patch Editor 面板中，點擊滑鼠左鍵兩下新增模塊，需新增模塊與數量如下：

- Single-Clip Controller：1 個。
- Audio Player：1 個。

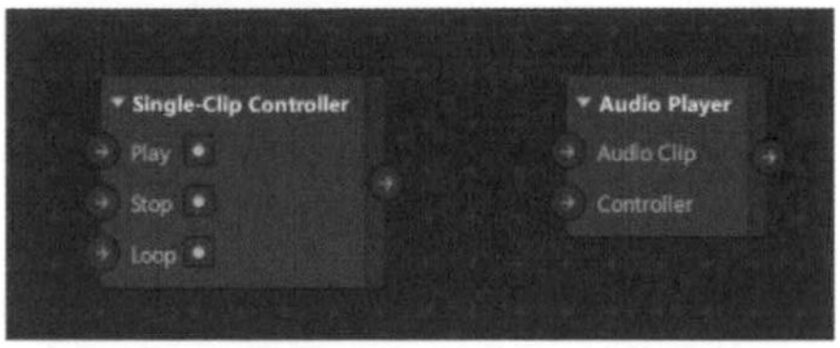

STEP 02 於 Scene 面板中，點選「音樂」物件，且於右側 Inspector 面板中，點擊 Audio 屬性旁的 按鈕，將該屬性改由模塊進行控制。

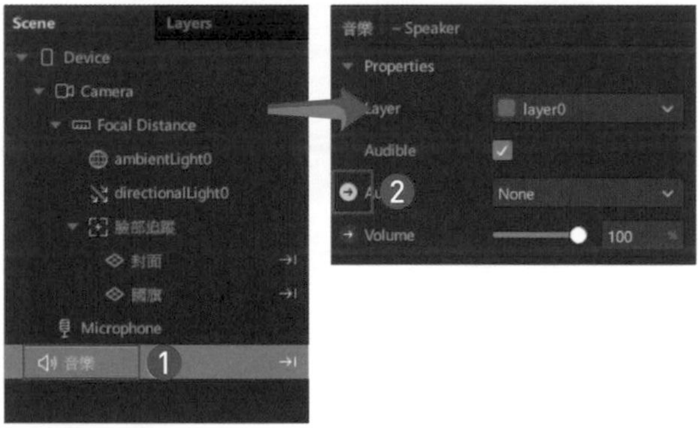

STEP 03 於 Assets 面板中，點選「arl_mus_ChimeTreeLargeAscend_os_01.m4a」聲音檔，並拖曳至 Patch Editor 面板中。

STEP04 調整 Patch Editor 面板中各模塊的位置，並將彼此間進行連線以完成運算邏輯的編排，結果如圖所示。

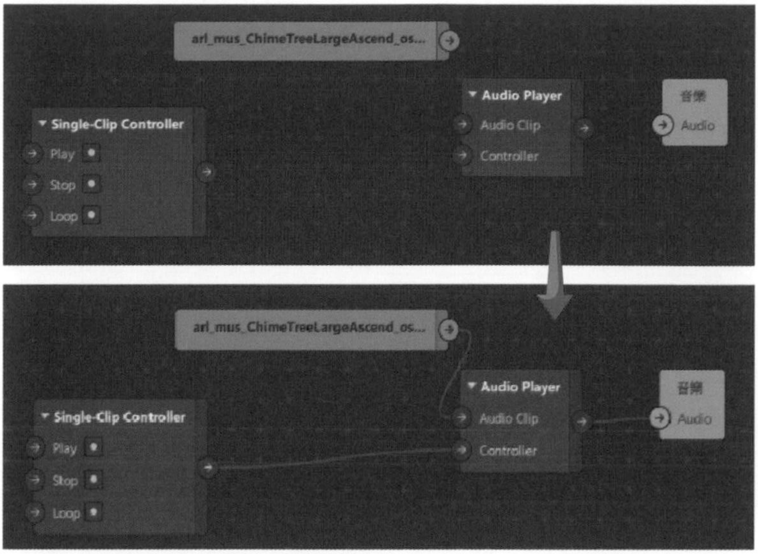

STEP05 將 pulse 與 Single-Clip Controller 進行連線，使同時觸發音樂播放。

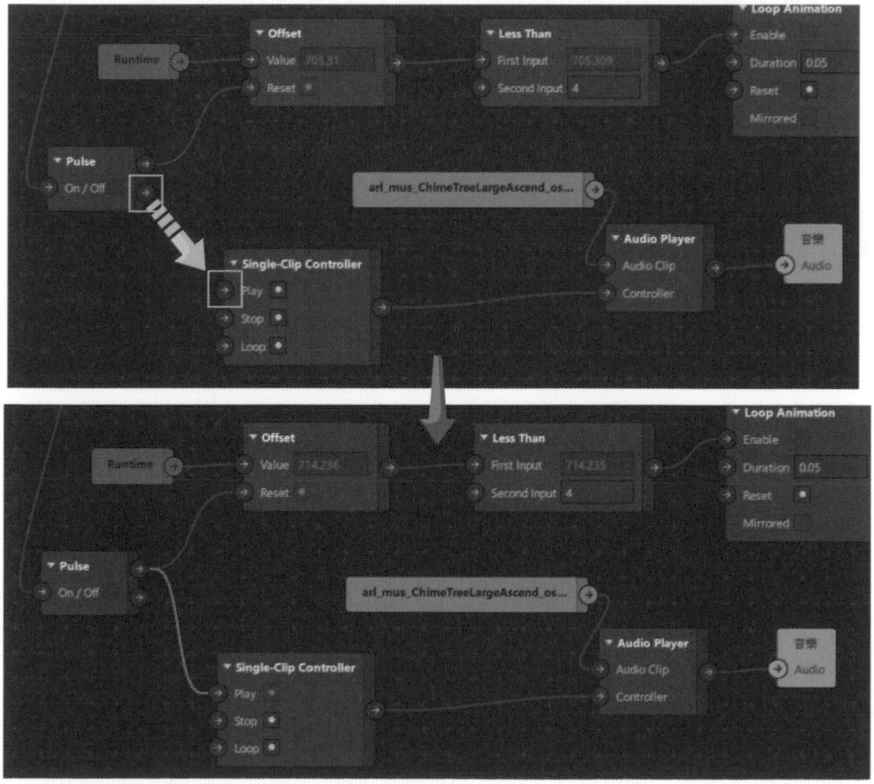

17.4 濾鏡測試

STEP 01 點擊「File > Save」或快速鍵 (Ctrl + S) 來儲存專案。

STEP 02 點擊「Test on device」按鈕後，於 Test on device 面板中選擇要測試的平台或方式。本節以點擊 Facebook 的「Send」按鈕進行測試為例，待發佈成功後可於 Facebook App 中進行濾鏡特效測試。

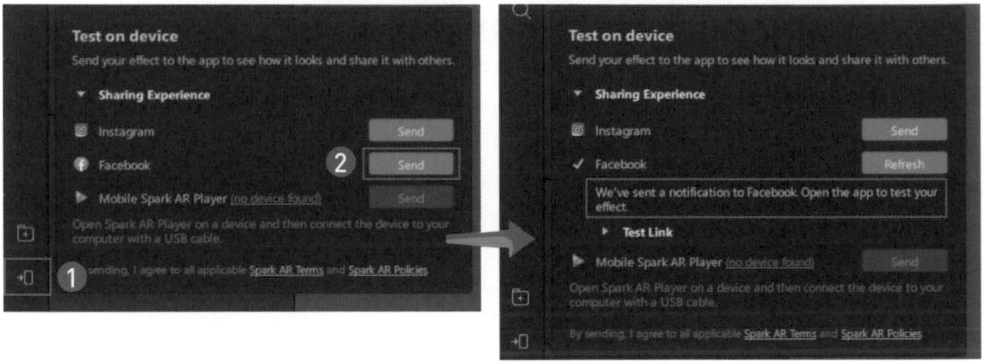

STEP 03 專案製作完畢，發佈上架流程請參考第 19 章。

CHAPTER 18

彈幕

★★★★★

是否有遇過想用數個詞彙來表達一件事情的時候呢？好讓您的心情寫照以加乘的方式表示，使他人對您的心情感受更加深刻。這時利用彈幕的方式即可達到此效果，讓多國語言的詞彙以跑馬燈在背景移動。

學習重點

(1) 人物去背。

(2) 圖片動畫。

SPARK AR 範例效果下載

18.1 建立專案

STEP01 開啟 Spark AR Studio 軟體。

STEP02 於 Spark AR Studio 中點擊「Sharing Experience」以建立新專案。

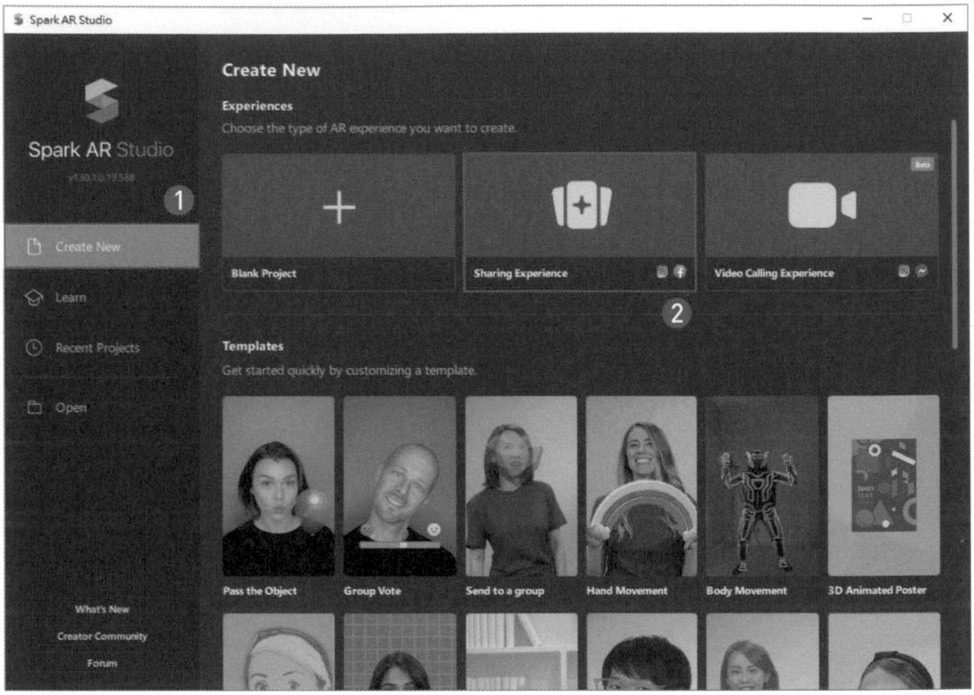

STEP03 點擊「File > Save」或快速鍵 (Ctrl + S) 以儲存專案。

STEP04 儲存名稱為「我愛你彈幕」。

18.2 內容建立

18.2.1 人物去背

STEP01 於 Scene 面板中，點選「Camera」物件後，在右側 Inspector 面板中，點擊 Texture Extraction 標籤中之 Texture 的「+」按鈕，將目前的攝影機紋理作為材質。

STEP02 接續，點擊 Segmentation 的「+ > Person」按鈕，將目前的攝影機中的人作為分割材質。

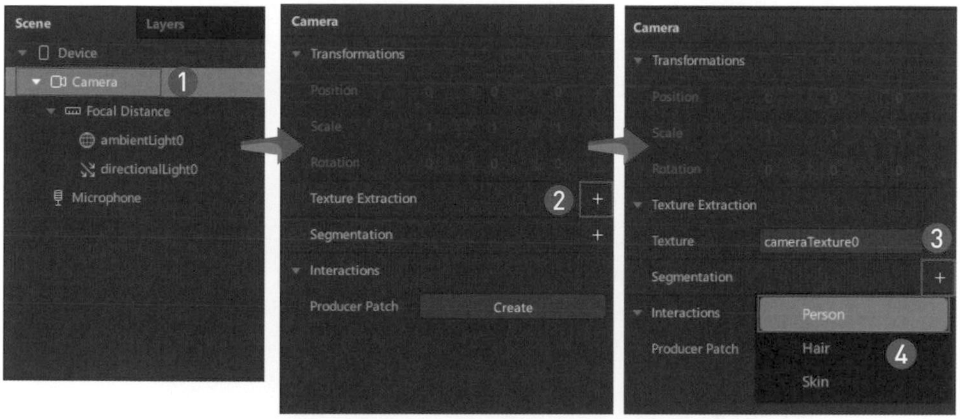

STEP03 於 Scene 面板中，點選「Focal Distance」物件，並點擊「滑鼠右鍵 > Add Object > Canvas」以增加畫布物件。

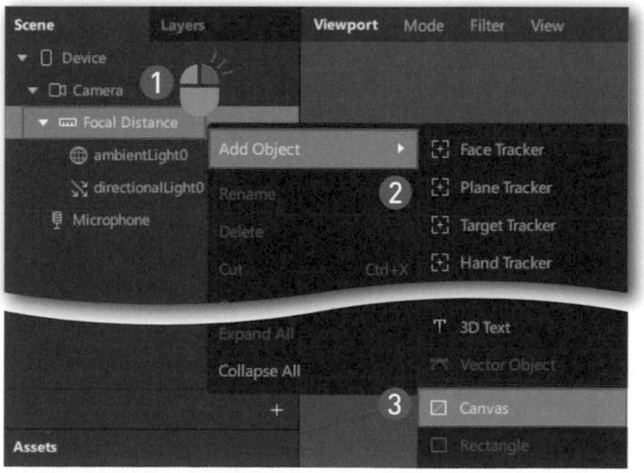

STEP04 點選「Canvas0」畫布物件，並點擊「滑鼠右鍵 > Add Object > Rectangle」以增加矩形物件。

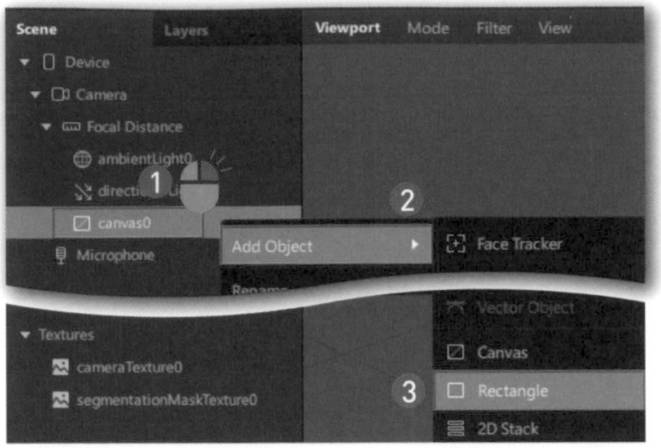

STEP05 點選「rectangle0」物件，並點擊「滑鼠右鍵 > Rename」，重新命名為「人」。

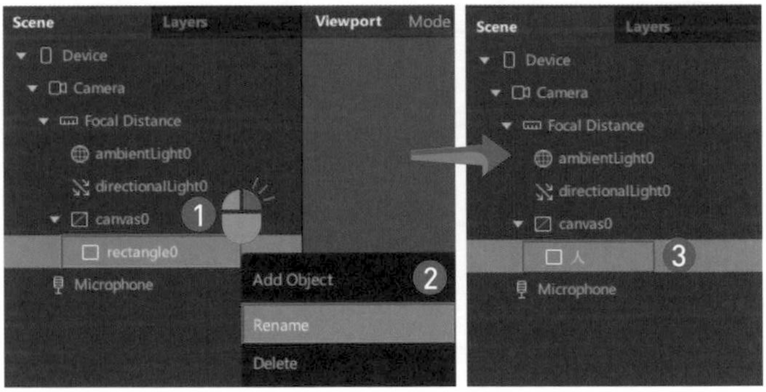

STEP06 於 Scene 面板中，點選「人」物件狀態下，於右側 Inspector 面板中，分別點擊 Width 與 Height 兩者屬性值，並逐步選取「Fill Width」與「Fill Height」，使其物件的尺寸會自動填滿整個 Canvas 畫布大小。

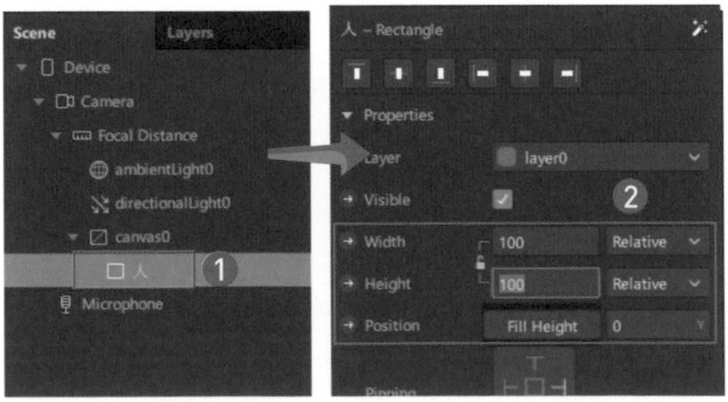

STEP 07 接續，點擊 Materials 標籤中之「+」選項以新增材質球。

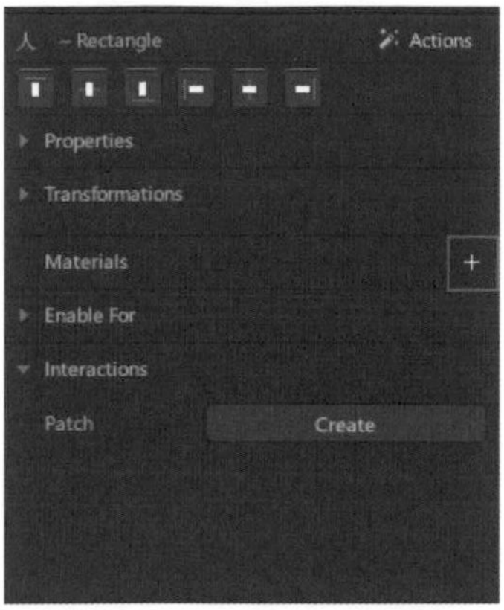

STEP 08 於 Assets 面板中，點選「material0」材質球，並點擊「滑鼠右鍵 > Rename」，重新命名為「人」。

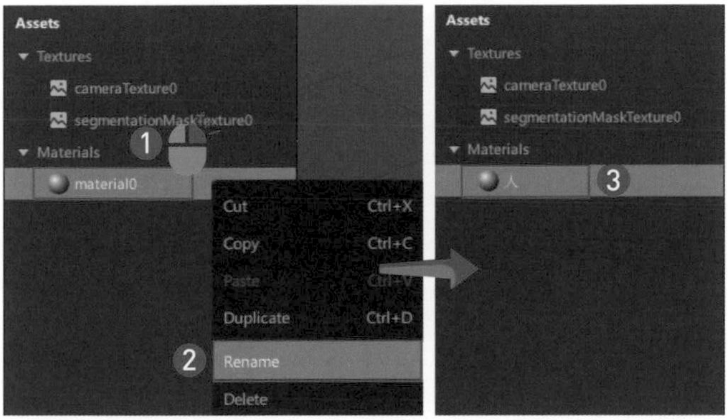

STEP 09 點選「人」材質球的狀態下，於右側 Inspector 面板中，將其 Shader Type 屬性值調整為「Flat」。

STEP 10 接續，點擊「Texture 屬性 > cameraTexture0」以套用其材質。

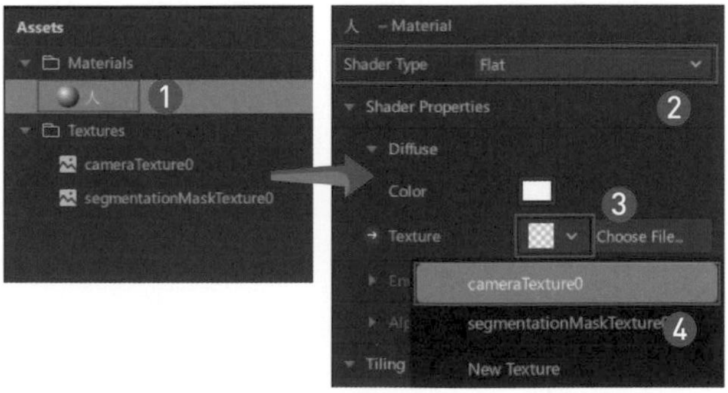

STEP 11 接續，「勾選」Alpha 標籤，使展開該標籤選項。

STEP 12 於 Alpha 標籤中，點擊「Texture 屬性 > segmentationMaskTexture0」以套用其材質。

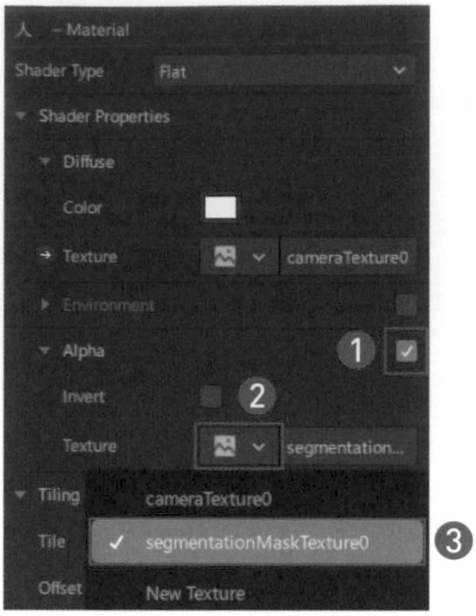

STEP 13 於 Assets 面板中，點擊「+ > Import > Form Computer」選項，以開啟載入檔案視窗來匯入相關素材。

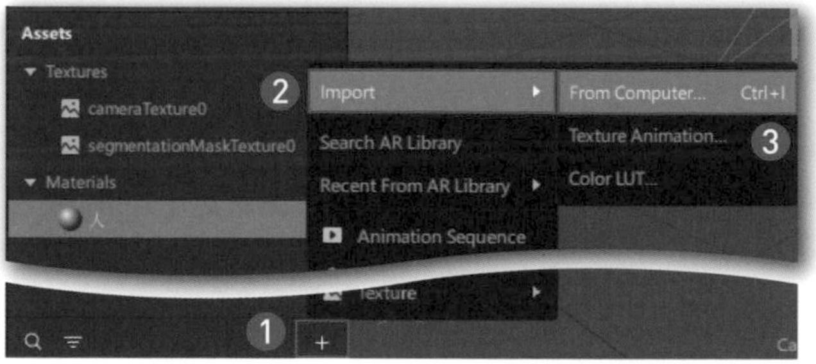

STEP 14 載入所有檔案。

➢ 檔案路徑：ch18 我愛你彈幕 > 素材

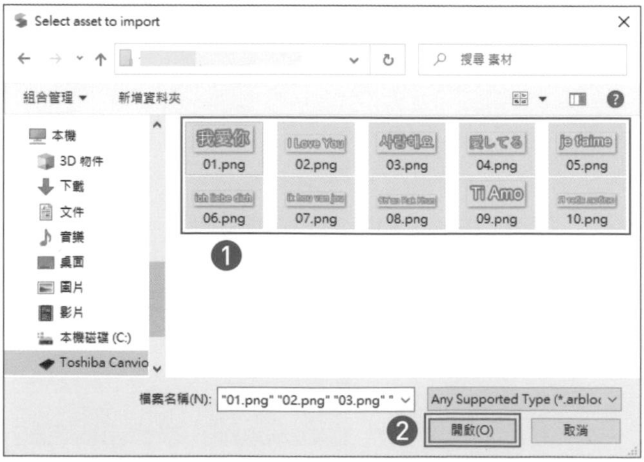

STEP15 載入後可於 Assets 面板中查看到結果。

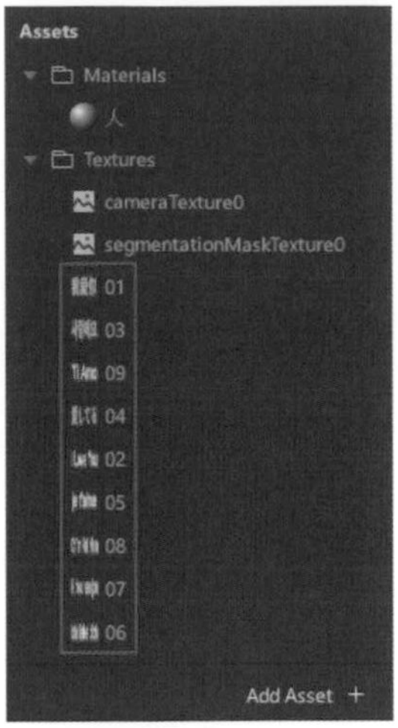

18.2.2 我愛你文字

STEP01 點選「Canvas0」畫布物件，並點擊「滑鼠右鍵 > Add Object > Rectangle」以增加矩形物件。

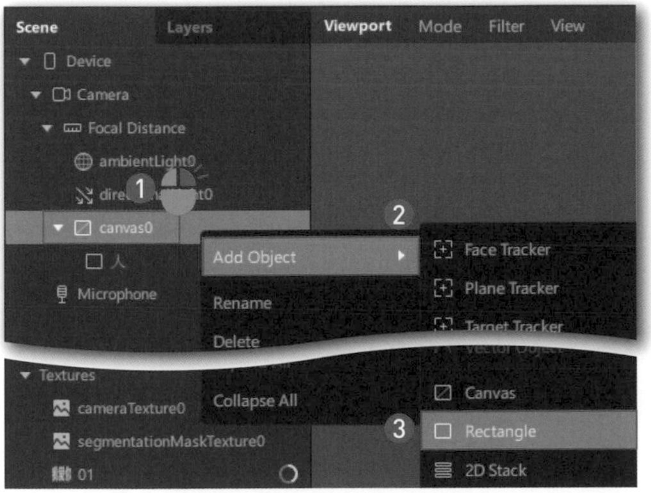

STEP02 點選「rectangle0」物件，並點擊「滑鼠右鍵 > Rename」，重新命名為「字_1」。

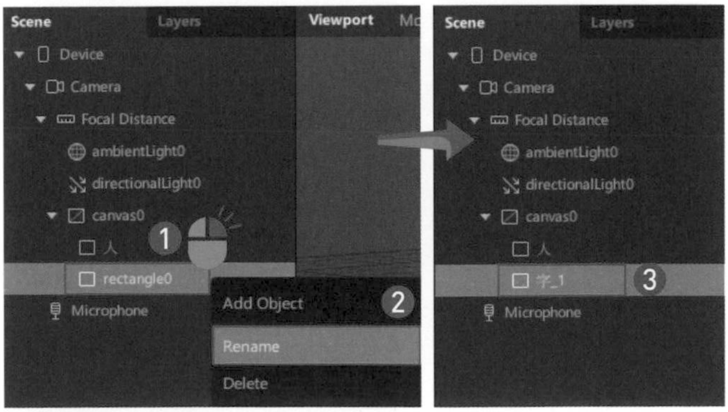

STEP 03 於 Scene 面板中，點選「字 _1」物件狀態下，於右側 Inspector 面板中，點擊 Materials 標籤中之「+ > Create New Material」按鈕以新增材質球。

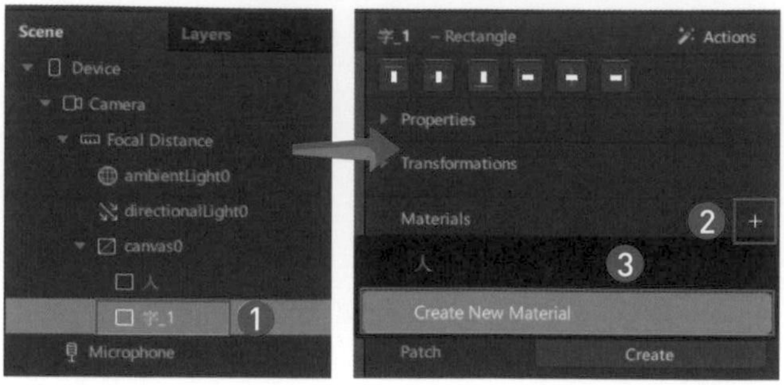

STEP 04 於 Assets 面板中，點選「material0」材質球，並點擊「滑鼠右鍵 > Rename」，重新命名為「字 _01」。

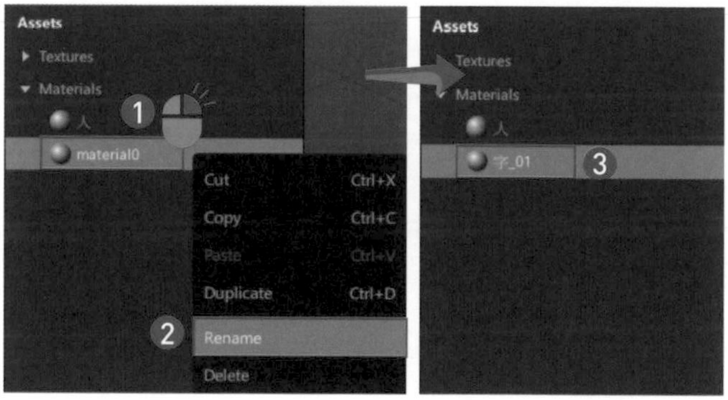

STEP 05 點選「字 _01」材質球的狀態下，於右側 Inspector 面板中，將其 Shader Type 屬性值調整為「Flat」。

STEP 06 接續，點擊「Texture 屬性 > 01」以套用其材質。

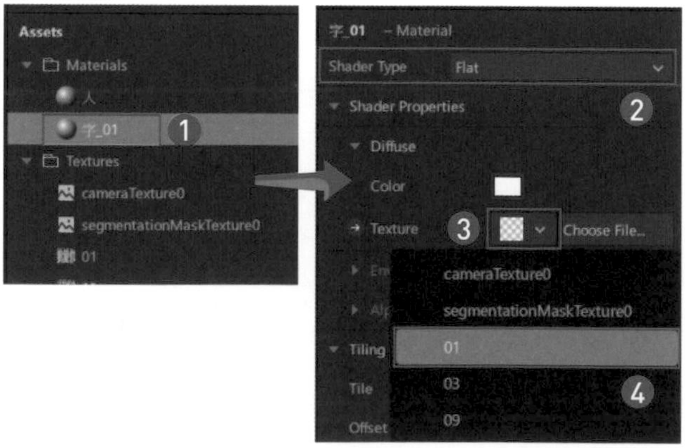

STEP 07 於 Viewport 面板中，點擊「View > Back」使進行視角的切換，方便對文字物件進行直覺式的調整。

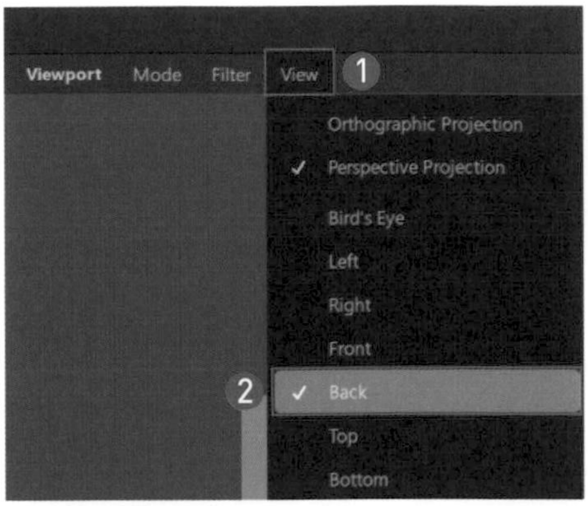

STEP 08 於 Scene 面板中點選「字_1」物件後，在 Viewport 面板中選取「 」按鈕來調整圖片的尺寸，在尺寸上可依自己的喜好度進行調整，沒有絕對值。

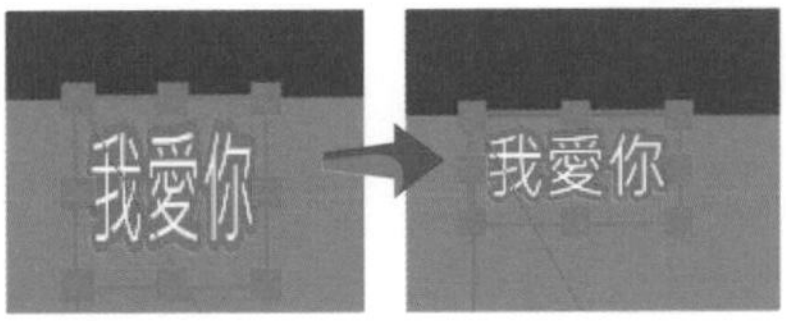

STEP 09 接續，於 Viewport 面板中選取「 」按鈕，並將其物件向右移動到超出攝影機範圍的位置。

補充說明

本範例的文字圖片均會從攝影機右側往左側移動，故初始與結束兩狀態的時，文字需位於螢幕框以外。

STEP 10 重複本小節文字建立的步驟，將剩餘其他 9 張文字建立完成。

STEP 11 建立完所有文字後，可於 Viewport 面板中看到所有文字在起始位置的樣貌。

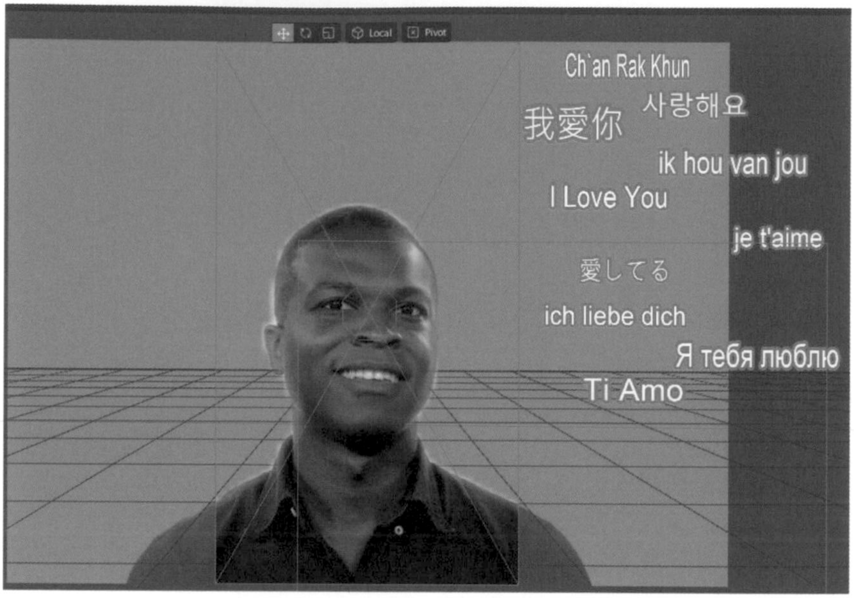

STEP 12 待文字建立完成後，因為文字要在人的背後呈現，因此於 Scene 面板中，須將「人」物件移到所有字物件的最後，使其人物可以蓋住文字。

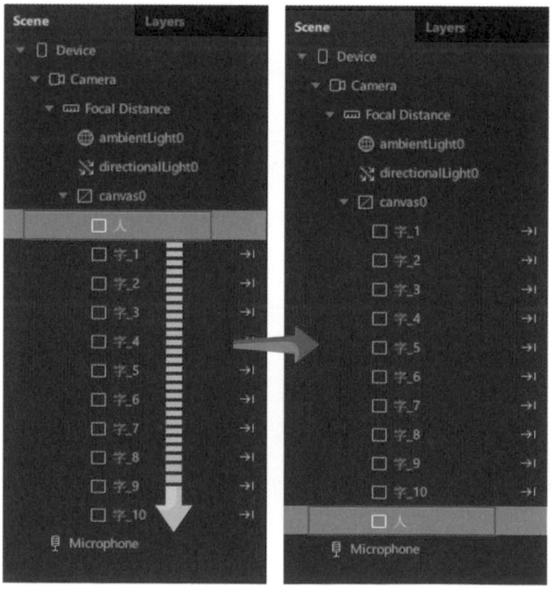

18.3 邏輯設計

此小節在邏輯編排的主要需求為濾鏡開始時，9 張我愛你的圖片均在螢幕框以外並往另一方向移動，移動的時間雖然都相同，但由於移動距離的差異使移動上會產生速度的落差。

STEP 01 點擊「View > Show Patch Editor」以開啟 Patch Editor 面板。

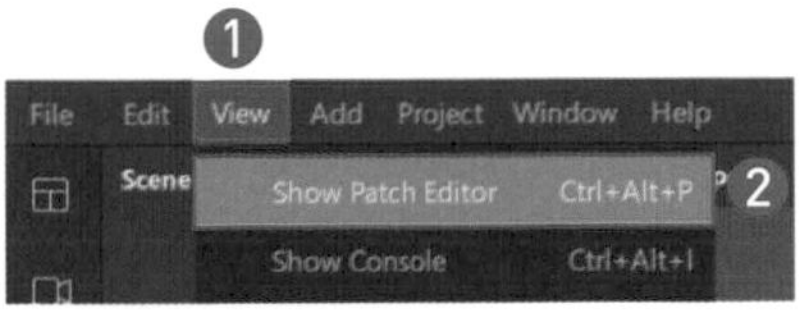

STEP 02 於 Patch Editor 面板中，點擊滑鼠左鍵兩下新增模塊，所需新增模塊與數量如下：

- Loop Animation：1 個
- Transition：1 個。

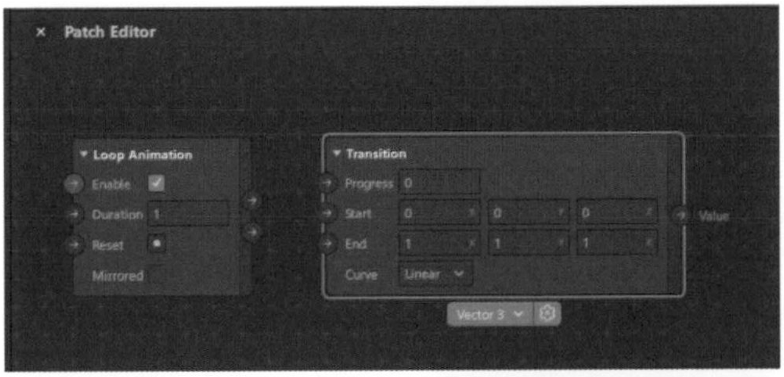

STEP 03 將 Loop Animation 中的 Duration 屬性值調整為「3」：

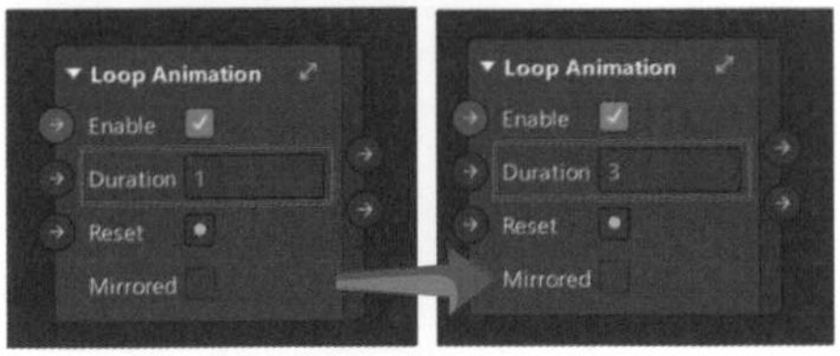

STEP 04 接續，將 Transition 的屬性類別調整為「Vector 2」。

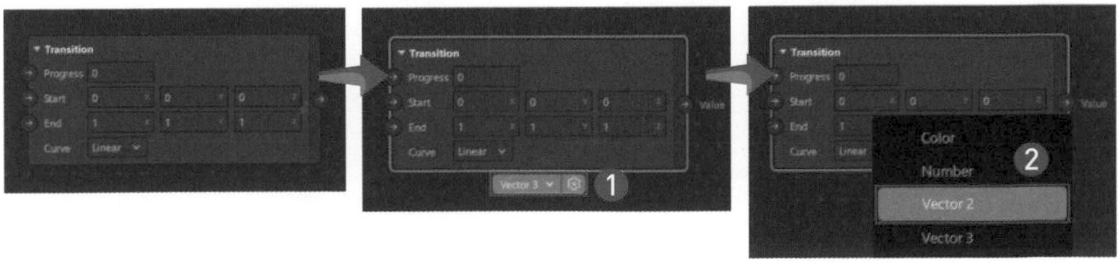

STEP 05 於 Scene 面板中，點選「字 _1」物件，且於右側 Inspector 面板中，記錄 Position 屬性值。

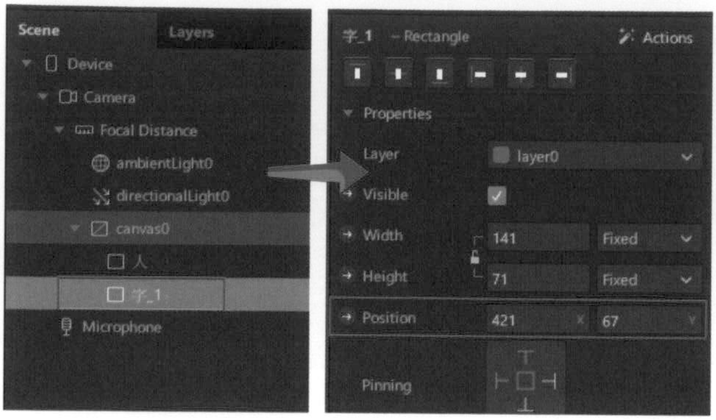

STEP 06 接續，將上述步驟所記錄的屬性值，輸入於 Transition 模塊中的 Start 屬性值中，作為該物件起始的座標位置。

STEP 07 另於，End 屬性值中調整其數值，將 X 值調整為「-222」，作為該物件結束的座標位置，因是水平移動，故 Y 值不需調整。

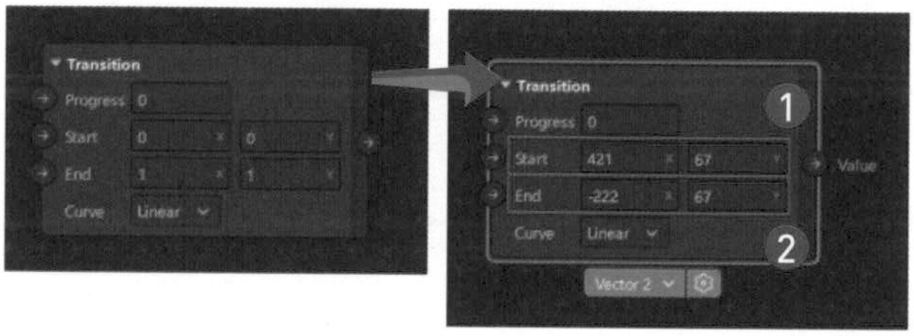

STEP 08 於 Scene 面板中，點選「字 _1」物件，且於右側 Inspector 面板中，點擊 Position 屬性旁的 ➔ 按鈕，將該屬性改由模塊進行控制。

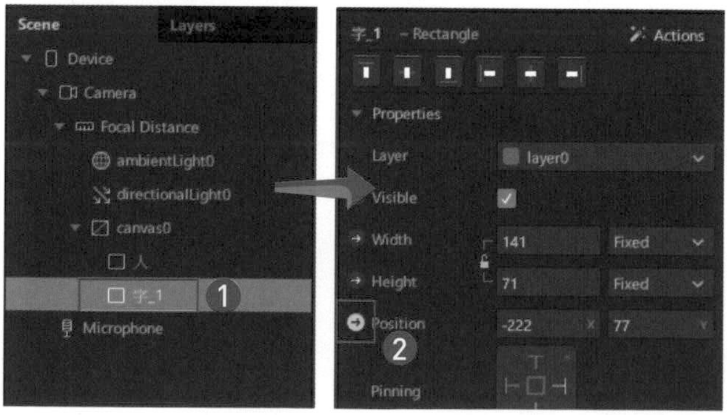

STEP 09 調整 Patch Editor 面板中各模塊的位置，並將彼此間進行連線以完成運算邏輯的編排，結果如圖所示。

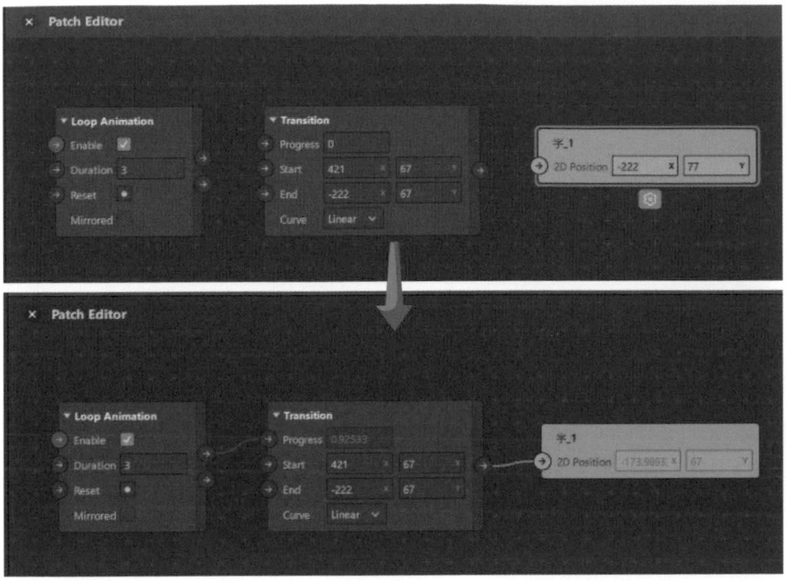

STEP 10 重複本節步驟，於 Patch Editor 面板中將每個文字的模塊，進行連線以完成運算邏輯的編排，結果如圖所示。每個文字物件之 End 屬性中的 X 值沒有絕對答案，請各位讀者依自身專案動畫情形進行調整。

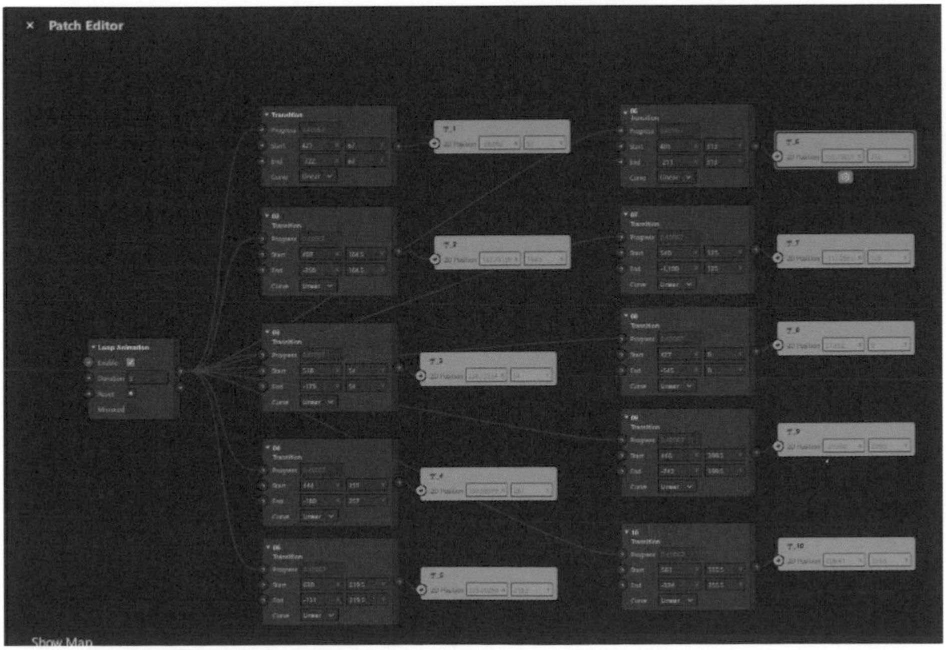

STEP 11 於模擬器中可看見人物去背以及背景為文字移動的效果。

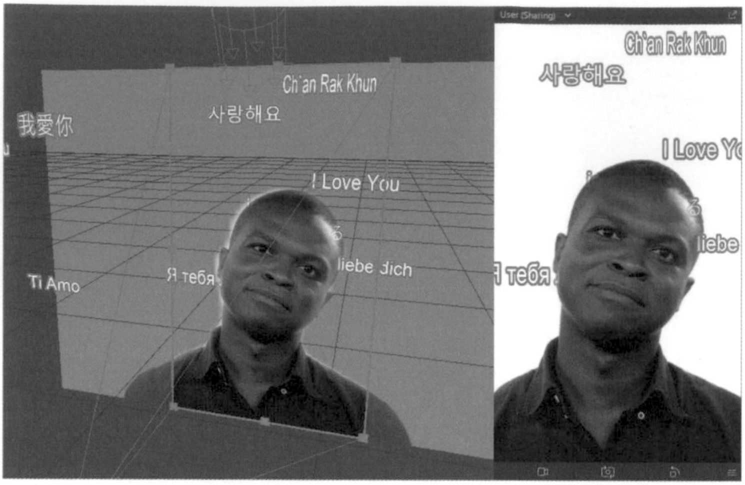

18.4 濾鏡測試

STEP 01 點擊「File > Save」或快速鍵 (Ctrl + S) 來儲存專案。

STEP 02 點擊「Test on device」按鈕後，於 Test on device 面板中選擇要測試的平台或方式。本節以點擊 Facebook 的「Send」按鈕進行測試為例，待發佈成功後可於 Facebook App 中進行濾鏡特效測試。

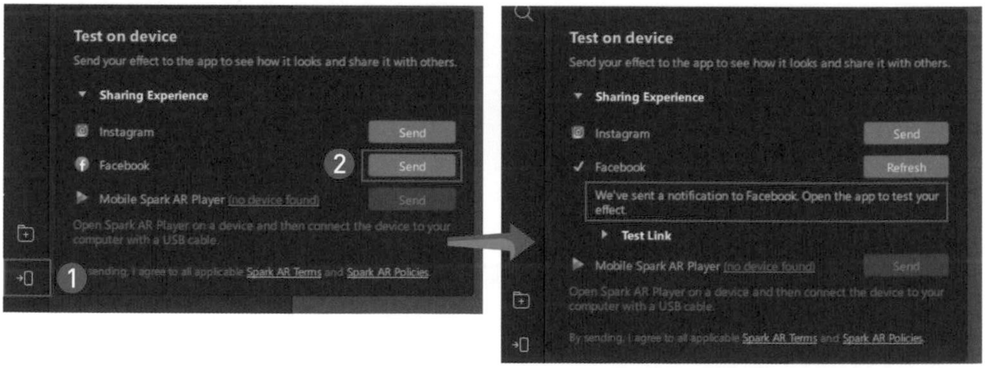

STEP 03 專案製作完畢，發佈上架流程請參考第 19 章。

CHAPTER 19

發佈上架

★★★★★

當濾鏡濾鏡特效製作與測試無誤後，接下來就是將該濾鏡進行上架動作，並將其網址分享出去，而在上架過程中需針對濾鏡提供相關檔案以及針對其特性進行選項設定，使他人即使不透過網址取得濾鏡的狀態下也可於濾鏡的搜尋頁面中找到您的濾鏡。濾鏡上架後並非直接可以使用，需等待官方的審核。

學習重點

(1) 濾鏡濾鏡特效上架流程。

(2) 如何取得 Facebook 與 Instagram 的濾鏡網址，使進行分享動作。

19.1 濾鏡上架

待濾鏡上架在上架過程中需填寫相關訊息。同時於送出上架審查後，官方會在幾天內回覆創作者審核結果是否通過，若不通過時會一併告知您被拒原因以及顯示政策編號，此訊息都是很廣泛的告訴您問題為何，但並不會點出實際的問題，因此建議您在開發過程中就必須注意相關細節，以及若是有搭配行銷活動的話還要預留上架以及審核時間。上架步驟如下：

STEP01 開啟要發佈的專案後，點擊「 」按鈕使開啟 publish 視窗。

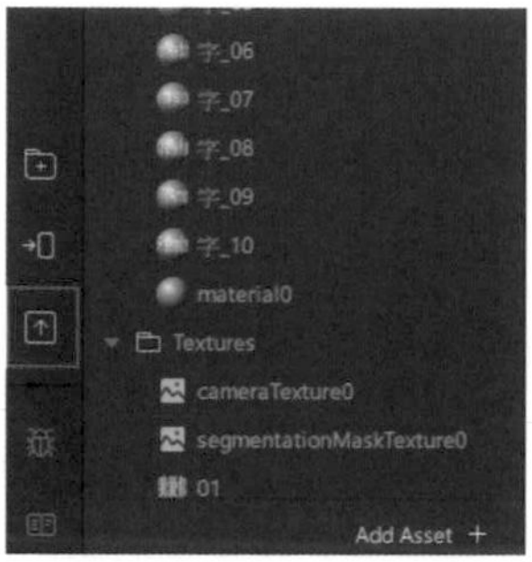

STEP02 在 Publish 視窗中，先查看「Platform Requirements(平台要求)」的選項中是否都符合，若有錯誤訊息時請對該專案進行修正。

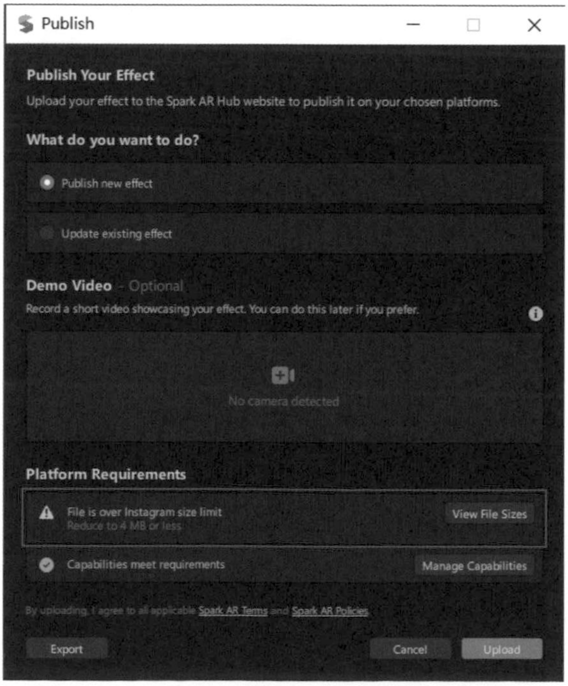

▲ 檔案尺寸過大

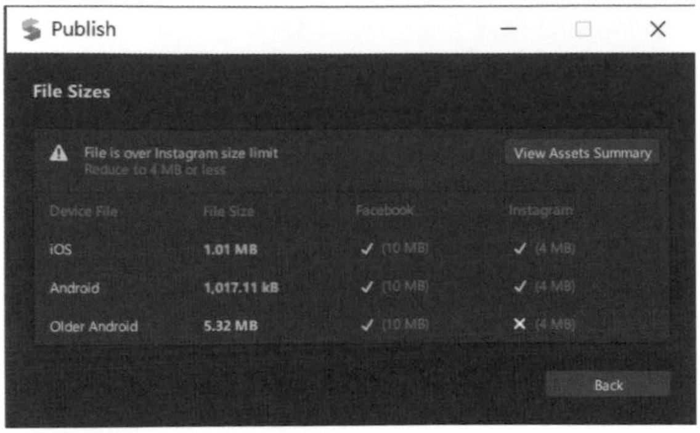

▲ 得知在哪種系統中發生問題

STEP03 在專案無錯誤訊息下，點擊「Export」按鈕，使匯出「*.arexport」格式的檔案。

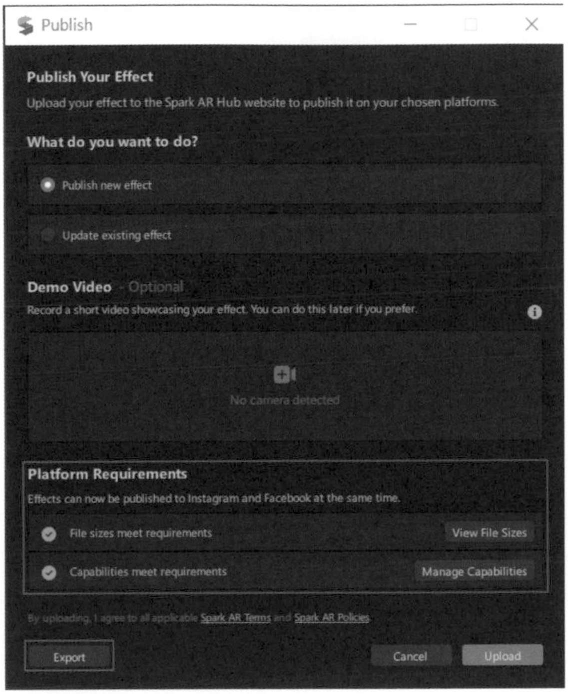

STEP04 將要匯出的檔案重新命名，並存在自己想要的路徑。

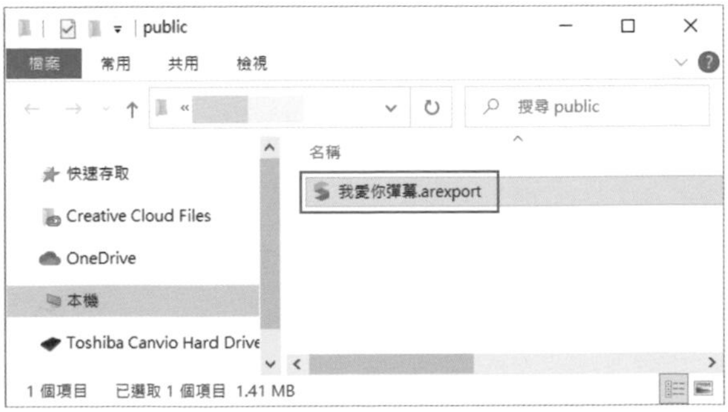

STEP05 登入 Spark AR Hub 網頁。

➢ 網址：https://www.facebook.com/sparkarhub

STEP06 在 Spark AR Hub 網頁中，點擊「發佈特效」按鈕，使切換到發佈濾鏡特效頁面。

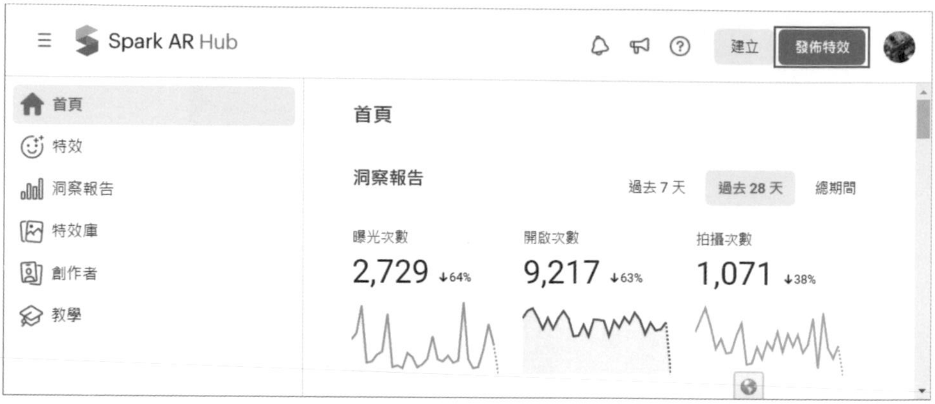

STEP07 在【名稱】選項中，輸入您想要的濾鏡特效名稱。

STEP 08 在【檔案】選項中，點擊「選擇檔案」按鈕，上傳於 Step 4 步驟所匯出的「*.arexport」檔案。成功上傳後，系統會先初步審核該檔案，若發現有問題或違反使用條款時，會列出錯誤訊息，並將其專案進行修正後再重新進行上架動作。

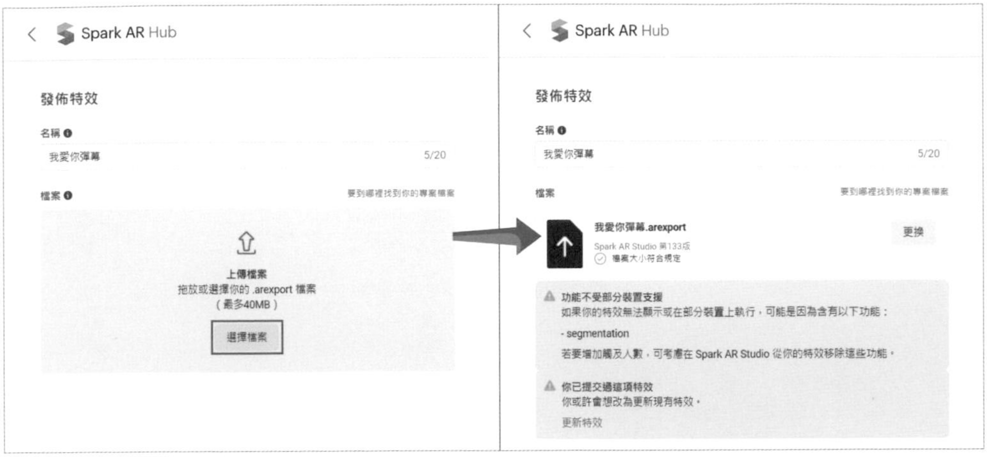

STEP 09 在【平台】選項中，選取「All platforms」選項，將此濾鏡特效發佈於所有平台。

補充說明

若只想將濾鏡特效發佈特定的平台時，則選擇「Specific platforms only」選項，將不想發佈的平台選項進行關閉。

STEP 10 在【現有影音內容】選項中，依自身選擇決定是否取消。

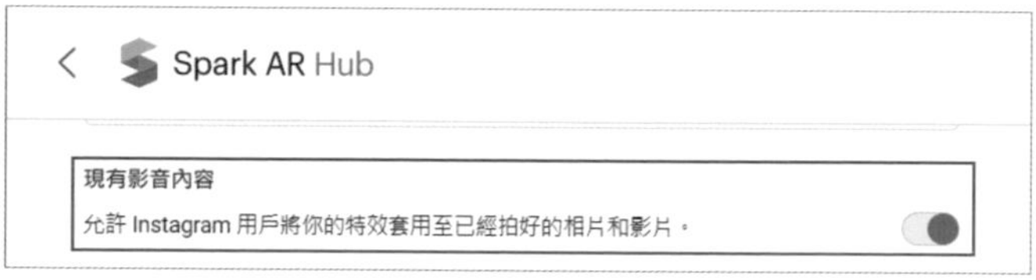

STEP 11 在【擁有者】選項中，選擇要發佈的帳號為何，可以是個人的 FB 帳號或粉絲專頁。

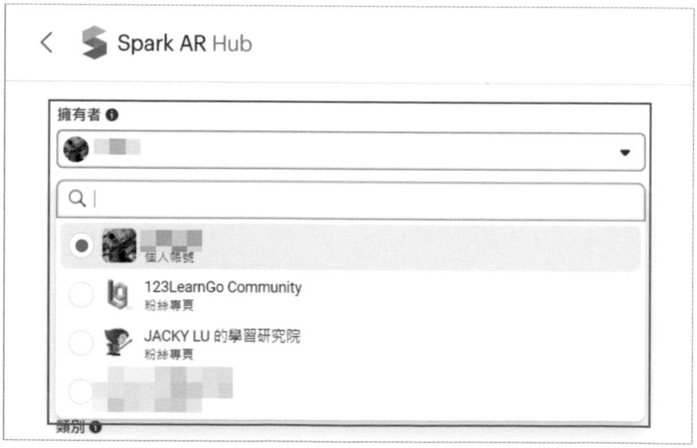

STEP 12 在【發佈商】選項中，可針對濾鏡特效展示、由用戶使用或分享時，顯示在濾鏡特效旁的個人檔案或粉絲專頁。

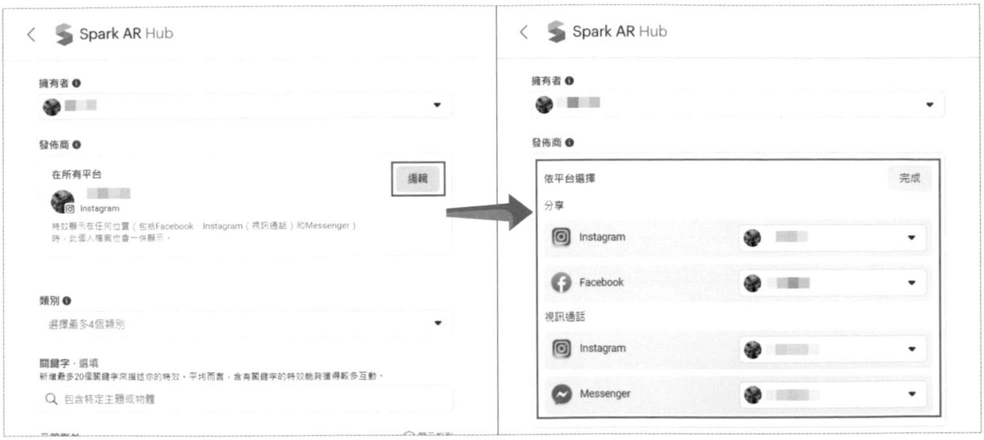

STEP 13 在【類別】選項中，為您的濾鏡特效選擇適合的選項。

STEP 14 在【關鍵字】選項中，為您的濾鏡特效輸入特定詞彙以擴大被搜尋到的可能性。

STEP 15 在【示範影片】選項中，於步驟 2 中點擊「選擇檔案」，使匯入此濾鏡特效的介紹或展示影片。

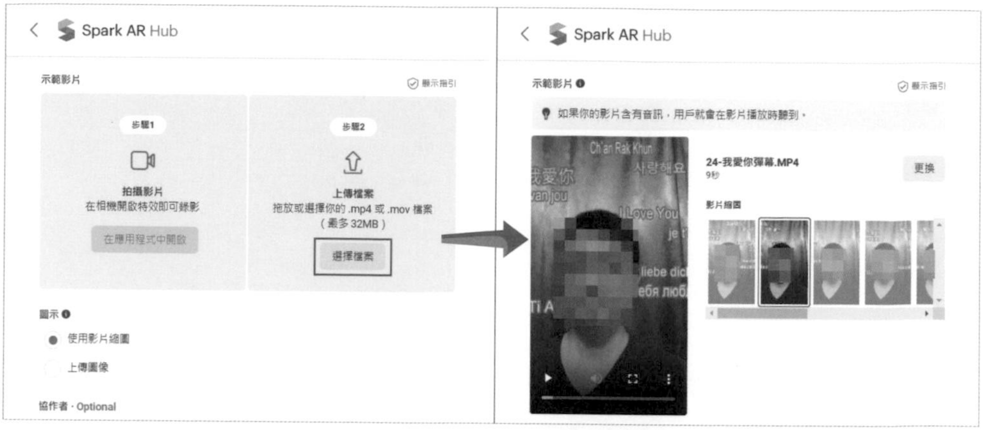

STEP 16 在【圖示】選項中，預設會從影片中隨機挑選圖片作為顯示圖示，此步驟利用自行設計的圖示進行上傳，上傳圖片尺寸要大於 200 X 200 像素。

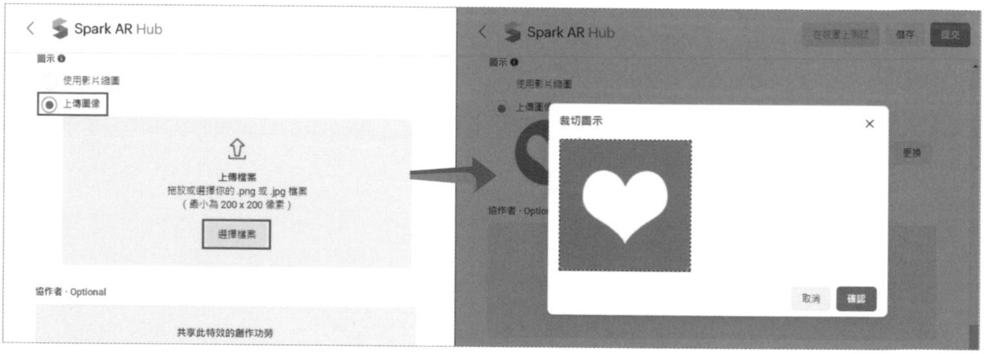

補充說明

在設計圖像時，主要內容須與四個邊緣預留較多的距離，因在上傳時，邊緣會自動裁切掉一定範圍，若主要內容太貼近邊緣時，可能會面臨被裁切掉的狀況。

STEP 17 邀請與你合作的任何 Spark AR 創作者擔任協作者，此欄位非必填欄位。

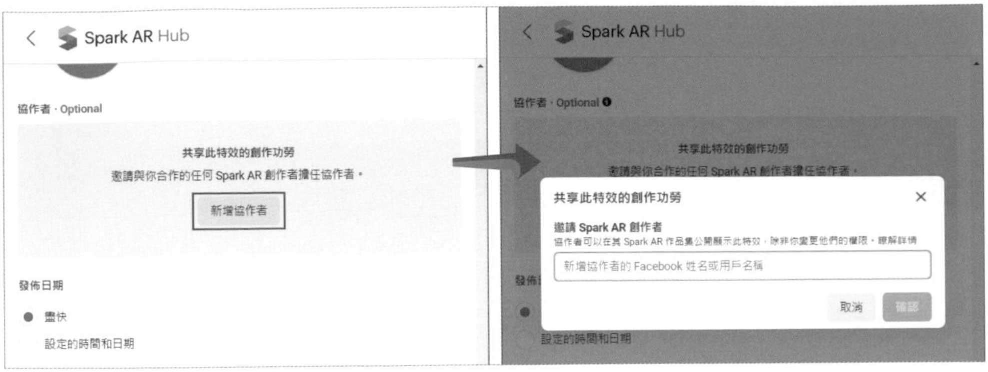

STEP 18 於發佈日期選項中，選擇「盡快」。經筆者測試，成功發佈短則二至三小時，多則一天至兩天。若有特殊需求可勾選「設定的時間和日期」並挑選自己想發佈的日期與時區。

STEP 19 點擊「提交」按鈕以送出審查。

STEP20 審查過程中可於濾鏡特效頁面查看目前進度與過程等資訊。

19.2 濾鏡特效分享

STEP01 待通過審查後，會於 Facebook App 通知頁面中，出現可分享的訊息作為告知。

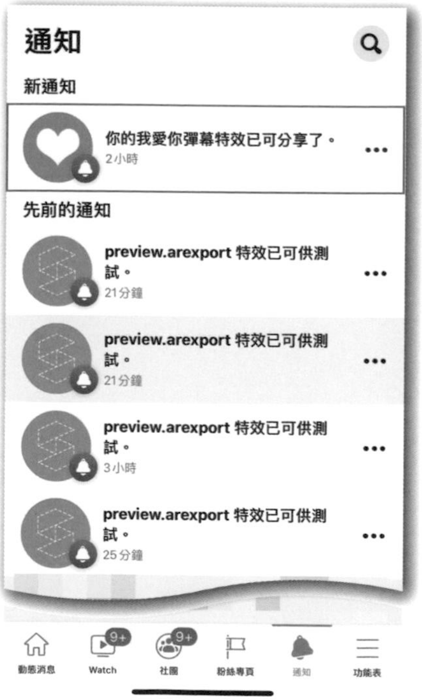

STEP 02 得知通過後，可於 Spark AR Hub 後台中，看到詳細狀態。

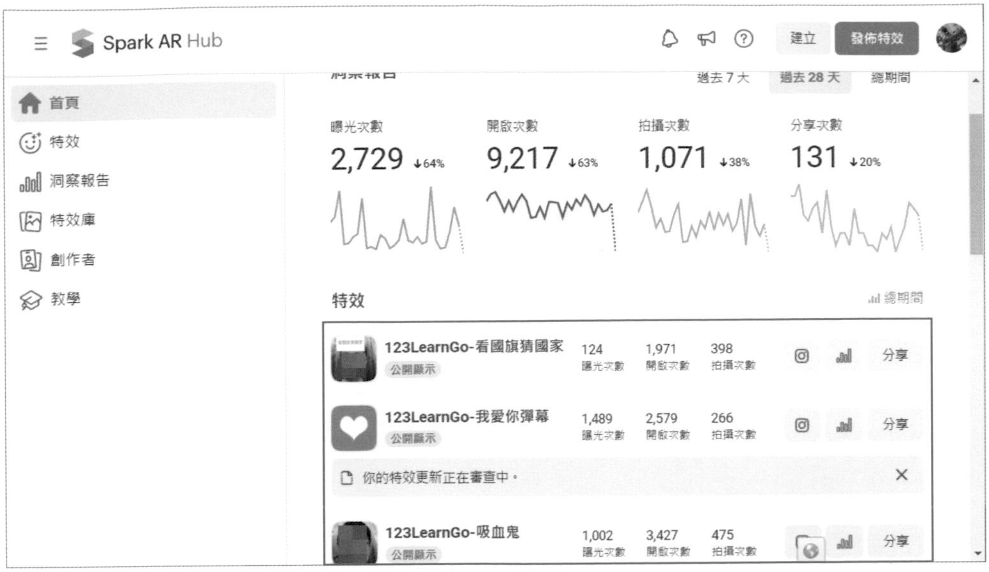

STEP 03 在要分享的濾鏡特效項目中，點擊「分享」按鈕後，於面板中可切換分享連結而獲得不同平台的分享網址，將該網址分享給朋友體驗，或者將該網址製作成 QR-Code 方便讓他人藉由掃描來開啟濾鏡特效。

FB、IG 互動濾鏡超級玩家：Spark AR 擴增實境玩創意

作　　者：呂國泰 / 王榕藝
企劃編輯：王建賀
文字編輯：王雅雯
設計裝幀：張寶莉
發 行 人：廖文良

發 行 所：碁峰資訊股份有限公司
地　　址：台北市南港區三重路 66 號 7 樓之 6
電　　話：(02)2788-2408
傳　　真：(02)8192-4433
網　　站：www.gotop.com.tw
書　　號：ACV044000
版　　次：2022 年 07 月初版
建議售價：NT$450

國家圖書館出版品預行編目資料

FB、IG 互動濾鏡超級玩家：Spark AR 擴增實境玩創意 / 呂國泰, 王榕藝著. -- 初版. -- 臺北市：碁峰資訊, 2022.07
面；　公分
ISBN 978-626-324-172-5(平裝)
1.CST：數位影像處理　2.CST：電腦程式設計　3.CST：電腦程式語言
312.2　　111005836

讀者服務

- 感謝您購買碁峰圖書，如果您對本書的內容或表達上有不清楚的地方或其他建議，請至碁峰網站：「聯絡我們」\「圖書問題」留下您所購買之書籍及問題。（請註明購買書籍之書號及書名，以及問題頁數，以便能儘快為您處理）
http://www.gotop.com.tw

- 售後服務僅限書籍本身內容，若是軟、硬體問題，請您直接與軟體廠商聯絡。

- 若於購買書籍後發現有破損、缺頁、裝訂錯誤之問題，請直接將書寄回更換，並註明您的姓名、連絡電話及地址，將有專人與您連絡補寄商品。